SOLAR GUERRILLA: CONSTRUCTIVE RESPONSES TO CLIMATE CHANGE

Contents

6   Foreword / Tania Coen-Uzzielli
8   Solar Guerrilla / Maya Vinitsky
10   The Citizen / Kim Stanley Robinson
35   A Conversation with Kim Stanley Robinson / Maya Vinitsky

51   1.5 to 2 Degrees Celsius
53   Climate Change: A Geological Perspective / Rivka Amit and Yehouda Enzel
56   Winds of Change / Gil Markovitz in Conversation with Prof. Pinhas Alpert
70   A World at War / Bill McKibben
84   Films from the Climate Change Conference in Paris
89   An Inconvenient Sequel / A Film by Al Gore
91   Warming Stripes: A Graphic Visualization of Climate Change / Climate Lab Book, Ed Hawkins
95   Terraform: An Interactive Board Game / Tellart, San Francisco

125 Solarpunk
126 Is Ornamenting Solar Panels a Crime? / Elvia Wilk
136 Vegetal City / Luc Schuiten, Brussels
144 PARKOYAL on Pickering Hotel, Singapore / WOHA architectural practice, Singapore
149 SkyVille @ Dowson, Singapore / WOHA architectural practice, Singapore
153 Oasia Hotel Downtown, Singapore / WOHA architectural practice, Singapore
157 Kampung Admiralty, Singapore / WOHA architectural practice, Singapore

171 Sponge City
173 Houtan Park, Shanghai: Landscape as a Living System / Turenscape, Ecological Landscape Architecture, Beijing
183 Yanweizhou Park: A Flood-Adaptive Landscape / Turenscape, Ecological Landscape Architecture, Beijing
191 The Big U, Manhattan: Rebuild by Design / Team Led by the Bjarke Ingels Group, Copenhagen, New York and London
199 Enghave Park: Transformation into a Climate-Adapted Park, Copenhagen / A Project Led by Third Nature, Copenhagen
203 The Climate Tile: A System for the Cities of the Future / A Project Led by Third Nature, Copenhagen
207 Pop Up: Three-in-One Structure / A Project Led by Third Nature, Copenhagen
215 Water Generator: Moisture Harvester / Watergen, Israel
219 Warka Tower: Every Drop Counts / Warka Water, Italy
223 Eco Wave Power: Waves as a Source of Energy / Eco Wave Power, Tel Aviv

229 Anti-Smog

230 The Sustainable Policy of the Department of Planning, City of Chicago
235 Vertical Fields and Green Walls / Vertical Field, Israel
239 BreezoMeter: Air-Quality Data / BreezoMeter, Israel
243 Smog-Free Project: Solutions for a Clean City / Studio Roosegaarde, Rotterdam
247 ElectReon: Wireless Charging on the Road / ElectReon Wireless, Israel
251 Kaleidoscopic Metropolis / Stefano Boeri Architetti, Milan
254 Vertical Forest: An Alternative to the Urban Sprawl / Stefano Boeri Architetti, Milan

259 Sunroof

261 Energize MIT / Office of Sustainability, MIT, Cambridge, Massachusetts
267 SolarEdge: Powering the Future / SolarEdge Technologies, Israel
271 SolaTube: Natural Daylighting Systems for Buildings / B-Tech Technologies, Israel
275 Sense: Domestic Energy Monitor / Sense, Cambridge, Massachusetts
279 eTree: Environment, Sustainability, Community

283 Passive House

285 Masdar City, Abu Dhabi / Foster + Partners, London
289 Masdar Institute of Science and Technology / Foster + Partners, London
293 Personal Rapid Transit for Masdar City / Foster + Partners, London
295 BedZED, Wellington, UK / ZEDfactory, UK
299 Northwest District (3700): The First Sustainable District in Tel Aviv-Jaffa / Tel Aviv
    North Planning Department and Engineering Administration, City of Tel Aviv
305 Check Point Building, Tel Aviv / Nir-Kutz Architects, Tel Aviv
309 Green Climate Adaptation for Copenhagen / A Project Led by
    Third Nature, Copenhagen

Foreword Extreme climate events, which are growing increasingly
frequent, are among the most urgent concerns currently faced
by our world. Reports regarding such acute occurrences
worldwide are published in the media, new scientific studies
are presented, and predictions about the future abound. The
term "climate change" – which refers to the outcomes of both
natural forces and human actions – brings together a wide range
of environmental, social, political and economic scenarios that
point to the severity and extent of this phenomenon. Given the
limited amount of time remaining to instigate significant change,
the Tel Aviv Museum of Art has sought to contribute to the
public discourse on this subject through an exhibition and book.
"Solar Guerrilla: Constructive Responses to Climate Change"
presents new activist developments and innovations in the fields
of architecture and design. The connections forged between
architectural practice, commercial companies and private
initiatives, which go beyond the narrow field of professional
discourse to impact the larger environmental field, call for taking
a stance or embracing activism.

This project partakes of the museum's larger commitment,
in parallel to both global and local discourses, to exploring our
relationship to the environment through a series of projects in the
fields of architecture and design, art and craft. This framework
served as the basis for the earlier research project "3.5 Square
Meters: Constructive Responses to Natural Disasters," presented
at the museum in 2017, which focused on individual and
collective grassroots initiatives to address such devastating
events.

The current exhibition showcases a series of interdisciplinary
collaborations with a range of public and private institutions,
commercial companies, and professionals around the world.
We would like to thank all of the participants in the exhibition,
as well as the contributors to the catalogue, for their generosity
and vision. Many thanks to the Julis-Rabinowitz family for
recognizing the importance of this project, supporting it and
promoting its realization. Thanks also to the Tel Aviv-Jaffa
Municipality, the Environmental Protection Authority, and
Shirley Pauker-Kidron for their collaboration; to Dr. Orli Ronen,
Porter School of the Environment and Earth Sciences, Tel Aviv
University, for serving as the project's scientific consultant;
and to the German publishing house Hirmer for a highly
productive collaboration.

Thanks to the professional team whose members worked together to realize this project and book: to Adi Tako for the graphic design and development; to Daphna Raz for editing the texts, translating them into Hebrew, and formatting the numerous contributions we received; to Talya Halkin for the English language editing; to De Lange Studio – Chanan de Lange and Yulia Lipkin – for creating the space in which this subject is conceptualized and the projects are presented. Thanks also to the research assistants who contributed at different stages of the project – Lilach Spivak, Michal Derhy-Vieman and Meshi Tedesky. Thanks to the members of the museum staff in the registration and restoration departments, as well as to the lighting, construction and mounting teams, for their contribution throughout the process. Thanks to Doron Rabina, the chief curator, for his professional input; to Tamara Meents-Mizroch for her overall support, and in particular for her contribution concerning the exhibition's international aspects; thanks to Muriel Goldstein for her assistance; thanks to Raphael Radovan, the project management officer, as well as to Iris Yerushalmi and Barbara Ordentlich, for their assistance in organizing the exhibition; thanks to the architecture and design department, and to its senior curator, Meira Yagid-Haimovici, for the encouragement and support. Finally, I would like to express my appreciation to the exhibition curator, Maya Vinitsky, for the remarkable talent, original vision, and professional skills that she brought to every stage of this unique project. Thanks for the great privilege of working together in support of a shared project that touches upon the lives of us all.

Tania Coen-Uzzielli
Director

Solar Guerrilla

As extreme climate phenomena (cyclones, forest fires, rising temperatures) break new records, and as the concentration of carbon dioxide in the atmosphere exceeds all earlier measurements, the destructive impact of industrialization and capitalism on the environment and on humankind is becoming increasingly clear. Scientists have determined that in the absence of significant and vigorous actions to reduce the emission of greenhouse gases, extreme climate events will continue to grow more drastic, and our planet will become less and less hospitable to humankind and to other forms of life.

Most people do not draw a connection between their everyday habits and the changes occurring in their environment. Decisions such as how to get from one place to another, what and how much to consume, where to live, what to eat, and how to spend our leisure time have a direct impact on the depletion of natural resources and the emission of greenhouse gases. Many of these decisions are obviously conditioned by our surroundings and by the infrastructures and possibilities they offer. For this reason, cities must be viewed as leading agents of change on the road to ensuring a sustainable future. Cities can serve as laboratories for experimenting with solutions and lively hubs for the generation of new ideas, offering fertile ground for collaborations and initiatives. This project is concerned with cities as agents of environmental and social change, and as the optimal unit capable of impacting local phenomena. It features a range of possible initiatives adapted to specific geographical environments and based on a multi-solving approach: some of them are currently being implemented in different cities around the world, others will be implemented in the future, and yet others will remain utopian suggestions.

Social media sites have been flooded in recent years with calls for taking guerrilla actions. For instance, if you are tired of high electricity bills and of the bureaucracy that is stalling the installment of solar panels, all you have to do – according to anonymous hackers – is to secretly connect the accumulated solar energy to your home's power grid. Such an action – which is of course dangerous and illegal – raises questions concerning the exploitation of natural resources, which belong to us all.

Similar guerrilla tactics, which have been undertaken around the world, have become, with the passage of time and the development of sustainable technologies, legal "shelf products" that are gradually being assimilated into everyday use.

The projects presented in this book are organized into six thematic chapters, whose titles are borrowed from contemporary discourses prevalent among engaged architectural firms or utopian architects, city planners and landscape architects, activists and the developers of various apps, the environmental departments of municipalities, technology companies, product designers and science-fictions writers. Each chapter presents a professional approach – social, political, environmental, or technological – which promotes a different relationship with our planet.

Maya Vinitsky

Maya Vinitsky is the Associate Curator in the Department of Architecture and Design at the Tel Aviv Museum of Art, and a senior lecturer at the Industrial Design Department, Bezalel Academy of Arts and Design, Jerusalem. She has recently curated the exhibition "3.5 Square Meters: Constructive Responses to Natural Disasters" (Tel Aviv Museum of Art, March–August 2017).

Scientific Consultant: **Dr. Orli Ronen** – the Head of the Urban Innovation and Sustainability Lab at the Porter School of the Environment and Earth Sciences, Tel Aviv University – is one of the founders of the Heschel Center for Sustainability and of the Local Sustainability Center in Tel Aviv. Dr. Ronen edited Israel's National Report for UN-Habitat (2016), as well as the Tel Aviv-Jaffa Municipality's declaration in support of civic engagement for the creation of a smart city. She serves as a consultant on local climate adaptation for the Ministry of Environmental Protection in Israel, and is one of the founders of the Israel Urban Forum.

Kim Stanley Robinson, "The Citizen," *New York 2140*

(Denton, TX: Orbit, 2017)

The
Citizen

January 2140 Kim Stanley Robinson

THE FIRST PULSE WAS NOT IGNORED BY AN ENTIRE GENERATION OF OUNCE BRAINS, THAT IS A MYTH.

Although like most myths it has some truth to it which has since been exaggerated. The truth is that the First Pulse was a profound shock, as how could it not be, raising sea level by ten feet in ten years. That was already enough to disrupt coastlines everywhere, also to grossly inconvenience all the major shipping ports around the world, and shipping is trade: those containers in their millions had been circulating by way of diesel-burning ships and trucks, moving around all the stuff people wanted, produced on one continent and consumed on another, following the highest rate of return which is the only rule that people observed at that time. So that very disregard for the consequences of their carbon burn had unleashed the ice that caused the rise of sea level that wrecked the global distribution system, and caused a depression that was even more damaging to the people of that generation than the accompanying refugee crisis, which, using the unit popular at the time, was rated as fifty katrinas. Pretty bad, but the profound interruption of world trade was even worse, as far as business was concerned. So yes, the **First Pulse** was a first-order catastrophe, and it got people's attention and changes were made, sure. People stopped burning carbon much faster than they thought they could before the First Pulse. They closed that barn door the very second the horses had gotten out. The four horses, to be exact.

Too late, of course. The global warming initiated before the First Pulse was baked in by then, and could not be stopped by anything the post-pulse people could do. So despite "changing everything" and decarbonizing as fast as they should have fifty years earlier, they were still cooked like bugs on a griddle. Even tossing a few billion tons of sulfur dioxide in the atmosphere to mimic

KATRINA
1st PULSE
2nd PULSE
2011
2052–2060
2120–2140
Death Toll
1,836
110,456
4,000,000
Drowned Land
Africa
America
Aus...
Antarctica
Asia
Europe
100K acres
10M acres
9B acres
Displaced
1M
62M
630M

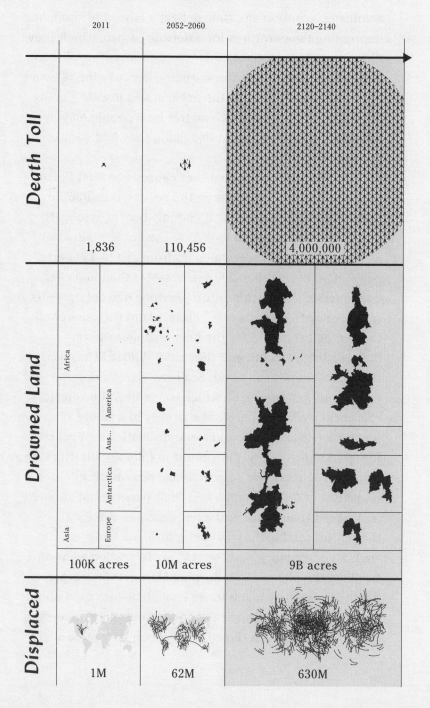

a volcanic eruption and thus deflect a fair bit of sunlight, depressing temperatures for a decade or two, which they did in the 2060s to great fanfare and/or gnashing of teeth, was not enough to halt the warming, because the relevant heat was already deep in the oceans, and it wasn't going anywhere anytime soon, no matter how people played with the global thermostat imagining they had godlike powers. They didn't.

It was that ocean heat that caused the First Pulse to pulse, and later brought on the second one. People sometimes say no one saw it coming, but no, wrong: they did. Paleoclimatologists looked at the modern situation and saw CO2 levels screaming up from 280 to 450 parts per million in less than 300 years, faster than had ever happened in the Earth's entire previous five billion years (can we say "anthropocene," class?), and they searched the geological record for the best analogues to this unprecedented event, and they said, Whoah. They said, Holy shit. People! they said. Sea level rise! During the Eemian period, they said, which we've been looking at, the world saw a temperature rise only half as big as the one we've just created, and rapid dramatic sea level rise followed immediately. They put it in bumper stick terms: massive sea level rise sure to follow our unprecedented release of CO2! They published their papers, and shouted and waved their arms, and a few canny and deeply thoughtful sci-fi writers wrote up lurid accounts of such an eventuality, and the rest of civilization went on torching the planet like a Burning Man pyromasterpiece. Really. That's how much those knuckleheads cared about their grandchildren, and that's how much they believed their scientists, even though every time they felt a slight

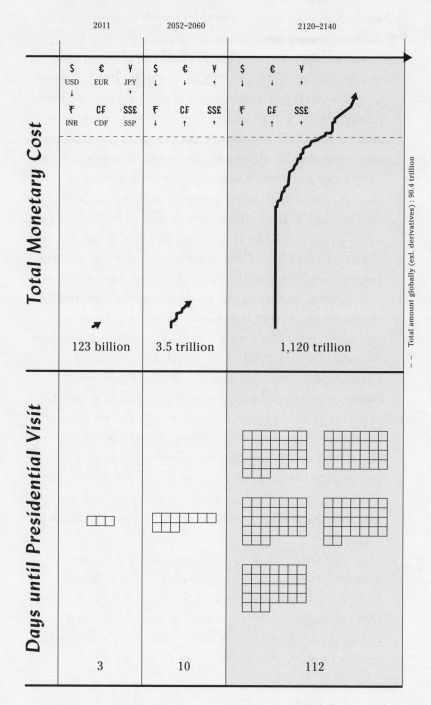

KATRINA   1st PULSE   2nd PULSE

2011   2052–2060   2120–2140

Total Monetary Cost

| $ USD ↓ | € EUR | ¥ JPY ↑ | $ USD ↓ | € EUR ↓ | ¥ JPY ↑ | $ USD ↓ | € EUR ↓ | ¥ JPY ↑ |
| ₹ INR | ₣ CDF | SS£ SSP | ₹ INR ↓ | ₣ CDF ↑ | SS£ SSP ↑ | ₹ INR ↓ | ₣ CDF ↑ | SS£ SSP ↑ |

123 billion   3.5 trillion   1,120 trillion

-- Total amount globally (exl. derivatives) : 90.4 trillion

Days until Presidential Visit

3   10   112

cold coming on they ran to the nearest scientist (i.e. doctor) to seek aid.

But okay, you can't really imagine a catastrophe will hit you until it does. People just don't have that kind of mental capacity. If you did you would be stricken paralytic with fear at all times, because there are some guaranteed catastrophes bearing down on you that you aren't going to be able to avoid (i.e. death), so evolution has kindly given you a strategically located mental blind spot, an inability to imagine future disasters in any way you can really believe, so that you can continue to function, as pointless as that may be. It is an aporia, as the Greeks and intellectuals among us would say, a "not-seeing." So, nice. Useful. Except when disastrously bad.

So the people of the 2060s staggered on through the great depression that followed the First Pulse, and of course there was a crowd in that generation, a certain particular one percent of the population, that just by chance rode things out rather well, and considered that it was really an act of creative destruction, as was everything bad that didn't touch them, and all people needed to do to deal with it was to buckle down in their traces and accept the idea of austerity, meaning more poverty for the poor, and accept a police state with lots of free speech and freaky lifestyles velvetgloving the iron fist, and hey presto! On we go with the show! Humans are so tough!

But pause ever so slightly—and those of you anxious to get back to the narrating of the antics of individual humans can skip to the next chapter, and know that any more expository rants, any more info dumps (on your carpet) from this New Yorker will be printed in red ink to warn you to skip them (not)—pause, broader-

Unknown Competition Entry, Sulfur Dioxide Pumping Unit, 2065

JANU

NEVER HA
BEEN DON
MANY BY

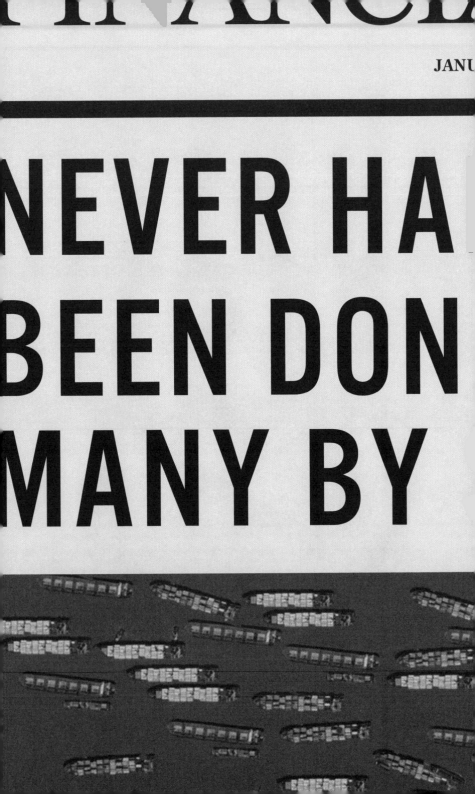

SO MUCH TO SO O FEW!

2067

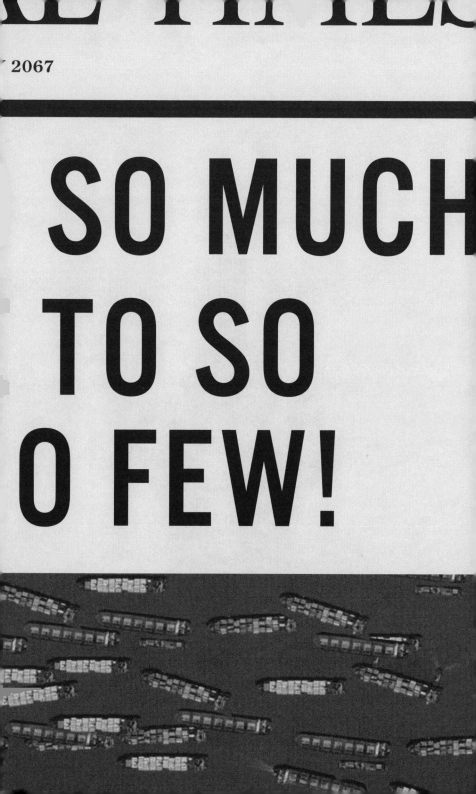

Unknown Competition Entry, Sulfur Dioxide Pumping Unit, 2065

minded more intellectually flexible readers, to consider why the First Pulse happened in the first place. Carbon dioxide in the atmosphere traps heat in the atmosphere by way of the well-understood greenhouse effect; it closes a gap in the spectrum where reflected sunlight used to flash back out into space, and converts it to heat instead. It's like rolling up the windows on your car all the way on a hot day, as opposed to having them partly rolled down. Not really, but close enough to elucidate if you haven't gotten it yet. So okay, that trapped heat in the atmosphere transfers very easily and naturally to the oceans, warming ocean water. Ocean water circulates and the warmed surface water gets pushed down eventually to lower levels. Not to the bottom, not even close, but lower. The heat itself expands the water of the ocean a bit, raising sea level some, but that's not the important part. The important part is that those warmer ocean currents circulate all over, including around Antarctica, which sits down at the bottom of the world like a big cake of ice. A really big cake of ice. Melt all that ice and pour it in the ocean (though it pours itself) and sea level would go 270 feet higher than the old Holocene level.

Melting all the ice on Antarctica is a big job, however, and will not happen fast, even in the Anthropocene. But any Antarctic ice that slides into the ocean floats away, leaving room for more to slide. And in the twenty-first century, as for three or fifteen million years before that, a lot of Antarctic ice was piled up on basin slopes, meaning giant valleys, which angled down into the ocean. Ice slides downhill just like water, only slower; although if sliding (skimboarding?) on a layer of liquid water, not that much slower. So all that ice hanging over the edge of the ocean was perched there, and not sliding very fast, because there were buttresses of ice right at the waterline or just below it, that were basically stuck in place. This ice at the shoreline lay directly on the ground, stuck there by its own massive weight, thus forming in effect long dams ringing all of Antarctica, dams which somewhat held in place the big basins of ice uphill from them. But these ice buttresses at the ocean ends of these very huge ice basins were mainly held in place by their leading edges, which were grounded underwater slightly offshore—still held to the ground by their own massive weight, but caught underwater on rock shelves offshore that rose up like the low edge of a bowl, the result of earlier ice action in previous epochs. These outermost edges of the ice dams were called by scientists "the buttress of the buttress." Don't you love that phrase?

So yeah, the buttresses of the buttresses were there in place, but as the phrase might suggest to you, they were not huge in comparison to the masses of ice they were holding back, nor were they well-emplaced; they were just lying there in the shallows of Antarctica, that continent-sized cake of ice, that cake ten thousand feet thick and fifteen hundred miles in diameter. Do the math on that, oh numerate ones among you, and for the rest, the 270 foot rise in ocean level is the answer already given above. And lastly, those rapidly warming circumpolar ocean currents mentioned already, were circulating mainly about a kilometer or two down, meaning, you guessed it, right at the level where the buttresses of the buttresses were resting. And ice, though it sits on land, and even on land bottoming shallow water when heavy enough, floats on water when water gets under it. As is well known. Consult your cocktail for confirmation of this phenomenon.

HOME OWNERSHIP AND RENTING TRENDS
San Francisco Bay Area

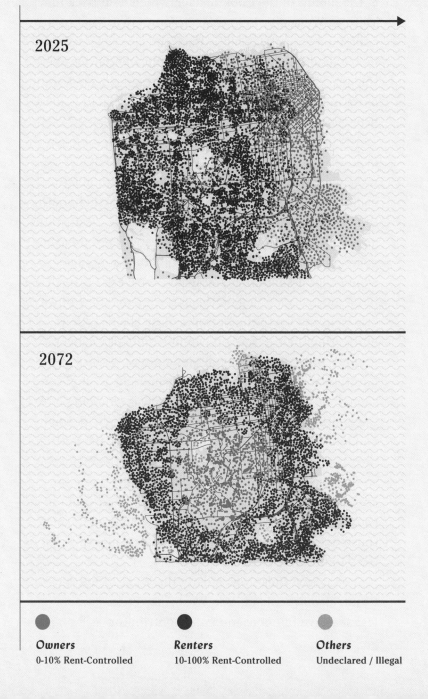

2025

2072

Owners
0-10% Rent-Controlled

Renters
10-100% Rent-Controlled

Others
Undeclared / Illegal

So, the first buttress of a buttress to float away was at the mouth of the Cook Glacier, which held back the Victoria/Wilkes Basin in eastern Antarctica. That basin contained enough ice all by itself to raise sea level twelve feet, and although not all of it slid out right away, over the next two decades it went faster than expected, until more than half of it was adrift and quickly melting in the briny deep.

Greenland, by the way, a not inconsiderable player in all this, was also melting faster and faster. Its ice cap was an anomaly, a remnant of the huge north polar ice cap of the last great Ice Age, located way farther south than could be explained by anything but its fossil status, and in effect overdue for melting by about ten thousand years, but lying in a big bathtub of mountain ranges which kept it somewhat stable and refrigerating itself. So, but its ice was melting on the surface and falling down cracks in the ice to the bottoms of its glaciers, there lubricating their descent down big chute-like canyons that cut through the coastal mountain-range-as-leaky-bathtub, and as a result it too was melting, at about the same time the Wilkes/Victoria basin was slumping into the Southern Ocean. That Greenland melt is why when you looked at average temperature maps of the Earth in those years, and even for decades before then, and the whole world was a bright angry red, you still saw one cool blue spot, southeast of Greenland. What could have caused the ocean there to cool, one wondered through those decades, how mysterious, one said and then got back to burning carbon.

So: First Pulse was mostly the Wilkes/Victoria Basin, also Greenland, also West Antarctica, another less massive but consequential contributor, as its basins

Financial History:

Trade and Climate Change
2005–2150

- ● Global Export Volume from Container Ports (Million TEU)
  - *> relative to*
  - ● Ocean temperature (C)
  - ● Sea levels (mm)

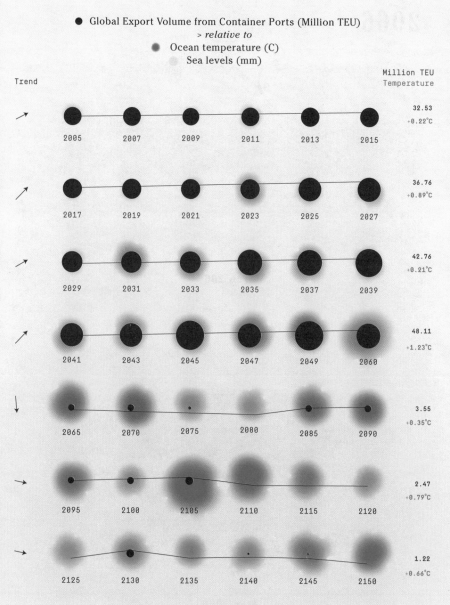

Trend

Million TEU
Temperature

	2005	2007	2009	2011	2013	2015	32.53 +0.22°C
2017	2019	2021	2023	2025	2027	36.76 +0.89°C
2029	2031	2033	2035	2037	2039	42.76 +0.21°C
2041	2043	2045	2047	2049	2060	48.11 +1.23°C
2065	2070	2075	2080	2085	2090	3.55 +0.35°C
2095	2100	2105	2110	2115	2120	2.47 +0.79°C
2125	2130	2135	2140	2145	2150	1.22 +0.66°C

Global Ports:

SHENZHEN

May-June

2066

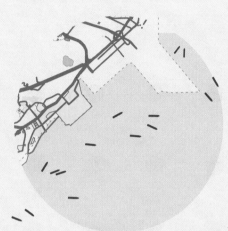

March 2066

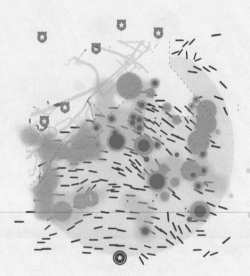

May 2066

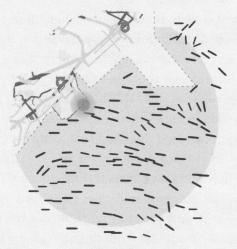

April 2066

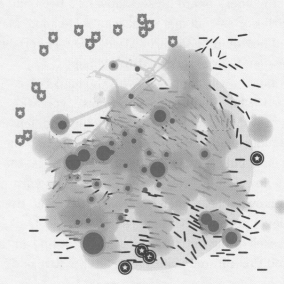

June 2066

lay almost entirely below sea level, such that they were quick to break their buttresses and then float up on the subtruding ocean water and sail away. All this ice, breaking up and slumping into the sea. Years of greatest rise, 2052–2061, and suddenly the ocean was ten feet higher. Oh no! How could it be?

Rates of change themselves change, that's how. Say the speed of melting doubles every ten years. How many decades before you are fucked? Not many. It resembles compound interest. Or recall the old story of the great Mughal emperor who was talked into repaying a peasant who had saved his life by giving the peasant one rice grain and then two, and doubling that again on every square of a chessboard. Possibly the grand vizier or chief astronomer advised this payment, or the canny peasant, and the unquant emperor said sure, good deal, rice grains who cares, and started to dribble out the payment, having been well-trained in counting rice grains by a certain passing Serbian dervish woman. A couple few rows into the chess board he sees how he's been had and has the vizier or astronomer or peasant beheaded. Maybe all three, that would be imperial style. The one percent get nasty when their assets are threatened.

So that's how it happened with the First Pulse. Big surprise. What about the Second Pulse, you ask? Don't ask. It was just more of the same, but doubled as everything loosened in the increasing warmth and the higher seas. Mainly the Aurora Basin's buttress let loose and its ice flowed down the Totten Glacier. The Aurora was a basin even bigger than Wilkes/Victoria. And then, with sea level raised fifteen feet, then twenty feet, all the buttresses of the buttresses lost their footing all the way around the Antarctic continent, after which said

125th Congress } COMMITTEE PRINT
2nd Session }

THE NATIONAL EMERGENCIES AMENDMENT ACT

(PUBLIC LAW 94-412)

Source Book: Legislative History, Texts, and Other Documents

COMMITTEE ON GOVERNMENT OPERATIONS AND THE SPECIAL COMMITTEE ON NATIONAL EMERGENCIES AND DELEGATED EMERGENCY POWERS

UNITED STATES SENATE

NOVEMBER 2060

buttresses were shoved from behind into the sea, after which gravity had its way with the ice in all the basins all around East Antarctica, and the ice resting on the ground below sea level in West Antarctica, and all that ice quickly melted when it hit water, and even when it was still ice and floating, often in the form of tabular bergs the size of major nations, it was already displacing the ocean by as much as it would when it finished melting. Why that should be is left as an exercise for the reader to solve, after which you can run naked from your leaky bath crying Eureka!

It is worth adding that the Second Pulse was a lot worse than the First in its effects, because the total rise in sea level ended up at around fifty feet. This truly thrashed all the coastlines of the world, causing a refugee crisis rated at ten thousand katrinas. One eighth of the world's population lived near coastlines and was more or less directly impacted, as was fishing and aquaculture, meaning one third of humanity's food, plus a fair bit of coastal (meaning in effect rained-upon) agriculture, as well as the aforementioned shipping. And with shipping forestalled, thus impacting world trade, the basis for that humming neoliberal global success story that had done so much for so few was also thrashed. Never had so much been done to so many by so few!

All that happened very quickly, in the very last years of the twenty-first century. Apocalyptic, Armageddonesque, pick your adjective of choice. Anthropogenic could be one. Extinctional another. Anthropogenic mass extinction event, the term often used. End of an era. Geologically speaking it might rather be the end of an age, period, epoch, or eon, but that can't be decided until it has run its full course, so the

NATIONAL FLOOD INSURANCE PROGRAM* (NFIP) DEBT TO US TREASURY

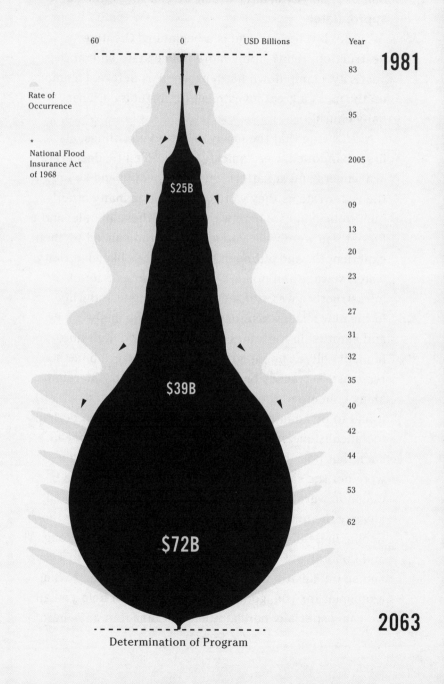

60   0   USD Billions   Year

1981

83

Rate of
Occurrence

95

*

National Flood
Insurance Act
of 1968

2005

$25B

09

13

20

23

27

31

32

$39B

35

40

42

44

53

62

$72B

2063

Determination of Program

common phrase "end of an era" is acceptable for the next billion or so years, after which we can revise the name appropriately.

So, but hey. An end is a beginning! Creative destruction, right? Apply more police state and more austerity, clamp down hard, proceed as before. Cleaning up the mess a great investment opportunity! Churn baby churn!

It's true that the newly drowned coastlines, at first abandoned, were quickly re-occupied by desperate scavengers and squatters and fisherpeople and so on, the water rats as they were called among many other humorous names. There were a lot of these people, and a lot of them were what you might call radicalized by their experiences. And although basic services like electricity, water, sewage and police were at first gone, a lot of infrastructure was still there, amphibiously enduring in the new shallows, or getting repeatedly flushed and emptied in the zones between low and high tide. Immediately, as an integral part of the natural human response to tragedy and disaster, lawsuits proliferated. Many concerned the status of this drowned land, which it had to be admitted was now actually, and even perhaps technically, meaning legally, the shallows of the ocean, such that possibly the laws defining and regulating it were not the same as they had been when the areas in question were actual land. But since it was all wrecked anyway the people in Denver didn't really care. Nor the people in Beijing, who could look around at Hong Kong and London and Washington DC and São Paolo and Tokyo and so on, all around the globe, and say, Oh, dear! What a bummer for you, good luck to you! We will help you all we can, especially here at home in China, but anywhere

Federal Emergency Management Agency (FEMA):

CITIZENS' MARKING SYSTEM INSTRUCTIONS:

3 July 65
0030HR

↑
DATE & TIME
OF EXIT

C/CF
416-
890-
8967

← *CONTACT
NUMBER

HAZARDS →

RATS

NUMBER OF
LIVE /DEAD VICTIMS
STILL INSIDE
↓

3 LIVE

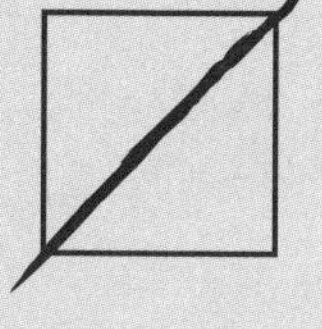

1.
Search is in progress:
spray one diagonal line upon entry

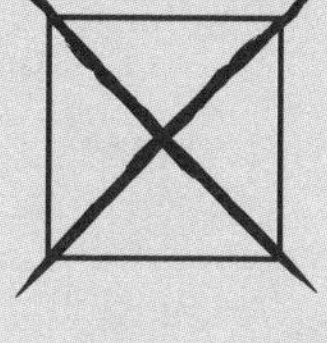

2.
Search completed:
spray second diagonal line and details upon leaving

***C** = Citizen Volunteer/Passerby | **CF** = Family Member/Friend/Acquaintance

else also, and at a reduced rate of interest if you care to sign here.

And they may also have felt, along with everyone in that certain lucky one percent, that some social experimentation at the drowned margin might let off some steam from certain irate populaces, social steam which might even accidentally innovate something useful. So in the immortal words of Bertold Brecht, they "dismissed the people and elected another one," i.e. moved to Denver, and left the water rats to sort it out as best they could. An experiment in living wet. Wait and see what those crazy people did with it, and if it was good, buy it. As always, right? You brave bold hip and utterly coopted avant-gardists, you know it already, whether you're reading this in 2144 or 2312 or 3333 or 6666.

So there you have it. Hard to believe, but these things happen. In the immortal words of whoever, "History is just one damned thing after another." Except if it was Henry Ford who said that, cancel. But he's the one who said "history is bunk." Not the same thing at all. In fact, cancel both those stupid and cynical sayings. History is humankind trying to get a grip. Obviously not easy. But it could go better if you would pay a little more attention to certain details, like for instance your planet.

Enough with the I told you sos! Back to our doughty heroes and heroines!

A Conversation with Kim Stanley Robinson

Maya Vinitsky

M.V.

K.S.R.

1)

Your book New York 2140* takes place following a dramatic sea-level rise, which transforms the city and the life of its residents. The narrative focuses on the residents of Madison Square, and specifically on several inhabitants of the old MetLife Tower. It explores the future implications of current concerns regarding climatic changes, as well as of related sociopolitical struggles and of the inadequate responses to these concerns. Significantly, you seem to have transformed the problem of climate change, which many today continue to associate with a distant future, into a personal concern of the present and coming generations. How would you explain climate change as a personal matter?

---

1 ⸻⟶ We are already living in climate change. The global average temperature is about 1 degree Celsius higher than it was at the start of the Industrial Revolution, and we're going to find it very difficult to keep the eventual rise from going over 2 degrees, a rise which would be dangerous to many living creatures on Earth, including humans. So here we are, and time is short: the recent IPCC report estimated that our window of opportunity to avoid that dangerous rise is only the next 15 years. The bad results of serious climate change could include causing the sixth great mass extinction event in Earth's history, which would wreck human civilization. All this could happen within the lifetimes of our grandchildren. So I think climate change is already a personal matter for everyone alive today.

* Kim Stanley Robinson, New York 2140 (Denton, TX: Orbit, 2017).

Another way climate change is personal is everyone's particular energy use in daily life. The amount used per person tends to vary by country, because of infrastructure and consumption patterns; it also varies within countries because of personal wealth and habits. So, if all the electricity generated by humanity were divided equally among all living people, then each person would have the use of about 2,000 watts per year. This fact is the origin of the Swiss organization The 2,000 Watt Society, which asks its members to try to live on that amount of electricity per year, as an experiment to see what that would be like. Right now, Europeans tend to use around 5,000 or 6,000 watts per year, Americans more like 10,000 or 12,000; Chinese people use around 1,500, Indians 1,000, and Bangladeshis, 300. Most nations have been rated in this way, and as far as I can tell, Israeli citizens average around 2,500 watts per year. As Israel is an advanced and prosperous industrial nation, I don't know how its citizens use so little energy, and it would be interesting to learn more about that.

What individuals also need to recognize is that this matter of energy use is more than a matter of individual consumption choices; it also has to do with which political parties are in control of one's government. If one's government will tax carbon use and excess consumption generally, and stop subsidizing fossil-fuel companies, and switch those subsidies to clean energy sources, and do everything possible to comply with the Paris Accord goals, then that population's carbon burn will go down much faster than if a regressive government funded by the fossil-fuel industry is in charge. This is the crucial battle of our time, and should be one of the first considerations in everyone's political position. Effective rapid action on climate change is crucial; therefore one's political position, including one's votes, finances, and political advocacy, are perhaps even more important than one's individual carbon burn, because of the possibility of scaling good behaviors by political majority willpower. Personal use can of course be minimized by efforts in one's personal life, and that matters. But the political effort matters even more.

So, all these realities need to be clarified in reports and analyses, and everyone should calculate their own energy use, similarly to the way you measure your weight for health reasons, or better, your income for tax purposes—perhaps it should be a legal requirement and part of your tax payment, with deductions for lowered use. And of course stories about climate change need to be told more and more, by everyone.

2)

One of the book's chapters, "The Citizen," marks a change of tone, momentarily abandoning the chaotic plot unfolding in the flooded city for an account that reads, at certain moments, like an apocalyptic manifesto. The chapter ends with a direct, trenchant appeal by the speaker: "But it could go better if you would pay a little more attention to certain details, like for instance your planet. Enough with the I told you sos! Back to our doughty heroes and heroines!" This is not an appeal to governments, mayors or politicos, but to the future residents of New York City, and perhaps even to the readers in the present. Could you describe the type of awareness or activism that you would like to see among the current residents of today's cities?

2 $\longrightarrow$ City dwellers are in a good infrastructure for reducing individual carbon burn, compared to people living in suburban areas. More can be done by everyone, no matter where they live, by way of recycling, composting, urban gardening, plant-dominant diets, shifting to public transport, and so on. More also can be done in supporting political parties and civil society groups that work to quickly shift to a sustainable infrastructure. The two parts

of citizens' actions, as I said before, are political support and personal habits.

3)

Assuming that it is no longer possible to turn back the wheel, given the acceleration of industrial production in recent centuries and the increased emission of greenhouse gases—can we, as a society, nevertheless plan for the development of cities expected to absorb vast numbers of climate refugees and cater to their needs, while coping with extreme natural phenomena such as global changes to the shoreline? How could we accommodate, at least in principle, the planning of cities that will address the foreseen challenges awaiting us in the future?

3 ⟶ A continuous replacement of the existing infrastructure to reduce carbon emissions, and accommodate more people on less land, along with improved agriculture, will be the determining feature of the 21st century. Recently in an article for The Guardian I mentioned E.O. Wilson's "half Earth" plan—that over time we move most of humanity onto half the Earth's surface, leaving the other half for the other creatures of the biosphere to survive on, so that their survival will serve to replenish and maintain our own indispensable biological support system. This half-Earth idea is an interesting way to frame the goal of balancing our relationship with Earth's biosphere for the long term. It's not as strange or hard as it might first appear: people are moving into cities anyway, and many small towns and rural areas are emptying out. This natural impulse toward urbanization could be encouraged and organized, and eventually the resulting densification of our footprint could make for a more sustainable long-term civilization. In that effort, cities might become a bit denser, but really it would be better if the suburban areas were made as dense as cities, with the rest of the Earth's surface then left somewhat empty of people.

The built infrastructure will be changed. Possibly carbon drawn out of the atmosphere will be formulated and used to replace concrete and steel. Land use patterns and regenerative agriculture will also be important parts of any solution. Certainly clean energy is a crucial component of any success we may achieve. If we generate enough clean energy, we can power our way out of many of the problems we've created.

4)

Although there exists no single, all-embracing definition of science fiction and its subgenres, this speculative literary genre is generally concerned with a fictional future, while building on existing trends in the fields of science, technology, economics, sociology, and other disciplines. Science-fiction accounts present a more extreme version of a situation already familiar to us in the present, while relying on existing knowledge to examine how our current behavior will impact the future of humanity. The tension between the comfortable experience of reading a book and its powerful and disturbing message raises questions concerning people's ability to cope with extreme historical developments. What, in your understanding, is the role of science fiction in the discourse about the future?

4 ⊢——————→ Your definition of science fiction is excellent, and very close to my own. Fictional futures, yes; and so for me, all our discussions of the future including our plans, demographic projections, economic forecasts, and so on, are science-fiction stories, sometimes pretending to be something more certain. One implication of this definition is that everyone is a science-fiction writer, when they imagine their own future, and the futures of their family and societies. When doing this, there is a natural tendency to imagine either good futures, as in utopias, or bad ones, as in dystopias.

What science fiction as a literary genre does for humanity is to provide vivid fictional futures, which feel real while one is immersed in them—so real that when one returns to the present, one has the feeling of returning from a vivid future reality. Depending on what one learns in this mental time machine, one sees the present moment differently, and then perhaps acts differently. One hopes to help create a good future, rather than allow a bad one to come into being. In that sense, science fiction is a powerful tool of human thought; it's a force in history itself, as part of the methodology of deciding what we should do now. Science fiction is therefore very powerful, and even people who don't read it as literature, take it in through its various secondary effects—in movies, or the way people talk, or contemporary design, or in one's own attempts to imagine the future.

5)

Recent developments in different science-fiction genres reveal a division between the apocalyptic prophecies associated with the Steampunk genre, which focuses on scenarios of destruction, and between the new and optimistic Solarpunk movement, which is concerned with saving the planet we live on by improving our treatment of it. In the context of developing Sci-Cli trends and of the futuristic, vegetation-rich imagery associated with Solarpunk, one can sense a growing urge to treat our environment better, by learning to become aware of its needs and of our influence on it. How do you interpret these developments, and how feasible is it, in your opinion, to translate them into concrete actions in the context of contemporary reality?

5 ⟶ I think all these names are simply variants on two basic categories of science fiction: utopia and dystopia. Sometimes the new names are trying to specifically describe some newly emerging developments in technology or

society; other times they are just marketing ploys, a new name for a "new" product. Sometimes the two purposes merge, and become both description and marketing.

I want to note that using the "punk" suffix in these new names, following the precedent of "Cyberpunk" in the 1980s, is a bad idea, because "punk" specifically implies an anti-social attitude, and yet effective action to deal with climate change is precisely the work of an active and engaged citizen. You can't drop out of society, or oppose the idea of government, and effectively fight climate change. So to be a punk in this situation is to capitulate to disaster, for something as petty as a stance of narcissistic disengagement.

One good thing I think these new names reveal is that people are getting tired of dystopias and apocalypses. That warning has been sounded and now everyone knows it: our bad futures would be really bad. In reaction to this "disaster porn," people are looking to various new technological and political possibilities, and trying to imagine how they could combine to make exciting new visions of both social justice and ecological sustainability, which are more and more looking like two parts of a larger whole—you can't get one without the other.

These new visions are more ecologically based than ever before, more vegetational as you put it, because of the increasingly obvious importance of our biosphere as the base of human life and society. Thus we see the emergence of Solarpunk, eco-socialism, Hope punk, and all the rest of the new green utopias.

6)

It often seems that everyday reality is increasingly approximating the world presented in your science-fiction books, at least visually. The experiences captured in New York 2140, which unfolds in the flooded city, can be compared to the present experiences of numerous people worldwide, who have coped over the past year with the rising sea level and with monstrous hurricanes; your Mars trilogy, which chronicles the settlement of the planet, is inevitably compared to the astounding photographs broadcast from Mars by NASA's Curiosity rover. It seems relevant to ask about the methodology you pursue as you prepare to write. To what extent do scientific forecasts impact the construction of the fantasy?

6 ⟶ Scientific forecasts are also science-fiction stories. I try to think in that same way; I keep up with the news, and look for new stories by imagining what might come next. That involves reading lots sources. I also have friends in the sciences and in academic fields like science studies, eco-criticism, literature, anthropology, and political economy, who have taught me a lot. I feel well informed, and I feel that anyone who wants to be can be similarly well informed. The information is out there.

Then, given all that inflow of information, the problem becomes how to include it in a story about what might happen next. That's a habit of the imagination, and also a set of literary techniques. My goal is to write good novels, and if that goal required me to remove myself from the world, I might even do that, but of course in reality it's exactly the reverse; for me, novels are better the more they're engaged with their contemporary reality. This engagement can exist in any genre, including historical fiction, fantasy, science fiction, even literary fiction, which often is the most removed of them all. For me, science fiction is clearly the most engaged genre of our time; it's our great realism, being the most accurate expression of the rapidly accelerating history we now all inhabit. The world has become a science-fiction novel that we are all co-writing together. So my individual efforts are just a part of that everyday reality.

7)

We are currently witnessing public debates about the connection between the capitalist lifestyle and the increase in climate change, and the refusal of some politicians to acknowledge this connection. There are also some scientists who, while acknowledging the reality of global warming, do not agree that it is being caused or accelerated by human actions. What is your attitude to such approaches, whose denial of humanity's responsibility causes numerous people to refrain from taking action and instigating change?

7 ————→ First I'll talk about denialism, then capitalism.

I don't think there are any scientists left who believe that climate change isn't happening.

Maybe there are still a few people funded by fossil-fuel companies and right-wing think tanks who still deny climate change and its human origins, and some of these people may even have some scientific credentials, though often in some unrelated field. But denying the evidence as they do, are they really still scientists? Or are they instead simply paid liars? The book <u>Merchants of Doubt</u>, by Naomi Oreskes and Eric Conway, tracks the documentary evidence of the denialist industry, and shows conclusively how specific individuals and organizations first denied the evidence that tobacco causes cancer, then shifted to denying that carbon emissions cause global warming, in both cases paid by the industry that would benefit from the confusion and delay they sowed.

There will always be such paid liars. There are also always a few true believers in assertions that have been shown to be false, holding to the tenets of an older discredited paradigm. For instance, recall the years after plate tectonics became the new paradigm in geology. Through the 1970s that paradigm became accepted by everyone in the scientific community, and yet there remained a few scientists who held out, denying that plate tectonics could be true for one reason or another. Eventually those hold-outs either died or left the field, but during their denialist phase, in the face of all the evidence assembled by the vast majority of workers in the field, were they still scientists, or had they become ex-scientists by way of their fanaticism? This is a valid question to ask about climate denialists today, given the overwhelming nature of the evidence that's been assembled. But also, some of these contrarians can make a lot of money with their denials, and the damage they are doing is quite deadly.

So, for the rest of us, trying our best to avoid wrecking the world for our descendants, it's important to recognize this situation, and oppose the politicians and organizations that support these denialist lies. A mass extinction event could result if their lies slow our reaction too much, and there is no return from extinctions. Many fellow mammals are currently endangered, and humanity itself would be devastated by a biosphere collapse. So the stakes are very high.

Fossil-fuel companies should therefore be nationalized and tightly regulated, and required by international treaties and nation-state governments to shift their immense wealth and technological capacity to building clean energy systems. Perhaps they could be set to the task of pumping ocean water up onto the Antarctic ice cap, for instance, a project that would require technologies similar to those used in the oil industry now.

That brings us to capitalism as the dominant global system for controlling and distributing wealth, and therefore for deciding what we do as a society. The situation is serious enough that we can't allow the currently existing market system to control our decisions. The market considers the environment, and therefore survival itself, to be an externality, and its calculations are geared entirely to short-term profit for a few people. If the world is destroyed in the pursuit of profit, capitalism as such doesn't care; survival is not its purpose.

So, given this reality, all political systems in the international nation-state order have to come together to seize control of the global financial system, in order to direct the world economy to survival efforts on behalf of humanity and the biosphere. In effect, humanity's economic efforts have to be shifted over substantially to biosphere maintenance, as a necessary survival mechanism for our civilization, no matter the "cost" in current economic calculations. This means inventing and enacting a post-capitalist system, reforming the current order as quickly as possible. Solving climate change is primarily an exercise in economic reforms.

8)

Countless dramatic news items on climate related issues are published daily in the media: some report observations and measurements regarding the condition of the glaciers, rising temperatures, and rising sea levels; others are concerned with political or environmental agencies involved in the Paris Agreement, whose goal is to limit global warming. Yet what seems to have the most influence on the citizens of the world is nature's intrusion into the everyday, as when groups of tourists in rubber boots are seen wading across the flooded Piazza San Marco in Venice. Small, quotidian actions such as filling the car tank with fossil fuel, driving to work in a vehicle emitting carbon dioxide, or the unnecessary use of air-conditioning are not seen by users as having an influence on the environment. It is always seemingly the "others"— industries, governments, etc.—who are responsible for the situation. How can we demonstrate to the general public that there is a connection between the extreme natural phenomena that we have been continuously witnessing →

8 ⟶ I think everyone knows this already. But knowing is not the same as acting. It's hard to change one's habits, and expensive to change one's infrastructure. This is true for individuals as well as society. So we go on in the way we are going, and the situation is getting more and more dangerous. But in fact important changes are being made. The Paris Accord and the recent formalizations of its promises, last December in Poland, are crucial moves, of historical importance. We need to make those kinds of changes at the level of political economy—those changes will drive things more than individual virtuous decisions. Individual virtue is good and important, but the most virtuous action any individual can make is to support good green politics, and then take advantage of the new opportunities to change habits that political changes will create.

in recent years (wild tropical storms, destructive hurricanes, extreme heat or cold) and the critical impact of human actions on the environment?

9)

To what degree are you personally optimistic about the ability of humanity, and specifically of our generation, to save the world from the possible future you have presented in New York 2140?

[9] ⟶ I think optimism or pessimism is irrelevant now. The future could be very good or very bad, that's just the way it is. We exist on a knife edge now that will last for the next twenty years or so; in those years, we will shift to one side or another, either toward a disastrous future, or toward a hopeful and prosperous future. That's the radical indeterminacy of our time, this extreme difference between the potential good future and the potential bad future, both quite possible starting from now. That extreme range of potentials is one of the reasons our current moment feels so strange. That the stakes are so high is a fact that puts a great deal of pressure on our daily lives. Under the weight of those radically divergent futures, and the deadly seriousness of the disaster that could come if we don't act well now, we have to try to pull ourselves together and do the right things.

So, given that reality, neither optimism nor pessimism are appropriate feelings, as either would suggest some kind of certainty that we can't have. Better to feel both fear and hope at once; maybe call it a fearful hope—this is a very ancient human feeling. And whatever our emotions, we have to formulate an intense resolve to do the right things. We must do our best, either with grim resolve or with a spirit of joy for the good future that could come, and the good work involved in getting there. Either way, no matter our feelings, we have to do it.

That means we now have a shared project as a civilization, and therefore we also have meaning in our individual lives. Everyone needs meaning in their lives, that's as crucial to us as food. So it could be said that coping with climate change, and the necessity of creating a sustainable civilization, are a kind of blessing in disguise: they give us a project full of meaning.

Kim Stanley Robinson, an American science-fiction writer, is one of the most preeminent and highly regarded authors writing in this genre. His books, which have been translated into 25 languages, include the highly acclaimed trilogies *Three Californias* (1984–1990) and *Mars* (1992–1996), and the novels *Antarctica* (1997), *Shaman* (2013) and *Aurora* (2015). His book *2312* (2012) was the first novel to be nominated for all seven major science-fiction awards. In 1995 and 2016, Robinson traveled to Antarctica with teams sent by the National Science Foundation of the United States. In 2008, Time Magazine named Robinson a "Hero of the Environment." He has been awarded dozens of prizes, including the Arthur C. Clarke Award for Imagination in Service to Society (2017). The asteroid 72432 was named in his honor.

Speculative design for the K.S.R. chapter:

Koby Barhad – a designer, design researcher and educator – explores in his work relationships between people, culture, science and technology.

1.5 TO 2 DEGREES CELSIUS

The rise in temperatures on Earth has been accelerating ever since the Industrial Revolution. Over the past century, we have witnessed the destructive results of global warming, which underscore the urgent need to stop climate change before life on our planet suffers irreversible damage. The countries that signed the Paris Agreement on December 12, 2015, have committed to taking action to ensure that temperatures do not rise more than 2 degrees Celsius, while attempting to reduce further warming to no more than 1.5 degrees. The significance of this half-degree jump underscores the decisive impact of the global rise in temperatures, and the tremendous importance of every action taken to maintain the world's temperature averages. As attempts to cope with climate change have revealed, many of the solutions are embedded in the Earth's natural geological processes of warming and cooling.

Climate Change: A Geological Perspective

Rivka Amit and Yehouda Enzel

Climate change is impacting politics, the economy, culture, and the environment. The Paris Agreement (2015) rallies nations to set ambitious goals for reducing greenhouse gas emissions and for confronting and adapting human societies to the prospective impact of climate change.

In order to adequately address climate change, we must first understand and quantify long-term atmospheric and oceanic processes and study their impact on climatic and hydrological responses. Deciphering past records of such processes is the task of geologists in collaboration with atmospheric scientists, oceanographers, and hydrologists. Some of the questions that geologists must answer are: Do we have analogues for such climatic changes in the geological record, and what was their timescale? What part of these changes is induced by humans? These and other questions form the basis for a large number of studies in the earth sciences.

Geological records constitute numerous and diverse natural archives, by means of which we can investigate the dynamics and processes of climate change over a wide range of timescales, with the aim of maintaining our planet's functioning and ensuring the well-being of future generations. Evidence of climate change is preserved in terrestrial, marine, lake, and eolian sediments, ice sheets, corals, stalagmites, fossils, tree rings, soils and paleosols. Combining these records to create a clear picture of past climates and climate changes is our challenge. Advances in field observation, laboratory techniques, the development of dating methods and numerical modeling allow geoscientists to show how, and sometimes also why, the climate has changed in the past.

Geologic records reveal that throughout the Phanerozoic (the last 542 million years), there have been sudden changes to the Earth environment, such as early global cooling, rapid global warming, and meteorite impacts. On time scales of one million to 100 million years, paleogeographic factors (e.g., continental and ice movement, sea level changes, changes in the power of solar radiation due to changes in the Earth's orbit around the sun, and changes in the angle of our

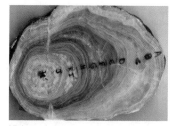

High-resolution oxygen isotopic ratio versus age as measured in speleothems in the Soreq Cave, Israel

planet's axis of rotation) have contributed significantly to temperature changes associated with transitions between non-glacial phases and glacial phases.

Salt layers accumulated over recent decades on the Dead Sea floor, in response to the hydrological crisis

Cores drilled into the ice in Greenland and Antarctica provide data concerning polar temperatures and atmospheric compositions dating back to 120,000 and 800,000 years ago by analyzing trapped gas, stable isotope ratios, pollen and dust trapped within the ice layers. Models indicate that factors such as carbon dioxide cause changes in atmospheric circulation and can explain causes for non-glacial or warmer climates. Fluctuations of ice-cap volume at time scales of 1,000–100,000 years correlate with variations in Earth orbital changes, which induced temperature changes superimposed on a geological-scale global cooling.

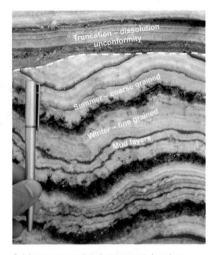

Ocean cores can hint at patterns of deep-water upwelling, when they contain specific layers of microfossils. Since upwelling currents are largely driven by wind, these patterns also tell us about intensifying wind and weather patterns. Calcium carbonate fossil shells of microorganisms (foraminifera and ostracods) found buried in marine and lake sediments provide stable oxygen isotope data used, for example, to infer past water temperatures; the composition of these shells reflects water chemistry at the time of shell formation.

Dust in terrestrial and ocean cores can reveal data concerning weather, current patterns and provenance. By characterizing the distribution and properties of paleo-dust (loess), we can evaluate wind trajectories and wind strength. For example, silty, sandy wind-blown sediments (loess) covered approximately 965,255 square miles of Europe, Asia, and North America. These relatively thick loess mantles in the northern hemisphere were generated primarily by glaciers grinding the rocks. In deserts, loess is formed by strong winds grinding sand seas, alluvial deposits and playa sediments. These loess deposits indicate wind intensities and trajectories. Soils and paleosols are indicators for long-term stable climates or shifts in climatic and environmental conditions from extremely arid to more humid environments. Shorelines of ancient lakes indicate their former size, and calculations assist in determining the hydrological changes that caused their disappearance. Beach landforms, sediments and corals record changes in past sea levels, as ice caps expanded and shrunk.

Dust and paleodust (loess) storm in the East Mediterranean

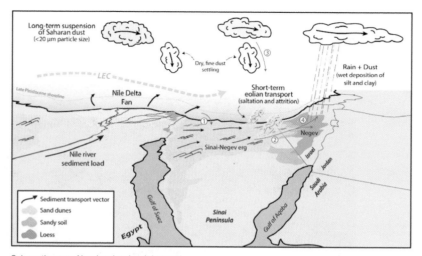

Schematic map of local and regional dust and
paleodust (loess) storms in the East Mediterranean

The immense amount of data at all spatial and temporal scales, and the various approaches to extracting the information, highlight the complexity of synthesizing past climate data, which can sometimes lead to contradicting interpretations. Currently, the challenge is to develop the best frameworks that will combine theory, big-data-processing techniques, paleo-climate data, and global climate models to generate insights and a quantitative view of climate changes in both the past and the future.

Dr. Rivka Amit has served as the Head of the Division of Engineering Geology and Geological Hazards (2004–2009) and the Director of the Geological Survey of Israel (2014–2019). She researches quaternary geology, geomorphology, the paleoclimate, climate Change, paleoseismolgy, and pedology. Dr. Amit is a Fellow of the Geological Society of America, and a recipient of the Desert Research Award (Geological Society of America, 2005), the Prof. Freund Award (Geological Society of Israel, 2009), and the Farouk El Baz Award for Desert Research (Geological Society of America, 2009).

Prof. Yehouda Enzel has served as the Head of Environmental Studies, Faculty of Science (2006–2011) and as the Chair of the Institute of Earth Sciences (2015–2019) at the Hebrew University of Jerusalem. He researches quaternary geology, geomorphology, the paleoclimate, climate change and paleohydrology. Prof. Enzel is a Fellow of the Geological Society of America, and the recipient of the Desert Research Award (Geological Society of America, 2005) and the Geological Society of Israel Award (2009). He holds the Prof. Leo Picard Chair in Geology, Hebrew University (2013).

Skyscrapers in Dubai

Winds of Change

Gil Markovitz in Conversation with **Prof. Pinhas Alpert**

Welcome to "The Laboratory," a radio program in which we embark on a series of journeys to explore different questions. Since each question encompasses an entire world and leads to further questions, we will devote several chapters to each journey. I am Gil Markovitz, and I will be hosting a range of scholars as we explore various research topics together – from the initial spark of interest through moments of confusion and multiple questions – ending with what we might be able to define as an answer. This time, I am joined by Prof. Pinhas Alpert, a researcher in the Department of Geophysics, Porter School of the Environment and Earth Sciences, Tel Aviv University. Prof. Alpert is an expert on climate, the atmosphere, weather forecasting, and climate change. In 2018, he was awarded the Bjerknes Medal for his groundbreaking studies concerning the atmosphere and climate.

It is nice to have you here, Pinhas. I am very pleased to be meeting with you – firstly because this is a field that I am personally interested in, and secondly because there are so many topics to dive into in this highly popular field. In recent years, climate changes are constantly making headlines, and opinions about them diverge significantly. It seems like the moment has come to explore these questions in depth. I will be more than happy to explain.

Excellent. So before we begin, I would like to know what areas of study lead to climate-related research.
There are a number of academic directions: one is more closely affiliated with the humanities, and has to do less with equations and more with theory. This first approach is usually pursued in geography departments. My department is more closely related to the exact sciences, and requires a strong background in the fields of physics, mathematics, and computer science.

Tell me about the research tools that are most widely used in your field. I assume that these tools come from the world of the exact sciences, and involve gathering data and organizing it into some kind of equation or logical sequence leading to answers or conclusions.
This is true. The more "exact" side of atmospheric science is concerned with conservation equations: the conservation of energy in the atmosphere, the conservation of movement

(wind), that of heat, of mass, and so forth. These are the basic equations, and they are not simple: each of them involves between 10 to 20 elements, derivatives and integrals. This is the basis with which I begin my Introduction to Meteorology.

Let's try to understand what the term climate means: How does one study this vast concept and the numerous variables it addresses, and how does one distinguish among them? Then let's take some case studies and see what is happening in different places in the world, building on the knowledge that we will acquire about climate studies. Usually, when we speak of the climate we think of the weather, but these two terms are not actually synonymous. So perhaps we should begin by distinguishing between them.

This distinction, I believe, is not really clear, and it's important to explain it in an exact manner. The weather is what is happening right now or in the coming hours: the direction that the wind is blowing from, the temperature, and so forth. The climate, by contrast, is based on a long-term grouping of data that represents what, in mathematical or statistical terms, are called "averages." Yet what we study are not only averages but also the extreme values, which are an important aspect of the climate, especially when we are talking about global warming. In other words, climate is a grouping of data concerning different weather conditions that is gathered daily, hourly, and every second. In international agreements, the climate is defined based on a minimum period of three decades of data: I need 30 years of data in order to define a climate. Today, the inclination is to expand beyond this time frame and consider a period of 40 or even 50 years.

Why? Is that in order to capture long-term and more significant processes?
Exactly. For instance, there are very rare extreme values, such as a total flooding of the Ayalon River in Tel Aviv. From a climatic-statistical point of view, this only happens every 20 or 30 years; but it might suddenly happen twice in one year, or not at all, and then we have to wait another 30 or 40 years. If we rely on a 30-year time span, we may miss the extreme values, yet they too are part of the climate. Thus, especially today, with global warming, we want to catch the tail of the distribution: the extreme values that appear only rarely.

So there is a greater chance of catching this data within a 40-year framework?
That is exactly right. That is the framework in which one can see how these tails are becoming more common.

So what factors influencing the climate do we need to measure?
The same factors that influence the weather: temperatures, wind, and pressure. Humidity is also extremely important.

So there are numerous factors influencing the climate, and we need to measure them. Now, what tools will we use to study the climate? How does one measure all of these different parameters?

There is a series of tools that have been defined by the WMO (World Meteorological Organization), which has set certain global rules. It is very important to set such rules, because if different measuring instruments are used in different places, we will be unable to draft consistent maps. The rules pertain to the degree of the measurement's precision, the height at which the measurement is made (6.4 feet), and so forth. These instruments are all kept in meteorological stations – a thermometer to measure the temperature, a hygrometer to measure humidity, and so forth. In the Tel Aviv area, for instance, we have 20 or 30 such meteorological stations. The majority of them are operated by the Israel Meteorological Service, and some of them are operated by other bodies that are interested in this data – such as the Israel Electric Corporation or the

Ministry of Environmental Protection. The data is then sent to a national center – which in Israel is the Meteorological Service in Beit Dagan. From these national centers, data is sent to a regional center, such as the one in Rome, which is the center of the Mediterranean region; the data is then transmitted to a larger center, such as Offenbach, in Germany, which collects all the data from Europe and Africa. There are other large centers – for instance, in the United States – which feed data into "the oven" – a mega-computer that processes the millions of data being collected every hour.

Meteorological station, Israel

You said that a time span of 30 or more years is necessary in order to study the climate and provide some sort of reliable answer about it; this makes me wonder how studies are conducted. Do you only publish an article every 30 years? That doesn't really make sense – that's an entire career.

There are different types of studies. The time period that gave rise to numerous studies in recent years was 1960–1990. Now studies are looking at the range 1970–2000, and the next stage will be 1980–2010. It takes several years to process the data and input it into mega-computers, so that today we are still processing the data from 1970–2010 in order to define the current climate. But we are also using models that project into the future.

So it is the intermediate studies conducted in between these long-term studies that present models for research or forecasts?

That is correct. That is one type of model. There are climate models, and models for forecasting weather, and models for intermediate ranges – seasonal models, which predict, for instance, the forecast for the coming winter. Each of these three areas – weather forecasts, climate forecasts, and seasonal forecasts – is often studied by different groups of researchers. The largest group is the one concerned with weather forecasts and studies of the weather, and in this case you do not have to wait 30 years.

You take an exceptional weather event, such as a severe heat wave or extreme dryness, and attempt to understand what has caused it by analyzing a large set of data. Climatic forecasts, by contrast, are concerned with future events in the course of the 21st century. Where are we headed? Will there be more floods? Will it get hotter? And the answer, as we can already see, is yes.

I want to go back to the instruments you use to capture the data – such as those stations you mentioned.
The data gathered at the stations is the basis for all of our observations. It used to be collected by an actual observer who would go out every hour or three hours. There are still many such stations that collect data for the WMO, but a growing number of them have recently become automatic. Still, some data is extremely difficult or expensive to gather with instruments, such as data concerning poor visibility. An observer looks in different directions and determines what the visibility is. You can do this with a laser, but the result is not the same, and the instrument normally provides data concerning a relatively short range. It is also very expensive.

That is one example of a situation in which human beings are still preferable to machines.
Human beings are still needed. Another example is an instrument that measures cloudiness, but cannot easily provide us with a picture of the entire sky. So we still rely on people. There are some 100,000 stations where observers go to take measurements. There are several dozen such stations in Israel, especially in the Air Force. Every airport normally relies on both human observation and automatic instruments.

There is another very important observation tool that we haven't mentioned yet, which operates on an entirely different level: satellites.
That is absolutely right. Satellites were already used to monitor the weather in the late 1970s. The first satellite began operating in the late 1950s, but did not do so regularly. Regular monitoring from weather satellites began in 1979.

Satellite view of cloudiness over the surface of the Earth, March 3, 2004, 06:00

Are these designated satellites?

Yes, designated satellites for monitoring the weather, which are launched especially for this purpose. Each satellite specializes in different parameters: some measure cloudiness, others measure temperatures, one satellite focuses on dust, and some examine different types of dust and air pollution, measure wind, or study clouds. As I already noted, satellites are an efficient tool for studying clouds, because they provide a very accurate picture. You can see it in satellite images, and it is really amazing.

You mentioned another important player in the field of climate studies: the atmosphere.

The height of the atmosphere reaches hundreds of kilometers – but the weather and climate, which we are discussing right now, are limited to a range of approximately 10–15 kilometers. During transatlantic flights, and today even during flights to Europe, airplanes normally fly higher than that in order to avoid the bad weather. In our region, this height is about 10 kilometers, so that we see the clouds below us.

Now that we are equipped with a number of definitions and some background, we can start talking about climate change. What do we mean when we talk about "climate change" or when we notice that something that did not occur for 30 years is suddenly occuring now?

Phenomena related to climate change are recently more often caused by human beings, and in recent times they have been increasing significantly. We call such changes "anthropogenic" – that is, originating in human activity. Some of them are intentional: For instance, right now we are sitting in a studio where the climate has been changed.

That's right, it's freezing in here!

I am rather comfortable: the temperature is 20-something degrees Celsius, whereas outside the temperature is 30 degrees Celsius. It's dry inside, and humid outside. So there is climate change happening here inside a box measuring, approximately, 15 by nine feet, a box called a recording room. This is an intentional climate change, since outside we could not sit and talk comfortably. There are also other kinds of intentional climate changes, such as cloud seeding – in order to change the amount of precipitation that falls from clouds, substances are dispersed into the air to serve as cloud-condensation nuclei. Another example is parks – we feel the change as we enter the shade – the temperature drops, the climate is much more pleasant. Yet another such type of climate change is the creation of an artificial lake in the desert.

Where is this done?

Various place, including Israel, as well as Libya. One of the notorious Gaddafi's biggest projects was the creation of a large lake surrounded by parks, which changed the climate in the area. There are also unintentional climate changes, which human beings create without meaning to do so.

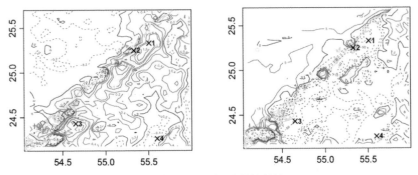

Albedo and temperature changes from MODIS data in Dubai, 2001–2014

So that they are a sort of byproduct?
That is correct. The most prominent example that I have been studying in recent years is what is happening in large cities – for example Dubai, the classical example that we have studied in depth. Dubai is home to the world's tallest buildings. The country's rulers planned everything about it – not just buildings but also parks, which have changed the climate dramatically. These changes were largely unintended, and research has revealed that the city's outdoor climate is only getting worse. More generally, one can point to the phenomenon known as "Urban Heat Island" – which was not taken into consideration in building large cities. The urban air becomes hotter.

As a result of what?
As a result of industrial activity, traffic, and to a great degree air-conditioning. It's pleasant inside here, but it's at the expense of outside temperatures, which are rising. Moving vehicles also emit heat, and the surface changes, becoming darker and thus absorbing more solar radiation. At the centers of large cities, the temperatures are 2 or 3 degrees Celsius – and sometimes even 5 or 6 degrees – higher than the temperatures in the surrounding environment.

Five to 6 degrees Celsius is a lot. It's a significant change.
It's a very significant change in relation to environments that have not been compromised by human beings.

So, Pinhas, how can we distinguish between climate changes resulting from what you have just described – intentional or unintentional human actions – and between natural climate changes that would occur even if we remained a reasonably sized population, which the planet could accommodate? And what is the meaning of the world "natural" in this context? Or is it perhaps no longer relevant, since generally speaking – human beings are part of some natural order.
The truth is that as far as global warming is concerned, I have no doubt that human beings have changed the global climate. Larger cities reveal much more dramatic changes than other areas of the world – even though those are also changing, because

the changes have to do with additional factors. Human beings have changed the global climate by injecting various gasses – burning fossil fuels, releasing carbon dioxide, and so forth. There are also, of course, natural changes – but how can we study them when the climate is no longer natural? One way is to go back to earlier periods and find out what the temperatures were like back then.

You would have to go back to periods preceding extreme industrialization, but they did not know how to measure data like we do today.
That is true, but there are other measurement methods – such as studying air bubbles trapped hundreds and thousands of years ago.

Is there really such a thing?
Yes, ice drilling in polar areas enables us to identify exactly when ancient air bubbles were trapped – hundreds and even millions of years ago.

That sounds like science fiction. How can we identify that such bubbles were created millions of years ago?
There are methods, such as isotopes that identify how long it has been since the air was trapped. And we know how to calculate concentrations of pollutants, the temperature, even the rainfall. One can also study the rings on ancient trees, which "register" the weather. In addition, there are theoretical models and climate equations. In this manner, you can look at the climate while eliminating anthropogenic disturbances related to human beings.

Human beings in an industrialized society.
Yes. Beginning ca. 1850, during the early period of the Industrial Revolution, there were dramatic changes. Climate models allow us to reconstruct the climate of the past, thus enabling us to understand other factors that have impacted climate change – such as solar radiation, its distance from the Earth, or volcanic activity. These factors all influence the climate in a more natural way.

What is the main recent trend that researchers studying climate changes can currently point to? There is a lot of talk about "global warming." Is that really a trend, or is it simply a popular slogan?
Warming is indeed a global phenomenon. It is not occurring uniformly everywhere – some places are growing warmer, and some places are even growing somewhat cooler – but averages reveal that the entire planet is getting warmer. Rainfall is also influenced by this.

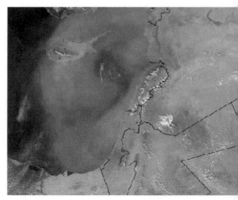

MODIS satellite view of dust storm over the Middle East, October 19, 2002

Less rain?
No, actually, more rain, except that we live in a region with little rain, and the poor, as we know, only grow poorer while the rich grow richer. There is more rainfall on most of the globe. But in addition to global changes there are also regional changes – such as the rising temperatures in urban areas, as well as the diminished rainfall in the region of the Mediterranean Basin.

In order to understand these connections between urbanization and warming processes, let us focus on one test case, that of Dubai. Why is this city especially relevant in this context?
It began with an exercise I gave in one of my university courses, which two students developed into a research project: With the help of the NASA satellite, we looked at the surface of the Earth and analyzed the impact of the significant recent development in Dubai. It's an excellent test case, because since 2001 there has been unprecedented development there, which also coincided with the launching of a particular satellite that became active in 2000. This satellite, MODIS, was sent to study particles in the air that had not previously been studied regularly, and to follow large plumes of dust that are visible to the eye only in extreme cases.

So in addition to this task, it also enables you to observe Dubai?
Right. In a study we published in 2016, we followed the construction of buildings and additional human endeavors, such as the construction of the artificial islands in Dubai: two islands measuring approximately two square miles, and an additional island called "The World." This small island – shaped to resemble the Earth and its continents – can be seen from the satellite, thus enabling us to study its influence on the climate. In addition to the islands, there is also massive urban building on the shoreline, on a strip that is about 9.3–12.4 miles long, which has dramatically changed in recent years: parks, buildings, roads, industry. The satellite enables us to see how all of this intensive human activity has impacted the climate of the surrounding environment.

But Dubai is an extreme case. I don't know if there are many other places developing at the same speed.
There has been nothing comparable to Dubai over the past two decades, since the year 2000. The satellite provides data concerning both the temperature and the albedo.

What is the albedo?
The albedo is the measure of the diffuse reflection of solar radiation. Solar radiation reaches the Earth and, for instance, hits a desert area. The desert is bright, and so a high percentage of the radiation – 30% to be exact – is immediately reflected back to space. But if we change the surface, planting palm trees or parks instead of sand, the albedo changes accordingly, going down to 10% or even 5%.

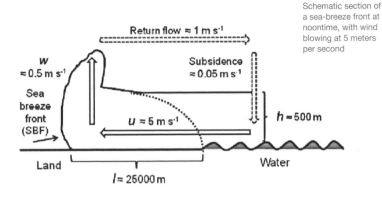

Schematic section of a sea-breeze front at noontime, with wind blowing at 5 meters per second

In other words, 90% of the energy will remain on Earth.
Exactly. Ninety percent of the solar energy will remain in that site, explaining the high temperatures. The satellite has enabled us to gather data pertaining to the temperature and the albedo, and we added wind and humidity-related data gathered from other sources, comparing between data from the few meteorological stations in the area of Dubai.

What does the wind reveal to us?
Wind is extremely important to human beings. More than 50% of all human beings (and a higher percentage in the Mediterranean region) live by water. Why? Because of the wind known as a "breeze," which is extremely refreshing in these areas, and is caused by the large temperature differences between the sea and the land. The land grows extremely hot during the day, whereas the temperature of the sea hardly changes, because the radiation penetrates deep into the water. In Tel Aviv, for instance, during the summer the temperature on the beach is over 30 degrees Celsius, whereas the temperature of the water, at least in the beginning of the summer, is lower, about 25 or 27 degrees Celsius. Only at the end of the summer does the temperature of the water come close to 30 degrees Celsius. This temperature difference creates wind, due to the difference in air pressure: in the hot area the air rises, and in the cooler area the air sinks, creating a current known as a "breeze," which really saves Tel Aviv during the hot hours.

So it's also important to gather data concerning the wind . . .
Since this data in Dubai was not provided by the satellite, we gathered wind data from four stations and analyzed what happened to Dubai's climate during the surveyed time period, since significant construction began in 2001.

When did this building boom reach its climax?
Budgetary constraints resulted in a temporary lull in construction on the island called "The World" in 2008, and it resumed in 2013. But other islands were constructed at an incredible pace. Each such island – whose area measures several square miles – was created within three to four years. We are talking about a total of close to eight square

miles that are entirely built up, and where the albedo data is the inverse of that coming from the land.

Meaning?
At sea the albedo values are very low, because the radiation is absorbed deep in the sea. The moment you construct an island – the albedo value goes up by 10% or 20%.

So this has a positive impact on potential warming.
In the area of the islands, more solar radiation is reflected back to space, but this is a very small area that has no significant impact on global warming. Yet the change there has a significant impact on the local climate, because it results in changes to the temperature, humidity and winds, on land as well as at sea. I am quite sure that they had no idea what they were doing there, in terms of the impact on Dubai's climate. The truth is, that maybe they didn't care that much, because everything there is air-conditioned. But whoever can't live in air-conditioning and lives outdoors suffers a great deal more, because the construction made the climate warmer outside the air-conditioned buildings.

Aren't these the kinds of projects whose planning usually involves climate experts, who know something about long-term urban planning that takes the climate into consideration?
That is certainly the case in developed countries, and I assume that in Dubai they also received climate reports. Yet those were all estimates – whereas we studied the actual changes during those 15 years, and they were remarkable! A rise in temperatures of 1.5 to 2 degrees Celsius over a 15-year period is unbelievable. Just to give you some perspective, when we talk about global warming we talk about a rise in temperature of about 1 degree Celsius during the last century, and here we are talking about 1.5 to 2 degrees in just 15 years: in other words, 30 or 40 times faster than the rate of global warming.

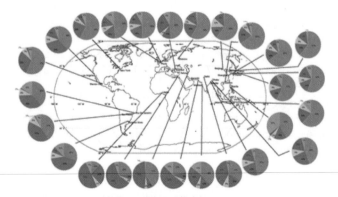

Cake diagram of pollution concentrations over a selection of the world's most populated cities, classified into five aerosol species

■ Sulfate
■ Organic carbon
■ Black carbon

■ Dust
■ Sea salt

That is insane! Are the buildings on these islands mostly residential, or are they intended to service tourists?

We didn't examine who lives there, but the level of activity is tremendous. The population of Dubai itself is very small, but the number of tourists and people working there is much larger. In reality, there are millions of people living there that do not at all appear in official census data.

You used tools such as Google Earth, which surprised me because I hadn't thought that it was precise and reliable enough to be used in academic research. It appears like a good way to circumvent political obstacles, or the need to turn to colleagues in Dubai.

Yes, we call it "Professor Google," and sometimes even "Rabbi Google," because it offers relatively reliable scientific and other answers. The knowledge that this tool contains is enormous, and the ability to retrieve instant information is extremely impressive.

When you concluded your article in 2013 with data concerning the significant rise in temperature – did you simply provide data concerning your observations, or did you also add suggestions for improvement or for smarter building?

I am very interested in the impact of human beings on the climate, so I wanted to offer a good description of what human beings had done unintentionally. The moment you see the facts on the ground – the influences are very complex. You also see that preliminary evaluations did not provide precise numbers, because the change in temperature on land and at sea also influences the wind, which in turn influences the temperature and the humidity distributions.

In other words, it is extremely difficult to provide an accurate forecast or know how to build better. By the way, what kind of radiation is reflected by buildings?

A building reflects less radiation than sand or wood, but it depends on the building. Today, with better environmental planning, attempts are made to build "greener" buildings, which somewhat reduce the rise in temperature. This sector, which enables us to impact climate change, is developing.

So in Dubai it is hotter and less humid and there is less wind, less of a pleasant, cooling breeze.

Yes, it is not very pleasant there.

Is this local warming also impacting the global trend? Can the warming taking place locally in a range of cities be added up to global warming?

When we talk about global warming, we are talking about vast expanses – whereas local warming takes place in relatively small, concentrated areas, where the impact is highly noticeable and extreme. The urban climate is an area of expertise in and of itself. Global warming also encompasses other types of climatic forces: changes in the components of the atmosphere, a rise in concentrations of carbon dioxide. Prior to the Industrial Revolution, the presence of carbon dioxide in the air was between 180 and 280 parts to one million air molecules, whereas in the modern age we are talking about 420 parts to one million. The meaning of this is that in the air you breathe, every million molecules contain more than 400 gas molecules of carbon dioxide. Our ancestors never breathed such air. If we go even further back, one million years ago, such high concentrations were nonexistent. We can talk about 180 parts to a million as data belonging to the ice age, and 280 to a million is data from the warmest periods in history. Today we have surpassed these numbers by far.

Is there a connection between the numerous particles in the air that surrounds us and massive urbanization processes?

Hovering over every city is a large cloud of particles, and hovering over city centers is a maximal concentration of particles (as the distance from the city increases, the concentration of particles decreases). We also examined the types of particles over the world's 200 largest cities, and what the trends of particle concentrations have been over the past 15 years. We discovered that in certain areas the cloud of particles has grown much denser, including cities in China and India and additional cities in the Middle East and Africa. By contrast, there are areas over large metropolitan centers in certain places in the world where the cloud of particles has been decreasing over the past 15 years.

Isn't that encouraging?

It is, but we are talking about a small number of cities in Europe and the United States.

Places that supported the Paris Agreement?

Cities in countries where steps have been taken to decrease pollution. In London, for instance, pollution reached the highest values in the 1950s, and the number of people who died of pollution was significant, so they took drastic measures to reduce pollution. You can see this cloud growing smaller over cities throughout most of Europe.

So this trend is now reversed in developing countries?

Yes. We ordered the 200 largest cities in a descending order from the most polluting ones, which are also the most polluted, and where there is the largest growth trend. The developing city Bangalore, known as India's "Garden City," was revealed to be second or third on this list.

Let us conclude: climate change is an area in which research must be conducted over several decades, usually between 30 and 40 years, in order to reach stable and reliable conclusions that will include the extreme tails of the distribution. The climate is made up of numerous types of data that need to be collected and analyzed: temperature, wind, humidity, rainfall, cloud types, and so forth. Many instruments help us create an accurate picture of the climate, including mega-computers with tremendous computational power and satellites specializing in gathering climate-related images. Still, we need the human eyes to capture subtleties that escape satellites and other instruments.

Crowded cities contribute significantly to climate change and especially to warming, and there are clear differences between rural areas and dense urban areas. We explored how modern urbanization processes impact the climate, and discovered that temperature changes are a complex matter that is influenced, for instance, by the wind, which in turn is impacted by additional factors. These are complicated processes that are not linear, and are thus difficult to study.

We focused on Dubai, where extreme construction processes and accelerated development and growth have been especially intensive. It has been discovered that over the past 15 years, since 2001, the temperature in Dubai has risen by 1.5 to 2 degrees Celsius, which is an astronomical rise in such a short period of time.

We also learned about the particles in the air we breathe, about the impact of urbanization on the concentration of particles, and about the importance of attending to this information in contemporary urban planning.

I thank you, Prof. Pinhas Alpert, a researcher in the Department of Geophysics, Porter School of the Environment and Earth Sciences, Tel Aviv University, and an expert on the climate, the atmosphere, weather forecasting, and climate change.

Prof. Pinhas Alpert has served as the Chair of the Department of Geophysics and as the Head of the Porter School of the Environment and Earth Sciences, Tel Aviv University. He is the developer of a novel Factor Separation Method in numerical simulations, which is described in his book *Factor Separation in the Atmosphere: Applications and Future Prospects* (Cambridge University Press, 2011), and is the author of numerous publications. Prof. Alpert founded the Israel Space Agency Middle East Interactive Data Archive. He served as the co-director of the GLOWA-Jordan River BMBF/MOS project to study the water vulnerability in the region. In 2006, he proposed a novel method for monitoring rainfall, employing cellular network data for advance flood warnings. He was consequently awarded the "Popular Science 2009 Best of What's New Award" and the WIPO award for 2010.

Gil Markovitz is the content editor and host of the daily podcast "The Laboratory" and of additional podcasts on Kan Tarbut, Israeli Broadcasting Corporation. She develops formats intended to make academic knowledge accessible to the public at large.

This conversation was excerpted from the podcast "The Laboratory" with Gil Markovitz, broadcast on Kan Tarbut, Israeli Broadcasting Corporation.

COAL KILLS!

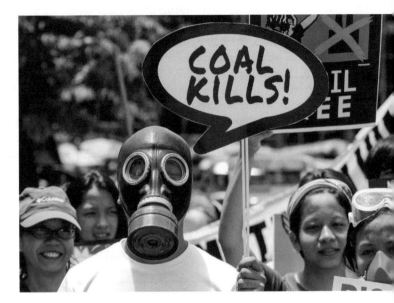

A World at War

Bill McKibben

We're under attack from climate change – and our only hope is to mobilize like we did in WWII.

In the North, a devastating offensive is underway. Enemy forces have seized huge swaths of territory; with each passing week, another 22,000 square miles of Arctic ice disappears. Experts dispatched to the battlefield in July of 2016 saw little cause for hope, especially since this siege is one of the oldest fronts in the war. "In 30 years, the area has shrunk approximately by half," said a scientist who examined the onslaught. "There doesn't seem anything able to stop this."

In the Pacific, in the spring of 2016, the enemy staged a daring breakout across thousands of miles of ocean, waging a full-scale assault on the region's coral reefs. In a matter of months, long stretches of formations like the Great Barrier Reef – dating back past the start of human civilization and visible from space – were reduced to white bone-yards.

Day after day, week after week, saboteurs behind our lines are unleashing a series of brilliant and overwhelming attacks. In the past few months alone, our foes have used a firestorm to force the total evacuation of a city of 90,000 in Canada, drought to ravage crops to the point where southern Africans are literally eating their seed corn, and floods to threaten the priceless repository of art in the Louvre. The enemy is even deploying biological weapons to spread psychological terror: The Zika virus, loaded like a bomb into a growing army of mosquitoes, has shrunk the heads of newborn babies across an entire continent; panicked health ministers in seven countries are now urging women not to get pregnant. And as in all conflicts, millions of refugees are fleeing the horrors of war, their numbers swelling daily as they're forced to abandon their homes to escape famine and desolation and disease. World War III is well and truly underway. And we are losing.

For years, our leaders chose to ignore the warnings of our best scientists and top military strategists. Global warming, they told us, was beginning a stealth campaign that would lay waste to vast stretches of the planet, uprooting and killing millions of innocent civilians. But instead of paying heed and taking obvious precautions, we chose to strengthen the enemy with our endless combustion; a billion explosions of a billion pistons inside a billion cylinders have fueled a global threat as lethal as the mushroom-shaped nuclear explosions we long feared. Carbon and methane now represent the deadliest enemy of all time, the first force fully capable of harrying, scattering, and impoverishing our entire civilization. It's not that global warming is like a world war. It is a world war. And we are losing.

We're used to war as metaphor: the war on poverty, the war on drugs, the war on cancer. Usually this is just a rhetorical device, a way of saying, "We need to focus our attention and marshal our forces to fix something we don't like." But this is no metaphor. By most of the ways we measure wars, climate change is the real deal: Carbon and methane are seizing physical territory, sowing havoc and panic, racking up casualties, and even destabilizing governments. (Over the past few years, record-setting droughts have helped undermine the brutal strongman of Syria and fuel the rise of Boko Haram in Nigeria.) It's not that global warming is like a world war. It is a world war. Its first victims, ironically, are those who have done the least to cause the crisis. But it's a world war aimed at us all. And if we lose, we will be as decimated and helpless as the losers in every conflict – except that this time, there will be no winners, and no end to the planetwide occupation that follows.

The question is not, are we in a world war? The question is, will we fight back? And if we do, can we actually defeat an enemy as powerful and inexorable as the laws of physics? To answer those questions – to assess, honestly and objectively, our odds of victory in this new world war – we must look to the last one.

For four years, the United States was focused on a single, all-consuming goal, to the exclusion of any other concern: defeating the global threat posed by Germany, Italy, and Japan. Unlike Adolf Hitler, the last force to pose a planetwide threat to civilization, our enemy today is neither sentient nor evil. But before the outbreak of World War II, the world's leaders committed precisely the same mistake we are making today – they tried first to ignore their foe, and then to appease him.

Eager to sidestep the conflict, England initially treated the Nazis as rational actors, assuming that they would play by the existing rules of the game. That's why Neville Chamberlain came home from Munich to cheering crowds: Constrained by Britain's military weakness and imperial overreach, he did what he thought necessary to satisfy Hitler. Surely, the thinking went, the dictator would now see reason.

But Hitler was playing by his own set of rules, which meant he had contempt for the political "realism" of other leaders. (Indeed, it meant their realism wasn't.) Carbon and methane, by contrast, offer not contempt but complete indifference: They couldn't care less about our insatiable desires as consumers, or the sunk cost of our fossil fuel

infrastructure, or the geostrategic location of the petro-states, or any of the host of excuses that have so far constrained our response to global warming. The world came back from signing the climate accord in Paris in December 2015 exactly as Chamberlain returned from Munich: hopeful, even exhilarated, that a major threat had finally been tackled. Paul Krugman, summing up the world's conventional wisdom, post-Paris, concluded that climate change "can be avoided with fairly modest, politically feasible steps. You may want a revolution, but we don't need one to save the planet." All it would take, he insisted, is for America to implement Obama's plan for clean power, and to continue "guiding the world as a whole toward sharp reductions in emissions," as it had in Paris.

This is, simply put, as wrong as Chamberlain's "peace in our time." Even if every nation in the world complies with the Paris Agreement, the world will heat up by as much as 3.5 degrees Celsius by 2100, not the 1.5 to 2 degrees promised in the pact's preamble. And it may be too late already to meet that stated target: We actually flirted with that 1.5 degree line at the height of the El Niño warming in February, a mere 60 days after the world's governments solemnly pledged their best efforts to slow global warming. Our leaders have been anticipating what French strategists in World War II called the *guerre du longue durée*, even as each new edition of *Science* or *Nature* makes clear that climate change is mounting an all-out blitzkrieg, setting new record highs for global temperatures in each of the past 14 months.

Not long after Paris, earth scientists announced that the West Antarctic ice sheet is nowhere near as stable as we had hoped; if we keep pouring greenhouse gases into the atmosphere, it will shed ice much faster than previous research had predicted. At an insurance industry conference in April, a federal official described the new data as "an OMG thing." "The long-term effect," *The New York Times* reported, "would likely be to drown the world's coastlines, including many of its great cities." If Nazis were the ones threatening destruction on such a global scale today, America and its allies would already be mobilizing for a full-scale war.

The Antarctic research did contain, as the *Times* reported, one morsel of good news. Yes, following the Paris accord would doom much of the Antarctic – but a "far more stringent effort to limit emissions of greenhouse gases would stand a fairly good chance of saving West Antarctica from collapse."

What would that "far more stringent effort" require? For years now, climate scientists and leading economists have called for treating climate change with the same resolve we brought to bear on Germany and Japan in the last world war. In July, the Democratic Party issued a platform that called for a World War II–type national mobilization to save civilization from the "catastrophic consequences" of a "global climate emergency." In fact, Hillary Clinton's negotiators agreed to plans for an urgent summit "in the first hundred days of the next administration" where the president will convene "the world's best engineers, climate scientists, policy experts, activists, and indigenous communities to chart a course to solve the climate crisis."

But what would that actually look like? What would it mean to mobilize for World War III on the same scale as we did for the last world war? As it happens, American scientists have been engaged in a quiet but concentrated effort to figure out how quickly existing technology can be deployed to defeat global warming; a modest start, in effect, for a mighty Manhattan Project. Mark Z. Jacobson, a professor of civil and environmental engineering at Stanford University and the director of its Atmosphere and Energy Program, has been working for years with a team of experts to calculate precisely how each of the 50 states could power itself from renewable resources. The numbers are remarkably detailed: In Alabama, for example, residential rooftops offer a total of 59.7 square kilometers that are unshaded by trees and pointed in the right direction for solar panels. Taken together, Jacobson's work demonstrates conclusively that America could generate 80% to 85% of its power from sun, wind, and water by 2030, and 100% by 2050. In the past year, the Stanford team has offered similar plans for 139 nations around the world.

The research delves deep into the specifics of converting to clean energy. Would it take too much land? The Stanford numbers show that you would need about four-tenths of one percent of America's landmass to produce enough renewable energy, mostly from sprawling solar power stations. Do we have enough raw materials? "We looked at that in some detail and we aren't too worried," says Jacobson. "For instance, you need neodymium for wind turbines – but there's seven times more of it than you'd need to power half the world. Electric cars take lithium for batteries – but there's enough lithium just in the known resources for three billion cars, and at the moment we only have 800 million."

But would the Stanford plan be enough to slow global warming? Yes, says Jacobson: If we move quickly enough to meet the goal of 80% clean power by 2030, then the world's carbon dioxide levels would fall below the relative safety of 350 parts per million by the end of the century. The planet would stop heating up, or at least the pace of that heating would slow substantially. That's as close to winning this war as we could plausibly get. We'd endure lots of damage in the meantime, but not the civilization-scale destruction we currently face. (Even if all of the world's nations meet the pledges they made in the Paris accord, carbon dioxide is currently on a path to hit 500 or 600 parts per million by century's end – a path if not to hell, then to someplace with a similar setting on the thermostat.)

To make the Stanford plan work, you would need to build a hell of a lot of factories to turn out thousands of acres of solar panels, and wind turbines the length of football fields, and millions and millions of electric cars and buses. But here again, experts have already begun to crunch the numbers. Tom Solomon, a retired engineer who oversaw the construction of one of the largest factories built in recent years – Intel's mammoth Rio Rancho semiconductor plant in New Mexico – took Jacobson's research and calculated how much clean energy America would need to produce by 2050 to completely replace fossil fuels. The answer: 6,448 gigawatts. "Last year we installed 16 gigawatts of clean power," Solomon says. "So at that pace, it would take 405 years. Which is kind of too long."

So Solomon did the math to figure out how many factories it would take to produce 6,448 gigawatts of clean energy in the next 35 years. He started by looking at SolarCity, a clean-energy company that is currently building the nation's biggest solar panel factory in Buffalo. "They're calling it the giga-factory," Solomon says, "because the panels it builds will produce one gigawatt worth of solar power every year." Using the SolarCity plant as a rough yardstick, Solomon calculates that America needs 295 solar factories of a similar size to defeat climate change – roughly six per state – plus a similar effort for wind turbines. Building these factories doesn't require any new technology. To match the flow of panels needed to meet the Stanford targets, in the most intense years of construction we need to erect 30 of these solar panel factories a year, plus another 15 for making wind turbines.

Turning out more solar panels and wind turbines may not sound like warfare, but it's exactly what won World War II: not just massive invasions and pitched tank battles and ferocious aerial bombardments, but the wholesale industrial retooling that was needed to build weapons and supply troops on a previously unprecedented scale. Defeating the Nazis required more than brave soldiers. It required building big factories, and building them really, really fast.

In 1941, the world's largest industrial plant under a single roof went up in six months near Ypsilanti, Michigan; Charles Lindbergh called it the "Grand Canyon of the mechanized world." Within months, it was churning out a B-24 Liberator bomber every hour. Bombers! Huge, complicated planes, endlessly more intricate than solar panels or turbine blades – containing 1,225,000 parts, 313,237 rivets. Nearby, in Warren, Michigan, the Army built a tank factory faster than they could build the power plant to run it – so they simply towed a steam locomotive into one end of the building to provide steam heat and electricity. That one factory produced more tanks than the Germans built in the entire course of the war.

It wasn't just weapons. In another corner of Michigan, a radiator company landed a contract for more than 20 million steel helmets; not far away, a rubber factory retooled to produce millions of helmet liners. The company that used to supply fabrics for Ford's seat cushions went into parachute production. Nothing went to waste – when car companies stopped making cars for the duration of the fighting, GM found it had thousands of 1939 model-year ashtrays piled up in inventory. So it shipped them out to Seattle, where Boeing put them in long-range bombers headed for the Pacific. Pontiac made anti-aircraft guns; Oldsmobile churned out cannons; Studebaker built engines for Flying Fortresses; Nash-Kelvinator produced propellers for British de Havillands; Hudson Motors fabricated wings for Helldivers and P-38 fighters; Buick manufactured tank destroyers; Fisher Body built thousands of M4 Sherman tanks; Cadillac turned out more than 10,000 light tanks. And that was just Detroit – the same sort of industrial mobilization took place all across America.

According to the conventional view of World War II, American business made all this happen simply because it rolled up its sleeves and went to war. Yes, there are endless newsreels from the era of patriotic businessmen unrolling blueprints and switching on assembly lines – but that's largely because those businessmen paid for the films. Their PR departments also put out their own radio serials with titles like "Victory Is Their

Business," and "War of Enterprise," and published endless newspaper ads boasting of their own patriotism. In reality, many of America's captains of industry didn't want much to do with the war until they were dragooned into it. Henry Ford, who built and managed that Ypsilanti bomber plant, was an America Firster who urged his countrymen to stay out of the war; the Chamber of Commerce (now a leading opponent of climate action) fought to block FDR's Lend-Lease program to help the imperiled British. "American businessmen oppose American involvement in any foreign war," the Chamber's president explained to Congress.

Luckily, Roosevelt had a firm enough grip on Congress to overcome the Chamber, and he took the lead in gearing up America for the battles to come. Mark Wilson, a historian at the University of North Carolina at Charlotte, has just finished a decade-long study of the mobilization effort, entitled *Destructive Creation*. It details how the federal government birthed a welter of new agencies with names like the War Production Board and the Defense Plant Corporation; the latter, between 1940 and 1945, spent $9 billion on 2,300 projects in 46 states, building factories it then leased to private industry. By war's end, the government had a dominant position in everything from aircraft manufacturing to synthetic rubber production.

"It was public capital that built most of the stuff, not Wall Street," says Wilson. "And at the top level of logistics and supply-chain management, the military was the boss. They placed the contracts, they moved the stuff around." The feds acted aggressively – they would cancel contracts as war needs changed, tossing factories full of people abruptly out of work. If firms refused to take direction, FDR ordered many of them seized. Though companies made money, there was little in the way of profiteering – bad memories from World War I, Wilson says, led to "robust profit controls," which were mostly accepted by America's industrial tycoons. In many cases, federal authorities purposely set up competition between public operations and private factories: The Portsmouth Naval Shipyard built submarines, but so did Electric Boat of Groton, Connecticut. "They were both quite impressive and productive," Wilson says. In the face of a common enemy, Americans worked together in a way they never had before.

That attitude quickly reset after the war, of course; solidarity gave way to the biggest boom in personal consumption the world had ever seen, as car-packed suburbs sprawled from every city and women were retired to the kitchen. Business, eager to redeem its isolationist image and shake off New Deal restrictions, sold itself as the hero

of the war effort, patriotic industrialists who had overcome mountains of government red tape to get the job done. And the modest "operations researchers," who had entered and learned from the real world when they managed radar development during the war, retreated to their ivory towers and became much grander "systems analysts" once the conflict ended. Robert McNamara, a former Ford executive, brought an entire wing of the Rand Corporation to the Defense Department during the Kennedy administration, where the think-tank experts promptly privatized most of the government shipyards and plane factories, and used their out-of-touch computer models to screw up government programs like Model Cities, the ambitious attempt at urban rehabilitation during the War on Poverty.

Today we live in the privatized, siloed, business-dominated world that took root under McNamara and flourished under Reagan. The actual wars we fight are marked by profiteering, and employ as many private contractors as they do soldiers. Our spirit of social solidarity is, to put it mildly, thin. So it's reasonable to ask if we can find the collective will to fight back in this war against global warming, as we once fought fascism.

For starters, it's important to remember that a truly global mobilization to defeat climate change wouldn't wreck our economy or throw coal miners out of work. Quite the contrary: Gearing up to stop global warming would provide a host of social and economic benefits, just as World War II did. It would save lives. (A worldwide switch to renewable energy would cut air pollution deaths by 4 to 7 million a year, according to the Stanford data.) It would produce an awful lot of jobs. It would provide safer, better-paying employment to energy workers. (A new study by Michigan Technological University found that we could retrain everyone in the coal fields to work in solar power for as little as $181 million, and the guy installing solar panels on a roof averages about $4,000 more a year than the guy risking his life down in the hole.) It would rescue the world's struggling economies. (British economist Nicholas Stern calculates that the economic impacts of unchecked global warming could far exceed those of the world wars or the Great Depression.) And fighting this war would be socially transformative. (Just as World War II sped up the push for racial and gender equality, a climate campaign should focus its first efforts on the frontline communities most poisoned by the fossil fuel era. It would help ease income inequality with higher employment, revive our hollowed-out rural states with wind farms, and transform our decaying suburbs with real investments in public transit.)

There are powerful forces, of course, that stand in the way of a full-scale mobilization. If you add up every last coal mine and filling station in the world, governments and corporations have spent $20 trillion on fossil fuel infrastructure. "No country will walk away from such investments," writes Vaclav Smil, a Canadian energy expert. As investigative journalists have shown over the past year, the oil giant Exxon knew all about global warming for decades – yet spent millions to spread climate-denial propaganda. The only way to overcome that concerted opposition – from the very same industrial forces that opposed America's entry into World War II – is to adopt a wartime mentality, rewriting the old mindset that stands in the way of victory. "The first step is we have to win," says Jonathan Koomey, an energy researcher at Stanford University. "That is, we have to have broad acceptance among the broader political community that we need urgent action, not just nibbling around the edges, which is what the D.C. crowd still thinks."

That political will is starting to build, just as it began to gather in the years before Pearl Harbor. A widespread movement has killed off the Keystone pipeline, stymied Arctic drilling, and banned fracking in key states and countries. This resembles, at least a little, the way FDR actually started gearing up for war 18 months before the "date which will live in infamy." The ships and planes that won the Battle of Midway six months into 1942 had all been built before the Japanese attacked Hawaii. "By the time of Pearl Harbor," Wilson says, "the government had pretty much solved the problem of organization. After that, they just said, 'We're going to have to make twice as much.'"

Pearl Harbor did make individual Americans willing to do hard things: pay more in taxes, buy billions upon billions in war bonds, endure the shortages and disruptions that came when the country's entire economy converted to wartime production. Use of public transit went up 87% during the war, as Naomi Klein points out in This Changes Everything; 40% of the nation's vegetables were grown in victory gardens. For the first time, women and minorities were able to get good factory jobs; Rosie the Riveter changed our sense of what was possible.

Without a Pearl Harbor, in fact, there was only so much even FDR could have accomplished. So far, there has been no equivalent in the climate war – no single moment that galvanizes the world to realize that nothing short of total war will save civilization. Perhaps the closest we've come to FDR's "date of infamy" speech – and it wasn't all that close – was when Bernie Sanders, in the first debate, was asked to name the biggest security threat facing the planet. "Climate change," he replied – prompting all the usual

suspects to tut-tut that he was soft on "radical Islamic terrorism." Then, in the second debate, the question came up again, a day after the Paris massacres. "Do you still believe that?" the moderator asked, in gotcha mode. "Absolutely," replied Sanders, who then proceeded to give an accurate account of how record drought will lead to international instability.

Donald Trump, of course, will dodge this war just as he did Vietnam. He thinks (if that's actually the right verb) that climate change is a hoax manufactured by the Chinese, who apparently in their Oriental slyness convinced the polar ice caps to go along with their conspiracy. Clinton's advisers originally promised there would be a "climate war room" in her White House, but then corrected the record: It would actually be a "climate map room," which sounds somewhat less gung ho.

In fact, one of the lowest points in my years of fighting climate change came in late June, when I sat on the commission appointed to draft the Democratic Party platform. (I was a Sanders appointee, alongside Cornel West and other luminaries.) I was given an hour to offer nine amendments to the platform to address climate change. More bike paths passed by unanimous consent, but all the semi-hard things that might begin to make a real difference – a fracking ban, a carbon tax, a prohibition against drilling or mining fossil fuels on public lands, a climate litmus test for new developments, an end to World Bank financing of fossil fuel plants – were defeated by 7–6 tallies, with the Clinton appointees voting as a bloc. They were quite concerned about climate change, they insisted, but a "phased-down" approach would be best. There was the faintest whiff of Munich about it. Like Chamberlain, these were all good and concerned people, just the sort of steady, evenhanded folks you'd like to have leading your nation in normal times. But they misunderstood the nature of the enemy. Like fascism, climate change is one of those rare crises that gets stronger if you don't attack. In every war, there are very real tipping points, past which victory, or even a draw, will become impossible. And when the enemy manages to decimate some of the planet's oldest and most essential physical features – a polar ice cap, say, or the Pacific's coral reefs – that's a pretty good sign that a tipping point is near. In this war that we're in – the war that physics is fighting hard, and that we aren't – winning slowly is exactly the same as losing.

To my surprise, things changed a couple weeks later, when the final deliberations over the Democratic platform were held in Orlando. While Clinton's negotiators still wouldn't support a ban on fracking or a carbon tax, they did agree we needed to "price"

carbon, that wind and sun should be given priority over natural gas, and that any federal policy that worsened global warming should be rejected.

Maybe it was polls showing that Bernie voters – especially young ones – have been slow to sign on to the Clinton campaign. Maybe the hottest June in American history had opened some minds. Clinton promised that America will install half a billion solar panels in the next four years. That's not so far off the curve that Tom Solomon calculates we need to hit.

And if we do it by building solar factories of our own, rather than importing cheap foreign-made panels, we'll be positioning America as the world's dominant power in clean energy, just as our mobilization in World War II ensured our economic might for two generations. If we don't get there first, others will: Driven by anger over smog-choked cities, the Chinese have already begun installing renewable energy at a world-beating rate.

We don't have to wait for a climate equivalent of Pearl Harbor to galvanize Congress. Much of what we need to do can – and must – be accomplished immediately, through the same use of executive action that FDR relied on to lay the groundwork for a wider mobilization. The president could immediately put a halt to drilling and mining on public lands and waters; slow the build-out of the natural gas system, just as Obama reined in coal-fired power plants; put a stop to the federal practice of rubber-stamping new fossil fuel projects, rejecting those that would "significantly exacerbate" global warming. The president could instruct every federal agency to buy all their power from green sources and rely exclusively on plug-in cars, creating new markets overnight. The president could set a price on carbon. And just as FDR brought in experts from the private sector to plan for the defense build-out, the president could get the blueprints for a full-scale climate mobilization in place while rallying the political will to make them plausible. Without the same urgency and foresight displayed by FDR – without immediate executive action – we will lose this war.

Normally in wartime, defeatism is a great sin. Luckily, though, you can't give aid and comfort to carbon; it has no morale to boost. So we can be totally honest. We've waited so long to fight back in this war that total victory is impossible, and total defeat can't be ruled out. Meanwhile, news keeps coming in from the front lines: In Japan, 700,000 people were told to evacuate their homes after record rainfall led to severe flooding and landslides. In California, thousands of homes were threatened in a wildfire described by the local fire chief as "one of the most devastating I've ever seen." Suburban tracts looked like Dresden after the bombing. Planes and helicopters buzzed overhead, dropping bright plumes of chemical retardants; if the "Flight of the Valkyries" had been playing, it could have been a scene from *Apocalypse Now*. And in West Virginia, a "one in a thousand year" storm dropped historic rain across the mountains, triggering record floods that killed dozens. "You can see people in the second-story windows waiting to be evacuated," one local official reported. A particularly dramatic video – a kind of YouTube Guernica for our moment – showed a large house being consumed by flames as it was swept down a rampaging river until it crashed into a bridge. "Everybody lost everything," one dazed resident said. "We never thought it would be this bad." A state trooper was even more succinct. "It looks like a war zone," he said. Because it is.

Bill McKibben, an author and an environmentalist, is the Schumann Distinguished Scholar in Environmental Studies at Middlebury College, Vermont, and a fellow of the American Academy of Arts and Sciences. He has been awarded numerous prizes, including the 2014 Right Livelihood Prize (sometimes called the "alternative Nobel"). Foreign Policy named him to their inaugural list of the world's 100 most important global thinkers. His 1989 book *The End of Nature* is regarded as the first book for a general audience about climate change. He is the co-founder of the climate group 350.org – the first planet-wide, grassroots climate change movement, which has organized 20,000 rallies around the world in every country save North Korea, spearheaded the resistance to the Keystone Pipeline, and launched the fast-growing fossil fuel divestment movement. A former staff writer for *The New Yorker*, he writes frequently for a wide variety of publications. In 2014, biologists honored him by naming a new species of woodland gnat – Megophthalmidia mckibbeni – in his honor.

This is an edited version of the article "A World at War" by Bill McKibben, published in *The New Republic* on August 15, 2016.

4 CLIMATE FREEDOM,
LETS GIVE FREEDOM
TO THE EARTH NOW!

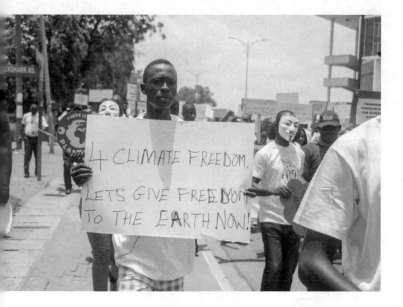

BURKINA FASO
BULGARIE
BRUNEI DARUSSALAM

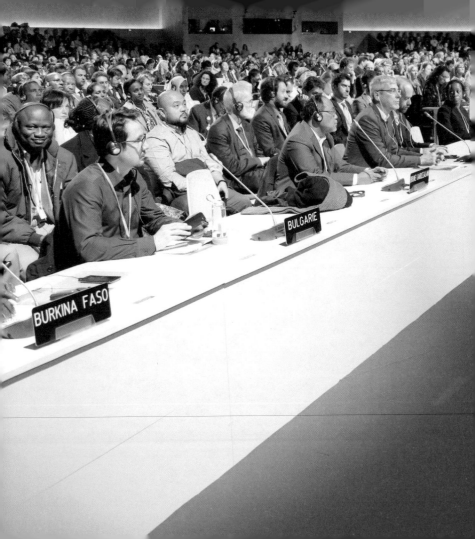

Films from the Climate Change Conference in Paris:

Ban Ki-moon: "Climate change does not respect national borders"
2015, 1.5 minutes

Two Weeks of COP 21 in 10 Minutes
2015, 10 minutes

The United Nations Framework Convention on Climate Change (UNFCCC), which was signed in June 1992 in Rio de Janeiro by the representatives of 197 countries, is the parent treaty of the 2015 Paris Climate Change Agreement. The main aim of the Paris Agreement is to keep the global average temperature rise during this century well below 2 degrees Celsius, and to drive efforts to limit the temperature increase even further to 1.5 degrees Celsius above pre-industrial levels. The UNFCCC is also the parent treaty of the 1997 Kyoto Protocol. The ultimate objective of all agreements under the UNFCCC is to stabilize greenhouse gas concentrations in the atmosphere at a level that will prevent dangerous human interference with the climate system, in a time frame which allows ecosystems to adapt naturally and enables sustainable development. In the Paris Agreement (2015), governments adopted the 2030 Agenda for Sustainable Development. The urgency for stronger and faster action has never been greater. The IPCC special report on the impacts of global warming above 1.5 degrees Celsius left no doubt of that. We have under 12 years to slash greenhouse gas emissions before the 1.5-degrees-Celsius window closes. Based on current trends, the World Maritime Organization expects a temperature increase of 3 to 5 degrees Celsius. Already, according to recent research conducted by the UN Office for Disaster Risk Reduction, 91% of major disasters are extreme weather events, accounting for 77% of recorded economic losses from climate and geophysical events.

If we do not hold global temperature rise to the Paris targets, societies and economies, particularly in developing nations, will face unthinkable consequences. Are we doing enough? The answer is, clearly, no. We need to commit to urgent, increasingly ambitious global climate action, alongside sustainable development. What is clear is that the Paris Climate Change Agreement and the UN's Sustainable Development Goals alone cannot ensure success. All levels of government, the public and private sectors, civil society, and individuals need to step up their action. We need

to act together, around the globe and at home, where we work and where we live. We need global climate action that encompasses the world.

After years of negotiations, the world united at the UN Climate Change Conference in Katowice in December 2018, and agreed upon guidelines to put the Paris Agreement into action. In an age of increasing isolationism, this was a clear and resounding victory for the climate-change regime and multilateralism. It allows us to unlock the full potential of the Agreement to deliver a low-emission, climate-resilient future. We need to remind ourselves that we are only at the beginning of a new era of climate-related ambitions. We must do much more, and we must do it now. The Katowice Package, as the guidelines are known, gives the international community the tools it needs to address climate change with decisiveness and clarity. The guidelines reflect the different capabilities, responsibilities and realities of the participating nations. They balance the provision of tools for action with transparency of actions, and emphasize the priorities and needs of developing countries. Nations now have a framework for increasing the scope of their contributions. They can begin drafting plans for further curtailing emissions and climate change – including, among other things, increased financial support to developing countries.

לאחר שנים של משאים ומתנים, בדצמבר 2018 התכנסו מדינות העולם בוועידת האקלים בקטוביץ׳ והסכימו על תקנות ליישומו של הסכם פריז. בעידן של בדלנות הולכת וגוברת, מדובר בניצחון ברור ומהדהד למשטור של שינוי האקלים ולשיתוף פעולה בינלאומי. התקנות יאפשרו לנו לשחרר את מלוא הפוטנציאל של ההסכם ולהשיג פליטות נמוכות לעתיד של חוסן אקלימי.

נזכיר שאנו ניצבים בפתחו של עידן חדש מבחינה אקלימית. אנחנו חייבים לעשות הרבה יותר, ולעשות זאת עכשיו. תקנות קטוביץ׳ מספקות לקהילה הבינלאומית את הכלים הנחוצים לטיפול בשינוי האקלים בנחישות ובבהירות. התקנות תואמות את היכולות השונות, תחומי האחריות השונים והמצב החברתי השונה במדינות המשתתפות. הן מאזנות בין הֶעמדה אמצעים לפעולה לבין שקיפות הפעולה, מביאות בחשבון את סדרי העדיפויות והצרכים של מדינות מתפתחות. הן מספקות למדינות המשתתפות מסגרת להכוונת מהלכיהן המקומיים ותמיכה בתכניות פעולה מקיפות להפחתת הפליטות ושליטה בשינוי האקלים, בין השאר באמצעות הקצאה של תקציבים גדולים יותר למדינות מתפתחות.

אם ניכשל בהשגת היעדים של הסכם פריז – חברות וכלכלות, בייחוד במדינות המתפתחות, יסבלו מהשלכות מחרידות. האם אנחנו עושים מספיק? התשובה היא, בבירור, לא. אנחנו חייבים לשנס מותניים ולהתגייס לפעולה גלובלית נחרצת ושאפתנית יותר, שתלך יד ביד עם פיתוח מקיים.

ברור לכל שהסכם פריז והיעדים שהציב האו״ם לפיתוח בר-קיימא לא יצליחו לבדם להשיג את המטרה. כל דרגי הממשל, כל המגזרים הציבוריים והפרטיים, החברה האזרחית וכל אדם באשר הוא – כולם נדרשים לדרבן ולהאיץ את פעולתם. עלינו לפעול יחד, בכל פינה ברחבי העולם ובבית, במקומות שבהם אנחנו עובדים ובמקומות שבהם אנחנו חיים. נחוצה פעולה אקלימית גלובלית, חובקת עולם.

סרטים מוועידת האקלים בפריז:

באן קי־מון: "שינוי האקלים אינו מתחשב בגבולות מדיניים"
2015, 1.5 דקות

ועידת האקלים בפריז: שבועיים בעשר דקות
2015, 10 דקות

אמנת המסגרת של האו"ם בנושא שינוי האקלים (UNFCCC), שנחתמה ביוני 1992 בריו דה־ז'ניירו על־ידי 197 נציגים מרוב מדינות העולם, היא הבסיס להסכם פריז משנת 2015. מטרת-העל של הסכם פריז היא למתן את עליית הטמפרטורות במאה זו אל מתחת לשתי מעלות צלזיוס, ולְתַמרץ מאמצים להפחתה נוספת של עליית הטמפרטורות, לדרגה של 1.5 מעלות צלזיוס מעל לטמפרטורות ששררו בתקופה הקדם־תעשייתית. אמנת המסגרת עומדת גם ביסוד פרוטוקול קיוטו מ־1997. המטרה האולטימטיבית של כל ההסכמים במסגרת זו היא ייצוב הריכוזים של גזי החממה באטמוספירה לדרגה שתמנע את ההפרעה האנושית המסוכנת למערכת האקלים, בטווח זמן שיאפשר למערכת האקולוגית להשתקם באופן טבעי, בתמיכה של פיתוח בר־קיימא.

בהסכם פריז (2015) אימצו הממשלות את תאריך היעד 2030 להשלמת המעבר לפיתוח בר־קיימא. הצורך בפעולה נחושה ומהירה מעולם לא היה דחוף יותר. הדו"ח המיוחד של הפאנל הבין־ממשלתי לשינוי האקלים (IPCC) על ההשפעות החזויות של התחממות גלובלית מעל 1.5 מעלות צלזיוס, לא הותירו ספק בכך. לרשותנו פחות מ־12 שנים לקצץ בפליטת גזי החממה לפני שהחלון של 1.5 מעלות ייסגר. בקצב הנוכחי, ארגון הימאות הבינלאומי (WMO) צופה עליית טמפרטורות של שלוש עד חמש מעלות צלזיוס. כבר עכשיו, על פי מחקר עדכני של משרד האו"ם להפחתת סיכוני אסון (UNODRR), 91 אחוז מהאסונות הכבדים הם אירועי מזג אוויר קיצוניים, והם אחראים גם ל־77 אחוז מההפסדים הכלכליים המתועדים מאירועים אקלימיים וגיאופיזיים.

An Inconvenient Sequel: Truth to Power

A film by Al Gore
USA, 2017, 99 minutes
Paramount Pictures; directors:
Bonni Cohen, Jon Shenk; producers: Jeff
Skoll, Richard Berge, Diane Weyermann;
cinematography: Jon Shenk; editors: Don
Bernier, Colin Nusbaum; music: Jeff Beal

A decade after *An Inconvenient Truth* brought the climate crisis into the heart of popular culture, this riveting and rousing follow-up shows just how close we are to a real energy revolution. Former Vice President Al Gore continues his tireless fight, traveling around the world to train an army of climate champions and influence international climate policy.

Cameras follow him behind the scenes – in moments both private and public, funny and poignant – as he pursues the inspirational idea that while the stakes have never been higher, the perils of climate change can be overcome with human ingenuity and passion.

אמת מטרידה יותר:
לומר את האמת לשלטון

סרטו של אל גור
ארה"ב 2017, 99 דקות
אולפני Paramount; בימוי: בוני כהן, ג'ון שנק;
הפקה: ג'ף סקול, ריצ'רד ברג', דיאן ווירמן;
צילום: ג'ון שנק; עריכה: דון ברנייר, קולין
נוסבאום; מוזיקה: ג'ף ביל

עשור לאחר שהסרט אמת מטרידה העלה את משבר האקלים על סדר היום של התרבות הפופולרית, סרט המשך זה מראֶה עד כמה אנחנו רכובים למהפכת אנרגיה של ממש. אל גור, לש־עבר סגן נשיא ארצות־הברית, ממשיך במאבקו הבלתי נלאה, נוסע ברחבי העולם ומאמן צבא של אלופי אקלים להשפעה על מדיניות האקלים הבינלאומית. המצלמות עוקבות אחריו מאחורי הקלעים – ברגעים פרטיים וציבוריים, מצחיקים וצורבים – בעודו מקדם את ההבנה שאמנם,

ההימור היום מסוכן מאי־פעם, ובכל זאת אפשר עדיין להתגבר על הרעות החולות של שינוי האקלים בכוח התושייה והתשוקה האנושית.

Warming Stripes: A Graphic Visualization of Climate Change

Climate Lab Book blog:
A study led by Ed Hawkins
2018

The blog Climate Lab Book is an online "institute" of climate studies. It is written by climate scientists, yet is open and accessible to all readers and respondents, in an attempt to promote collaborations and scientific discussion and to increase our understanding of the current state of the climate. At the end of 2018, the World Meteorological Organization (WMO) released its provisional State of the Climate report, and asked the Climate Lab Book whether it could provide some updated graphics.

Warming Stripes

Climate change is a complex global issue, requiring simple communication about its effects on the local scale. This set of visualizations highlights temperature change across the globe from the mid-19th century to the present. The color of each stripe represents the temperature during a single year, ordered from the earliest available data from each location to the present. All superfluous information has been removed, so that the changes in temperature are both simply presented and undeniable.

These graphs show, for instance, the changes in temperature and rainfall measured in five climate-monitoring stations, which are the most accessible among the UK's oldest stations: Stornoway (Scotland), Armagh (Northern Ireland), Durham, Sheffield and Oxford. The data from all the stations was gathered in the years 1883–2017.

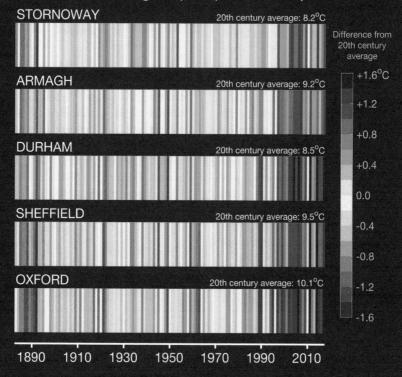

UK warming stripes (1883-2017)

For temperature, the trends and variations captured at the different weather stations spread across the country are remarkably similar. Warmer and cooler years line up in the data. This image paints a clear picture of long-term warming in the UK – the total change has been just over 1 degree Celsius.

בתחום הטמפרטורות, המגמות והווריאציות דומות להפליא בכל התחנות. שנים חמות יותר וקרות יותר מתקבצות יחד בנתונים שהתקבלו מתחנות מדידה אלה ברחבי המדינה. ההמחשה הגרפית מתווה תמונה ברורה של התחממות לאורך זמן בבריטניה – כאשר סך השינוי עולה מעט על מעלה אחת צלזיוס.

Annual global temperatures in the years 1850–2017.
The color scale represents the change in global
temperatures in a range of 1.35 degrees Celsius.

טמפרטורות שנתיות גלובליות בשנים 1850-2017. סולם
הצבעים מייצג את השינוי בטמפרטורות הגלובליות
בטווח של 1.35 מעלות צלזיוס.

Annual temperatures in central England in the years
1772–2017. The color scale ranges from 7.6 degrees
Celsius (dark blue) to 10.8 degrees Celsius (dark red).

טמפרטורות שנתיות במרכז אנגליה בשנים 1772-2017.
סולם הצבעים נע בין 7.6 מעלות צלזיוס (כחול כהה)
ל-10.8 מעלות צלזיוס (אדום כהה).

Annual temperatures for the USA in the years 1895–2017.
The color scale goes from 50.2 degrees Fahrenheit
(dark blue) to 55.0 degrees Fahrenheit (dark red).

טמפרטורות שנתיות בארצות-הברית בשנים 1895-2017.
סולם הצבעים נע בין 50.2 מעלות פרנהייט (כחול כהה)
ל-55 מעלות פרנהייט (אדום כהה).

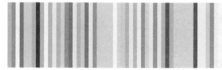
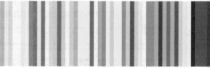

Annual temperatures for Australia in the years
1910–2017. The color scale ranges from 20.7 degrees
Celsius (dark blue) to 23 degrees Celsius (dark red).

טמפרטורות שנתיות באוסטרליה בשנים 1901-2017.
סולם הצבעים נע בין 20.7 מעלות צלזיוס (כחול כהה)
ל-23 מעלות צלזיוס (אדום כהה).

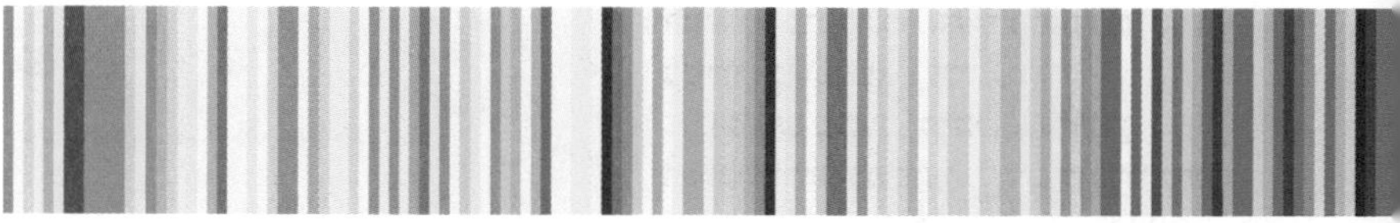

Annual temperatures in Germany in the years
1881–2017. The color scale ranges from 6.6 degrees
Celsius (dark blue) to 10.3 degrees Celsius (dark red).

טמפרטורות שנתיות בגרמניה בשנים 1881-2017. סולם
הצבעים נע בין 6.6 מעלות צלזיוס (כחול כהה) ל-10.3
מעלות צלזיוס (אדום כהה).

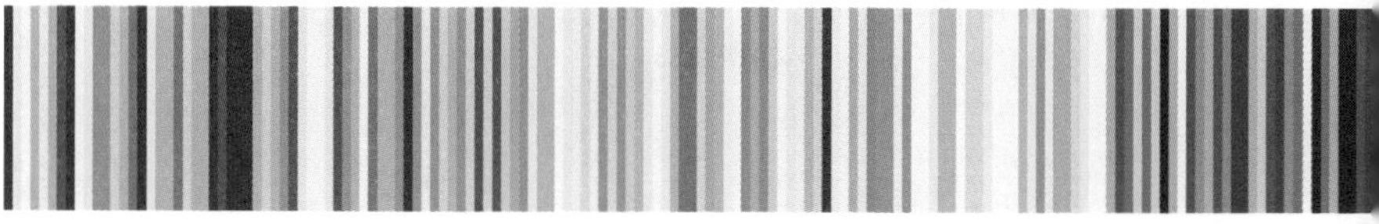

Annual temperatures for Switzerland in the years
1864–2017. The color scale ranges from 3 degrees
Celsius (dark blue) to 6.5 degrees Celsius (dark red).

טמפרטורות שנתיות בשווייץ בשנים 1864-2017. סולם
הצבעים נע בין 3 מעלות צלזיוס (כחול כהה) ל-6.5
מעלות צלזיוס (אדום כהה).

פסי התחממות: המחשה גרפית של שינוי האקלים

בלוג Climate Lab Book: מחקר
בהובלת אד הוקינס (Hawkins)
2018

הבלוג Climate Lab Book הוא "מכון"
אינטרנטי למדעי האקלים. הוא נכתב על־ידי
מדעני אקלים, אך פתוח וזמין לכל מי שמעוניין
לקרוא ולהגיב, במטרה לקדם שיתופי פעולה
ודיון מדעי ולשפר את הבנתנו על מצב האקלים.
בסוף 2018 פרסם הארגון המטאורולוגי העולמי
(WMO) את דו"ח מצב האקלים התקופתי שלו
וביקש מ־Climate Lab Book לספק לו כמה
המחשות גרפיות עדכניות.

פסי התחממות

שינוי אקלים הוא נושא גלובלי מורכב, הדורש
המחשה תקשורתית בהירה של השפעותיו
המקומיות. הערכה הגרפית ממחישה את שינויי
הטמפרטורות ברחבי העולם לאורך המאה
שחלפה ואף קודם לכן. הצבע של כל פס מייצג
את הטמפרטורה בשנה אחת, והפסים מסודרים
הֵחֵל במדידה המוקדמת ביותר שבוצעה בכל
תחנת מדידה בעולם. כל מידע עודף סולק מן
הגרפיקה כדי להאיר את שינויי הטמפרטורות
בבירור, באופן שאין עליו עוררין.

הגרפים מראים, למשל, את שינויי
הטמפרטורות וכמויות הגשמים שנמדדו בחמש
תחנות מדידה, שהן הנגישות מבין התחנות
הוותיקות ביותר הפועלות בבריטניה: סטורנוויי
(סקוטלנד), ארמה (צפון־אירלנד), דורהם,
שפילד ואוקספורד. בכולן נאספו נתונים בשנים
1883-2017.

Terraform: An Interactive Board Game for Reflecting on Our World

Concept, Design, Technology and Installation: Tellart – San Francisco, Providence, Rhode Island, and Amsterdam, with open-source contributions by Memo Akten and Gene Kogan

Open Code Software: Based on the Open Source Application Magic Sand, developed at University of California, Davis, 2019

Tellart – an award-winning international design studio that creates interactive objects, immersive spaces and digital experiences for museums and multinational companies – has designed a tactile, interactive experience in order to provoke reflection and debate about our response to climate change. In a playful and hands-on way, it invites us to think critically about the idea of designing our Earth – and potentially other celestial bodies such as the Moon and Mars – for the benefit of humans. Are we entitled to override pristine natural ecosystems for our own scientific, commercial or political motivations?

"Terraforming" means "Earth-shaping" in order to create the atmosphere, topography, climate and other conditions necessary to sustain us. It is an act of colonization that could have dramatic consequences, even with the employment of our best intentions and design skills. The Terraform Table allows people to physically shape topography by piling hills and digging valleys in a sandbox with a responsive overhead projection. As visitors move the sand with their hands, a machine learning algorithm (a form of artificial intelligence) reads the relative height of the sand and generates artificially composited landscapes and seascapes, based on its "own" interpretation of real satellite imagery of the Earth.

Water, islands, reefs, forests, rocky cliffs and snow are projected onto the sand in real time. While the resulting landscapes appear continuous and real, they are actually created through the intelligence of a predictive model. A single artificial coastline could contain qualities extracted from hundreds of places as distinct as California, the Persian Gulf and the Japanese Archipelago.

The machine learning algorithm for the Terraform Table was trained with thousands of real satellite images of the Earth and corresponding elevation data. Over time, it learned to correlate the many different physical shapes of land and the appearance of those landforms from orbit. This approach allows the table's artificial landscapes to evoke more strongly what we see in photographs of the actual Earth. One of the qualities of machine learning is "pattern recognition," and we can easily foresee its invaluable contribution to monitoring and mitigating the future impacts of climate change.

Our mental image of the Earth is highly influenced by the way it appears in photographs taken from space. The Terraform Table imagery, a synthesis of real Earth images from many specific locations, can be thought of as an abstract image of "Earthness," intended

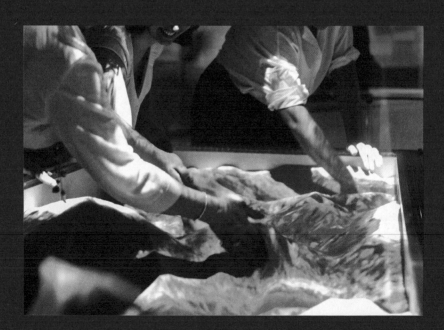

ות הגובה היחסי של החול ומִבְנֶה נופי יבשה
ים מלאכותיים, בהתבסס על הפרשנות "שלו"
לתמונות לוויין אמיתיות של כדור הארץ.

מים, איים, שוניות אלמוגים, יערות, צוקים
שלגים מוקרנים על החול בזמן אמת. הנופים
שנוצרים כתוצאה מכך נדמים ממשיים – אך
מעשה הם נוצרו כהיטל של מודל חיזוי. קו חוף
מלאכותי אחד עשוי לכלול תווים שנגזרו ממאות
מקומות מובחנים כמו קליפורניה, המפרץ הפרסי
ארכיפלג האיים היפני.

האלגוריתם של "טֶראפורם" תורגל מול
אלפי תמונות לוויין של כדור הארץ ונתונים
קרטוגרפיים תואמים. עם הזמן הוא ממקם את
הצורות הפיזיות הרבות של היבשה בהתאם
למראות של כדור הארץ מהחלל. המתאם ביניהם
מאפשר לנופים המלאכותיים של לוח המשחק
להעלות על הדעת צורות המוכרות לנו מתמונות
של כדור הארץ הממשי. אחת הסגולות של בינה
מלאכותית היא "זיהוי דפוסים", ובכך גלומה
תרומה רבת־ערך גם לניטור ולמיתון ההשפעות
העתידיות של שינוי האקלים.

הדימוי המנטלי של כדור הארץ מושפע
מהתמונות המצולמות מהחלל. מערך הדימויים
שנוצר על לוח טֶראפורם, בהיותו סינתיזה של
תמונות ממשיות מריבוי של נקודות תצפית, עשוי
להיתפס כדימוי מופשט של "ארציות", שמטרתו
להצית חיבור רגשי חדש לכדור הארץ. בדרכים
של משחק המעלה שאלות רציניות, מוצר
ספקולטיבי זה מפנה תשומת לב נחוצה לטבעה
המורכב של המערכת האקולוגית שמקיימת את
האנושות.

o spark a new and emotional connection with our planet. By giving visitors a playful experience that points to serious questions, this speculative design tool calls for our respectful attention to the complex natural ecosystem that shapes and sustains human life.

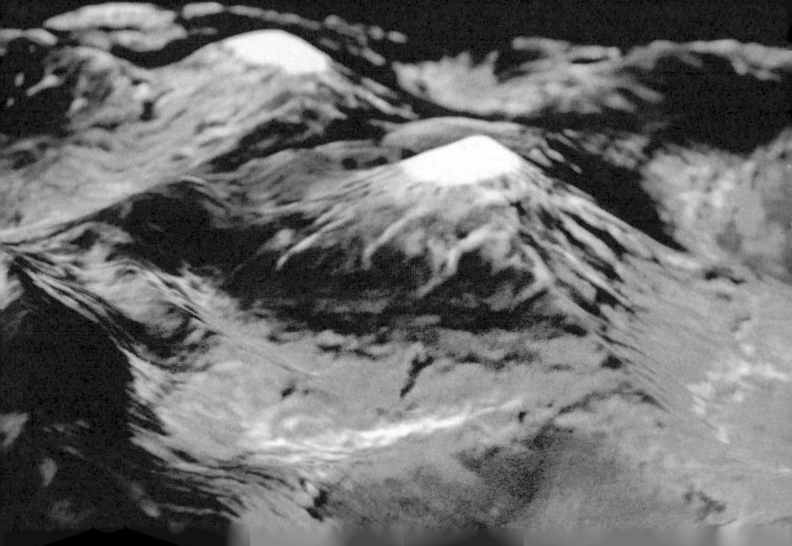

טֶרָאפורם: משחק לוח אינטראקטיבי למחשבה על עולמנו

עיצוב, טכנולוגיה וביצוע: Tellart, סן־פרנסיסקו, פרובידנס רוד־איילנד ואמסטרדם, בשיתוף עם ממו אקטן (Akten) וג'ין קוגן (Kogan)

תוכנת קוד פתוח: על בסיס אפליקציית המציאות הרבודה Sandbox, שפותחה באוניברסיטת קליפורניה בדיוויס
2019

Tellart – סטודיו בינלאומי לעיצוב שיוצר מִתקנים דיגיטליים וחללי מציאות רבודה למוזיאונים וחברות רב־לאומיות – יצר חוויה אינטראקטיבית טקטילית, המבקשת לעורר מחשבה ודיון על שינוי האקלים. משחק הלוח טֶרָאפורם מזמין אותנו לחשוב באופן ביקורתי על התכנון של כדור הארץ – ואולי גם של גופי שמים אחרים, כמו הירח או המאדים – לרווחת האנושות. האם זכותנו לפגוע במערכות האקולוגיות של הטבע הקדמוני לטובת הצרכים המדעיים, המסחריים או הפוליטיים שלנו?

המונח "טֶרָאפוּרם" פירושו עיצוב־אדמה. פעולה של עיצוב־אדמה (אטמוספירה, טופוגרפיה, אקלים ותנאים אחרים) כדי להתאימה לצורכי האדם, היא אקט של קולוניזציה שעשויות להיות לו השלכות דרמטיות (גם כאשר הוא נעשה מתוך כוונות טובות). לוח "טֶרָאפורם" מאפשר לאנשים לעצב טופוגרפיה באופן פיזי תוך בניית גבעות וחפירת עמקים בארגז חול שמעליו מותקן מקרן מטול שקפים. כאשר המְשחקים מזיזים את החול בידיהם, אלגוריתם בינה מלאכותית קורא

הדורות הבאים. שאם לא כן - אחרים יתייצבו שם במקומנו: הסינים חנוּקי הערפיח כבר החלו לנוע בכיוון, וכדרכם - בקצב שיא.

אסור לנו לחכות לפרל הרבור אקלימי כדי לגייס את הקונגרס למלחמה. הרבה ממה שחיוני ובוער חייב להיעשות מיד, כפי שעשה רוזוולט כאשר הניח את היסודות להיערכות רחבה יותר. בכוחו של הנשיא לעצור מיד כל קידוח וכרייה בגופי מים ציבוריים ובקרקעות מדינה, לבלום את המעבר לשימוש בגז טבעי (כפי שעשה אובמה בנוגע לתחנות כוח פחמיות), לשים קץ לנוהל הפדרלי המשמש חותמת גומי לפרויקטים מזהמים חדשים, ולדחות כל פרויקט שיחמיר באופן משמעותי את ההתחממות הגלובלית. עליו להורות על רכישת כל האנרגיה הדרושה לנו ממקורות ירוקים בלבד ועל מעבר לשימוש בלעדי במכוניות חשמליות (מה שבה־בעת גם יתרום ליצירת שווקים חדשים). עליו לקבוע "תג מחיר" לפליטות פחמן דו־חמצני, וללכת בדרכו של רוזוולט, שנעזר במומחים מהמגזר הפרטי לתכנון מיזמי ההגנה שלו עוד בטרם אושרו על־ידי הדרגים הפוליטיים. בלי אותה דחיפוּת וראיית הנולד שהפגין רוזוולט, נגלה שנוצחנו במלחמה.

בתקופות מלחמה, תבוסתנות היא חטא כבד. למרבה המזל, פליטות פחמן דו־חמצני אדישות לגילויי תמיכה ואינן זקוקות להעלאת המורל. ובינתיים החדשות ממשיכות לזרום מקווי החזית: ביפן, 700 אלף איש נאלצו לפנות את בתיהם לאחר שגשמים בלתי פוסקים גרמו להצפות חמורות ומפולות בוץ. בקליפורניה עלו באש אלפי בתים בשריפת יער שתוארה כ"אחת ההרסניות שנראו מעולם". אזורים פרבריים נראו כמו דרזדן אחרי הפצצה, בעוד מטוסים ומסוקים מזמזמים בשמים ומטילים תמרות זרחניות של מעכבי בעירה כימיים; אילו רק התנגנה ברקע "דהרת הוולקירות", היה אפשר לחשוב שלפנינו סצנה מ**אפוקליפסה עכשיו**. בווירג'יניה המערבית, סערה של "אחת לאלף שנים" חוללה שטפונות שיא שקטלו עשרות בני אדם. וידיאו דרמטי במיוחד - מין **גרניקה** עכשווית ליוטיוב - הראה בית גדול עולה בלהבות בעודו נשטף על־ידי נהר שוצף ומתרסק על גשר. "זה נראה כמו אזור מלחמה", אמר אחד הנוכחים. נכון, בגלל שזה מה שזה.

ביל מקקיבן - חוקר לימודי הסביבה במידלברי קולג', ורמונט, ועמית האקדמיה האמריקאית לאמנויות ומדעים - הוא סופר ופעיל סביבתי, זוכה פרסים רבים (ביניהם ה"נובל האלטרנטיבי"), שהוכתר על־ידי המגזין *Foreign Policy* כאחד ממאה ההוגים החשובים בעולם כיום. ב־1989 פרסם את *The End of Nature*, שנחשב ספר המדע הפופולרי הראשון על בעיית שינוי האקלים. מקקיבן הוא מייסד הארגון 350.org - תנועה בינלאומית שארגנה 20 אלף עצרות ברחבי העולם, הובילה את ההתנגדות להנחת צינור הנפט קיסטון, וקידמה החרמה של חברות העושות שימוש בדלק מאובנים. הוא נמנה עם צוות הכותבים של ה־*New Yorker* ומפרסם במגזינים רבים אחרים. ב־2014 נקרא על שמו סוג חדש של יתוש יערות: Megophthalmidia Mckibbeni.

תורגם ונערך מתוך: Bill McKibben, "A World at War," *The New Republic*, 15 August 2016

דונלד טראמפ, לעומת זאת, משתמט ממלחמת האקלים ממש כפי שעשה במלחמת וייטנאם. לדעתו שינוי האקלים אינו אלא תרמית של הסינים, שבעורמתם האוריינטלית שכנעו את כיפות הקרח בקטבים לשתף פעולה עם הקונספירציה שלהם. וגם היועצים של הילרי קלינטון הבטיחו להקים בבית הלבן "חדר מלחמה אקלימי" - אבל אז צינננו את ההתלהבות ותיקנו את הניסוח ל"חדר מפות אקלימי".

אחת מנקודות השפל בשנותי כלוחם בשינוי האקלים נרשמה כאשר ישבתי בוועדה שניסחה טיוטה למצע המפלגה הדמוקרטית (כממונה מטעמו של סנדרס, לצד קורנל ווסט ואחרים). ניתנה לי ההזדמנות להציג תשעה תיקונים לסעיפי ההתמודדות עם שינוי האקלים. ההצעה לסלול יותר שבילי אופניים התקבלה פה אחד, אבל כל הדברים הקשים או הקשים למחצה שעשויים באמת להשפיע - ביטול של קידוח פצלי שמן, מיסוי פליטות של פחמן דו־חמצני, איסור על קידוחים או כרייה של דלק מאובנים בקרקעות ציבוריות, מבחן לקמוס אקלימי לאישור מיזמים חדשים, ביטול המימון של הבנק העולמי למפעלים המוּנעים בדלק מאובנים - נדחו ברוב דחוק (שישה בעד, שבעה נגד), כאשר הצירים מטעמה של קלינטון מצביעים פה אחד. הם מודאגים מאוד משינוי האקלים, התעקשו המתנגדים, אך סבורים שעדיפה גישה מדודה והדרגתית יותר. משהו ברוח הדברים הזכיר לי את מינכן. בדומה לצ'מברליין היו אלה אנשים טובים ואכפתיים, מהטיפוס היציב והמיושב בדעתו שהיית מבקש להנהגת המדינה בזמנים נורמליים. אבל הם כשלו בהבנת טבעו של האויב. ממש כמו הפשיזם, שינוי האקלים הוא מאותם משברים נדירים שרק הולכים ומתעצמים כשלא מציבים מולם התנגדות תקיפה. בכל מלחמה יש נקודות אל־חזור ממשיות מאוד שמוציאות מן הכלל אפשרות של ניצחון, או אפילו של תיקו. וכאשר האויב מצליח להשמיד כמה מהנתונים הפיזיים הקדמוניים והחיוניים ביותר של כדור הארץ - כיפות הקרח בקטבים, נאמר, או שוניות אלמוגים באוקיינוס השקט - זה סימן לכך שאנחנו קרובים מדי לנקודת האל־חזור. במלחמה הניטשת עכשיו - שבה אחד מהצדדים הנִצים, הצד של חוקי הפיזיקה, נלחם במלוא הקיטור, והצד השני לא - ניצחון "מדוד והדרגתי" כמוהו כתבוסה.

להפתעתי הרבה, הדברים השתנו כעבור כמה שבועות, בדיונים האחרונים על המצע הדמוקרטי שהתנהלו באורלנדו. הנושאים ונותנים מטעמה של קלינטון עמדו אמנם בסירובם לתמוך באיסור על קידוחים של פצלי שמן או במיסוי של פליטות פחמן דו־חמצני - אבל הסכימו לקבוע "תג מחיר" על פליטות פחמן דו־חמצני, להעדפת אנרגיה מתחדשת של רוח ושמש על פני גז טבעי, ולדחיית כל מדיניות פדרלית שתביא להאצת ההתחממות הגלובלית.

ייתכן שהשינוי הושפע מסקרים שהראו כי מצביעי סנדרס - בייחוד הצעירים שבהם - לא מיהרו להירתם למסע הבחירות של קלינטון. ואולי החום העז של חודש יוני החם ביותר שנרשם אי־פעם באמריקה, גרם לכמה ראשים להיפתח. קלינטון הבטיחה להתקין לוחות סולאריים בתקציב של חצי מיליארד דולר בארבע שנות המִמשל הראשונות שלה, וזה לא רחוק מיעדי העקומה הנדרשים על פי חישוביו של טום סולומון. ואם המהלך ייתמך על־ידי הקמה של מפעלי לוחות אמריקאיים במקום לייבא לוחות סולאריים זולים מתוצרת חוץ, ארצות־הברית תתייצב ככוח המוביל בעולם בתחום האנרגיה הנקייה, ממש כשם שההתגייסות למלחמת העולם השנייה הבטיחה את העוצמה הכלכלית האמריקאית לשני

אחוזי תעסוקה גדולים יותר, ישיבו לחיים את המדינות החקלאיות המדולדלות שיצמיחו חוות רוח, ויניעו את הפרברים המתנוונים שלנו בהשקעות של ממש בתחבורה ציבורית.

מובן שמנגד ניצבים כוחות רבי־עוצמה, שמחבלים בהתגייסות הכוללת. אם נחבר את כל תחנות הדלק ומכרות הפחם שפועלים עדיין בעולם, נמצא שההשקעה של ממשלות ותאגידים בתשתיות קיימות אלה מגיעה ל־20 טריליון דולר. "אף מדינה לא תיתן להשקעה כזאת לרדת לטמיון", כותב ואצלב סמיל (Smil), מומחה אנרגיה קנדי. כפי שהראו עיתונאים חוקרים בשנים האחרונות, ענקית הנפט אקסון ידעה על ההתחממות הגלובלית לפני עשורים רבים - ולמרות זאת הוציאה מיליוני דולרים על הפצת תעמולה של כחש וכזב. הדרך היחידה להתגבר על ההתנגדות המאוגדת הזאת, מצד אותם תעשיינים שהתנגדו לכניסתה של אמריקה למלחמת העולם השנייה, היא לאמץ מנטליות מלחמתית ולקעקע את הלך הרוחות התבוסתני. "הצעד הראשון הוא להיות נחושים לנצח", אומר ג'ונתן קומי (Koomey), חוקר אנרגיה באוניברסיטת סטנפורד. "נחוצה הכרה גורפת, בכל שדרות הזירה הפוליטית, בצורך לצאת מיד לפעולה כוללת של חריש עמוק, ולא להסתפק בתיקונים הקוסמטיים שמציעים החבר'ה מוושינגטון".

רצון פוליטי כזה מתחיל להתגבש, ממש כפי שקרה בשנים שלפני פרל הרבור. התנגדות נחרצת הצליחה לסכל את הנחת צינור הנפט קיסטון ואת הקידוחים הארקטיים, ולקדם איסור על קידוחים של פצלי שמן בכמה מדינות. זה מזכיר במשהו את ההיערכות של רוזוולט למלחמה 18 חודשים לפני ה"תאריך שייזכר לדיראון עולם". הספינות והמטוסים שניצחו בקרב מידוויי ביוני 1942, כשישה חודשים אחרי פרל הרבור, נבנו לפני שהיפנים תקפו את הוואי. "הממשלה השלימה את ההיערכות למלחמה לפני פרל הרבור", אומר ווילסון. אחר כך הם יכלו פשוט להאיץ את הייצור ולהגיע לתפוקה כפולה.

המתקפה על פרל הרבור אכן דחפה את האמריקאים לשנס מותניים ולעשות דברים קשים: לשלם יותר מסים, לרכוש מלוות מלחמה במיליארדי דולרים ולעמוד בגאון במחסור ובקיצוצים ובשאר הטרדות הנלוות לכלכלת מלחמה. השימוש בתחבורה ציבורית עלה בתקופת המלחמה ב־87 אחוז, כפי שמראה נעמי קליין בסרטה **זה משנה הכל**; ארבעים אחוזים מתצרוכת הירקות גודלו ב"גני ניצחון" או "גני מלחמה" (Victory Gardens), שאולתרו בחצרות של בתים פרטיים ובפארקים ציבוריים בערי ארצות־הברית; בפעם הראשונה בהיסטוריה זכו נשים ומיעוטים במשרות חרושת, כאשר טיפוסים כמו "רוזי המסמררת" שינו את התפיסה של רבים לגבי מה אפשר ומה לא.

למען האמת, אלמלא פרל הרבור, אפילו רוזוולט לא היה משיג כל כך הרבה. במלחמת האקלים לא נרשמה עד כה מקבילה לגורם כזה, זרז אחד משמעותי שמדרבן את העולם כולו ומשליט את ההבנה שדבר מלבד מלחמה כוללת לא יציל את הציוויליזציה. הכי קרוב לנאומו של רוזוולט על ה"יום שייזכר לדיראון עולם" היו אולי (וזה עדיין רחוק למדי) דבריו של ברני סנדרס בעימות הראשון במרוץ לראשות המפלגה הדמוקרטית. המתדיינים נשאלו מהו לדעתם האיום הביטחוני החמור ביותר על העולם כיום. סנדרס ענה "שינוי האקלים", וגרם לכל החשודים המיידיים לצקצק ולהאשימו ביחס סלחני כלפי "טרור האסלאם הרדיקלי". בעימות השני, יום אחרי מתקפת הטרור בפריז, נשאל סנדרס בנימה ניצחת אם הוא עדיין חושב כך, וסנדרס הסביר בדיוק רב כיצד רצף שיא של שנות בצורת יחולל חוסר יציבות עולמי.

לצו התקופה, הולאמו על־ידי רוזוולט. החברות השונות הרוויחו כסף, אבל כמעט שלא תועדו עבירות ספסרות, הפקעת מחירים או ניצול פושע של המצב: זיכרונות רעים מימי מלחמת העולם הראשונה, מציין ווילסון, גררו "פיקוח הדוק על הרווחים", שהתקבל בהבנה על־ידי מרבית התעשיינים באמריקה. הרשויות הפדרליות עודדו תחרות בין גופים ציבוריים ומפעלים פרטיים: מספנות פורטסמות' (Portsmouth), למשל, בנו צוללות - אבל כך עשתה גם Electric Boat בגרוטון (Groton), קונטיקט, ו"שני המפעלים התנהלו ביעילות מרשימה בהחלט". נוכח אויב משותף, שיתפו האמריקאים פעולה כפי שלא עשו מעולם קודם לכן.

מובן שהשותפות הזאת נשכחה כלא היתה דקה אחרי המלחמה; הסולידריות פינתה את מקומה לזינוק שלא נודע כמותו בצריכה האישית, עם אינספור מכוניות פרטיות שפקקו את הפרברים התופחים סביב הערים, ומטבחים מצוידים שהגבילו את חירותן של הנשים. טייקוני המגזר העסקי, בלהיטותם להחזיר אל כנו את הדימוי הבדלני ולהתנער מהגבלי ה"ניו־דיל", שיווקו את עצמם כגיבורי המאמץ המלחמתי, כפטריוטים שהצליחו לגבור על חסמי הבירוקרטיה הממשלתית ולבצע את העבודה. מנהלי פרויקטים צנועים, שרכשו מיומנויות ו"השתפשפו" בעולם האמיתי כאשר פיתחו מיזמי רדאר בתקופת המלחמה, פרשו אל מגדלי השן והפכו ל"מנתחי מערכות" יוקרתיים. אחד מהם, שר ההגנה רוברט מקנמארה (McNamara), העסיק במשרד ההגנה מומחים כאלה, שהפריטו את מרבית המספנות ומפעלי המטוסים הממשלתיים ויישמו מודלים ממוחשבים מנותקים, כדי להסיג לאחור תוכניות ממשלתיות כמו "ערים לדוגמא" - ניסיון שאפתני לשיקום עירוני במסגרת ה"מלחמה בעוני".

כיום אנחנו חיים בעולם מופרט המתוכנת לתכליות עסקיות בלבד - מצב שהיכה שורש תחת מקנמארה והגיע לפריחה בימי רייגן. המלחמות הממשיות המתנהלות כרגע צבועות בגוני השחור של הספסרות ונשענות לא רק על חיילים אלא גם על קבלנים פרטיים. הסולידריות החברתית שלנו, אם להתבטא בעדינות, מצומקת ביותר. לפיכך מתבקש לשאול האם נוכל לשוב ולמצוא בקרבנו את הרצון המשותף לצאת למלחמה בהתחממות הגלובלית, כפי שפעם נלחמנו בפשיזם.

לפני הכל, חשוב לזכור שהתגייסות גלובלית משמעותית למלחמה בשינוי האקלים לא תהרוס את הכלכלה או תביא לשבירת מטה לחמם של כורי הפחם. ההפך הוא הנכון: ההיערכות לעצירת ההתחממות הגלובלית תצמיח קשת רחבה של יתרונות חברתיים וכלכליים, ממש כפי שהיה במלחמת העולם השנייה. היא תתרום להצלת חיים (על פי הנתונים של סטנפורד, מעבר כלל־עולמי לאנרגיה מתחדשת יפחית את מספר מקרי המוות מזיהום אוויר בארבעה עד שבעה מיליון לשנה); היא תייצר מקומות עבודה חדשים; היא תספק תעסוקה טובה ומשתלמת יותר לפועלי אנרגיה (מחקר חדש שנעשה באוניברסיטת מישיגן מצא שנוכל להסב את כל פועלי הפחם לעבודה בתחום האנרגיה הסולארית בהוצאה שלא תעלה על 181 מיליון דולר, ושפועל המתקין לוחות סולאריים ירוויח בשנה כ־4,000 דולר יותר משהרוויח כאשר סיכן את חייו במכרה); וככלל, היא תציל את כלכלות העולם (הכלכלן הבריטי ניקולס סטרן חישב שההשפעות הכלכליות של ההתחממות הגלובלית יהיו חמורות לאין ערוך מאלה של מלחמות העולם או של השפל הגדול). ההתייצבות למלחמה תקדם תמורות חברתיות (ממש כשם שמלחמת העולם השנייה האיצה ודחפה מגמות של שוויון גזעי ומגדרי). מאמצי המאבק האקלימי צריכים להתמקד תחילה בקו החזית, בקהילות שהורעלו יותר מאחרות על־ידי תעשיות הנפט. הם יצמצמו את אי־השוויון בהכנסות באמצעות

הכוח שהוקמה כדי לספק אנרגיה להפעלתו, ובימים הראשונים הונע המפעל באמצעות נגרר קיטור שנקשר לאחד מאגפיו. בית חרושת זה לבדו ייצר יותר טנקים משייצרו הגרמנים בכל תקופת המלחמה.

ולא רק נשק. בפינה אחרת של מישיגן, חברת רדיאטורים חתמה על חוזה לייצור של יותר מ־20 מיליון קסדות פלדה; לא הרחק משם הוסב מפעל גומי לייצור מיליוני בטנות לקסדות אלה. החברה שסיפקה אריגים לריפוד המושבים של מכוניות פורד, הוסבה לייצור מצנחים. דבר לא הלך לאיבוד: כאשר מפעלי מכוניות הפסיקו לייצר רכב פרטי בתקופת המלחמה, GM הוציאה ממחסניה אלפי מאפרות מתכת למכוניות מודל 1939 ושלחה אותן למפעל בואינג בסיאטל, לצורך התקנתן במפציצים שיצאו לחזית האוקיינוס השקט. בפונטיאק ייצרו מקלעים נגד מטוסים; באולדסמוביל ייצרו תותחים; בסטודבייקר בנו מנועים ל"מבצרים המעופפים" של בואינג (B-17); בנאש־קלווינטור התקינו מדחפים לחברת דה־הווילנד הבריטית; בהדסון־מוטורס ייצרו כנפיים למטוסי הקרב Helldivers ו־P-38; בביואיק ייצרו נשק נגד טנקים; חברת המרכבים פישר בנתה אלפי טנקים מדגם שרמן M4; בקדילק ייצרו יותר מעשרת־אלפים טנקים קלים. וכל זה רק באזור דטרויט; התגייסות תעשייתית דומה נרשמה בכל רחבי אמריקה.

הנראטיב המקובל גורס שהעסקים האמריקאיים הגיעו להישג כזה פשוט כי הפשילו שרוולים ויצאו למלחמה. אכן, אינספור יומני חדשות מהתקופה מציגים אנשי עסקים פטריוטים הפורשים גיליונות שרטוט ומפעילים פסי ייצור - בעיקר משום שאותם אנשי עסקים מימנו את הסרטים הללו. מחלקות היח"צ שלהם גם מימנו תוכניות רדיו עם כותרות כמו "ניצחון הוא העסק שלהם" או "תעשייני המלחמה", ופרסמו אינספור מודעות בעיתונים המפארות את תרומתם הפטריוטית. אולם, למען האמת, רבים מאילי התעשייה האמריקאית לא רצו להתעסק במלחמה עד שנגררו לכך בעל־כורחם. הנרי פורד, שהקים וניהל את מפעל המפציצים ביפסילנטי, היה מהדוגלים ב"אמריקה לפני הכל", שהפצירו באמריקאים להימנע מכניסה למלחמה; לשכת המסחר (כיום ממובילי ההתנגדות לאקטיביזם האקלימי) נאבקה כדי לחסום את תוכנית "השאל־החכר" שטיכס רוזוולט לעזרת הבריטים המותקפים. "אנשי עסקים אמריקאים מתנגדים למעורבות אמריקאית בכל מלחמה זרה", נימק נשיא הלשכה את עמדתו בפני הקונגרס.

למרבה המזל, הודות לשליטתו האיתנה בקונגרס, גבר רוזוולט על שתדלני הלשכה והצליח להוביל את ההיערכות האמריקאית לקרבות העתידים לבוא. מארק ווילסון - היסטוריון באוניברסיטת צפון־קרוליינה בשרלוט, שהשלים לאחרונה מחקר על מבצע התגייסות זה תחת הכותרת **יצירה הרסנית** (*Destructive Creation*) - מפרט כיצד יסדה הממשלה הפדרלית אינספור סוכנויות חדשות עם שמות כמו "מועצת הייצור המלחמתי" או "איגוד תעשיות ההגנה"; בין 1940 ל־1945 השקיעה סוכנות אחרונה זו תשעה מיליארד דולר ב־2,300 פרויקטים ב־46 מחמישים המדינות, לבניית מפעלים שלימים הוחכרו לתעשייה הפרטית. עד סוף המלחמה ביצר לעצמו הממשל עמדות כוח בכל תחומי הייצור שבין בניית מטוסים לבין ייצור גומי סינתטי.

"הון ציבורי הוא שהזין את מרבית הפרויקטים, ולא וול־סטריט", קובע ווילסון, "ובראש מערך הלוגיסטיקה ושרשרת האספקה עמד הצבא. דרגי הצבא הם אלה שערכו את החוזים והניעו את כל המהלך". הסוכנויות הפדרליות פעלו באגרסיביות: הן היו מבטלות חוזים כל אימת שהשתנו הצרכים המלחמתיים, ולא־פעם הביאו לסגירתם החטופה של מפעלים הומי עובדים. מפעלים שלא נשמעו

מהנחוץ לייצור אנרגיה למחצית העולם. מכוניות חשמליות מונעות על סוללות ליתיום - אבל כבר במכרות הפעילים כיום יש די ליתיום כדי לספק את הצרכים של שלושה מיליארד מכוניות, בעוד מספרן בעולם כיום נע סביב 800 מיליון".

אבל האם די בתוכנית סטנפורד כדי לעצור או להאט את ההתחממות הגלובלית? כן, עונה ג'ייקובסון: אם נפעל במהירות ונשיג את היעד של שמונים אחוז אנרגיה נקייה עד שנת 2030 - אזי עד סוף המאה ירדו מדדי הפחמן הדו־חמצני בעולם אל מתחת לקו הבטוח יחסית של 350 חלקים למיליון. כדור הארץ יפסיק להתחמם, או שקצב ההתחממות יואט באופן משמעותי. סביר להניח שזה המקום הכי קרוב לניצחון במלחמה הזאת שאליו נוכל להגיע. עד אז נסבול מנזקים סביבתיים רבים, אבל לא נגיע להרס הציוויליזציה החזוי לנו (גם אם כל מדינות העולם יעמדו בהתחייבויות של הסכם פריז, מדדי הפחמן הדו־חמצני צפויים להגיע עד סוף המאה ל־500 או 600 חלקים למיליון - מסלול שיוביל, גם אם לא לגיהנום, אזי קרוב אליו על מד הטמפרטורות).

כדי שתוכנית סטנפורד תעבוד, צריך להקים המוני מפעלים שייצרו אלפי קמ"ר של לוחות סולאריים, אינספור טורבינות רוח ומיליוני מכוניות ואוטובוסים חשמליים. אלא שגם הפעם החלו המומחים להטיל ספק במספרים. טום סולומון (Solomon) - מהנדס שפיקח על ההקמה של מפעל ענק (אינטל ריו־רנצ'ו בניו־מקסיקו) לייצור מוליכים חשמליים - התבסס על המחקר של ג'ייקובסון וחישב כמה אנרגיה נקייה תצטרך אמריקה לייצר עד שנת 2050 כדי להחליף לחלוטין את השימוש בדלק מאובנים. התשובה: 6,448 ג'יגהוואט. "בשנה האחרונה הגענו ל־16 ג'יגהוואט בלבד", אומר סולומון, "כך שבקצב הנוכחי המבצע ייקח לנו 405 שנים, שזה קצת יותר מדי".

סולומון חישב כמה מפעלים יידרשו לייצור 6,448 ג'יגהוואט אנרגיה נקייה ב־35 השנים הקרובות. תחילה ערך תצפיות ב־SolarCity - מפעל הלוחות הסולאריים הגדול ביותר באמריקה שנבנה בבאפלו, ניו־יורק. "מכנים אותו ג'יגה־מפעל", סיפר סולומון, "כי הלוחות המיוצרים בו יפיקו ג'יגהוואט אחד של אנרגיה סולארית לשנה". על פי אמת־מידה זו חישב סולומון שאמריקה זקוקה ל־295 מפעלים סולאריים בגודל דומה כדי לבלום את שינוי האקלים, בנוסף למאמץ דומה בתחום טורבינות הרוח. הקמת מפעלים כאלה אינה דורשת פיתוח של טכנולוגיה חדשה. כדי להגיע להיקפי ייצור שיעמדו ביעדים של סטנפורד, חייבים להקים שלושים מפעלי לוחות סולאריים מדי שנה ו־15 מפעלים נוספים של טורבינות רוח.

ייצור עוד ועוד לוחות סולאריים וטורבינות רוח לא נשמע אולי כמו לוחמה, אבל זה בדיוק מה שהביא לניצחון במלחמת העולם השנייה: לא רק פלישות מאסיביות וקרבות טנקים והפצצות אכזריות מן האוויר, אלא גם הירתמות של התעשייה כולה לייצור כלי נשק ואספקה לכוחות בהיקפים שלא נודעו קודם לכן. הניצחון על הנאצים דרש הרבה יותר מחיילים אמיצים. הוא דרש מפעלי ענק, שהוקמו במהירות עצומה.

ב־1941 הוקם תוך שישה חודשים המפעל התעשייתי הגדול ביותר בעולם תחת גג אחד ליד יפסילנטי (Ypsilanti), מישיגן; צ'ארלס לינדברג קרא לו "הגרנד־קניון של העולם המתועש". תוך חודשים ספורים הצליחו במפעל לייצר מפציץ B-24 מדי שעה. מפציצים! מטוסי ענק מורכבים לאין-שיעור יותר מלוחות סולאריים או מטורבינות רוח, מטוסים המורכבים מ־1,225,000 חלקים ו־313,237 מְחברים. בעיירה השכנה ווארן (Warren), מישיגן, בנה הצבא בית חרושת לטנקים במהירות שהשיגה את תחנת

longue durée - מלחמה לטווח ארוך - גם כאשר כל גיליון חדש של *Science* או *Nature* הבהיר ששינוי האקלים יצא למלחמת־בזק כוללת ורושם שיאים חדשים של טמפרטורות גלובליות מדי חודש.

לא הרבה אחרי פריז הכריזו מדעני כדור הארץ שהקרחון היבשתי במערב אנטארקטיקה אינו יציב כפי שקיווינו, ושאם נמשיך לפלוט גזי חממה לאטמוספירה - הוא יישחק מהר מכפי שצפו מחקרים קודמים. בכנס של תעשיית הביטוח באפריל 2016, הגיב פקיד פדרלי על הנתונים החדשים במילים OMG. ה"השפעות לטווח ארוך" של התופעה, דיווח ה־*New York Times*, "תהיה ככל הנראה הצפה של קווי החוף ברחבי העולם, ובכלל זה רבות מהערים הגדולות". אם הנאצים היו מאיימים כיום על העולם בהרס בקנה־מידה כזה, אמריקה ובנות־בריתה כבר היו בעיצומה של מלחמה כוללת.

ובכל זאת, מחקר זה של יבשת אנטארקטיקה כלל - כפי שדיווח ה־*Times* - רסיס אחד של חדשות טובות. כן, הגורל של רוב שטחי אנטארקטיקה כבר נחרץ - אבל "יש סיכוי טוב למדי שמאמצים נחרצים עוד יותר להגביל את פליטות גזי החממה, יצליחו להציל מהתמוטטות את מערב אנטארקטיקה".

מה ידרשו אותם "מאמצים נחרצים עוד יותר"? במשך שנים קוראים מדעני אקלים וכלכלנים מובילים לטפל בשינוי האקלים באותה נחישות שבה התייצבנו מול גרמניה ויפן במלחמת העולם האחרונה. ביולי 2016 פרסמה המפלגה הדמוקרטית מצע שקרא להתגייסות לאומית ברוח מלחמת העולם השנייה כדי להציל את הציוויליזציה שלנו מ"השלכות קטסטרופליות" של "מצב חירום אקלימי עולמי". נושאים ונותנים מטעמה של הילרי קלינטון הודיעו על כוונתם לכנס פסגת חירום במאה הימים הראשונים של הממשל החדש, בהשתתפות "מיטב המהנדסים, מדעני האקלים, מומחי המדיניות, הפעילים ונציגי קהילות ילידים מרחבי העולם, שיטכסו עצה ודרך לפתרון משבר האקלים".

אבל איך בדיוק זה ייראה? מה פירוש הדבר, לצאת למלחמת עולם שלישית באותם היקפים ונחישות שגייסנו למלחמת העולם הקודמת? המצב הוא כזה: מדענים אמריקאים מנהלים מזה זמן מבצע שקט אך ממוקד, שמטרתו להבין כיצד ובאיזו מהירות נוכל ליישם טכנולוגיה קיימת לבלימת ההתחממות הגלובלית, התחלה צנועה ל"פרויקט מנהטן" רחב־היקף. מארק ג'ייקובסון (Jacobson), פרופסור להנדסה אזרחית וסביבתית באוניברסיטת סטנפורד ומנהל "התוכנית לאטמוספירה ואנרגיה", בוחן ומחשב מזה שנים כיצד תוכל כל אחת מחמישים המדינות של ארצות־הברית לספק את מלוא צורכי האנרגיה שלה ממקורות מתחדשים. המספרים מפורטים באופן מרשים: באלבמה, למשל, יש היצע של 59.7 קמ"ר גגות לא מוצלים שפונים בכיוון המתאים להצבת לוחות סולאריים. עבודתו של ג'ייקובסון מראה בצורה משכנעת שבכוחה של אמריקה לעבור עד שנת 2030 לייצור של 80 עד 85 אחוז מהאנרגיה הנחוצה לה מהשמש, הרוח והמים, ולהגיע לייצור מלא של מאה אחוזים עד שנת 2050. הצוות מסטנפורד כבר הציע תוכניות דומות ל־139 מדינות ברחבי העולם.

המחקר צולל לפרטי־פרטים של תהליך המעבר לאנרגיה נקייה. האם יידרשו לשם כך שטחי קרקע רבים מדי? המספרים של סטנפורד מראים שדי בארבע־עשיריות האחוז מעתודות הקרקע של אמריקה כדי לייצר את האנרגיה המתחדשת הנחוצה, בעיקר מתחנות כוח סולאריות שייפרשׂו על אזורים נרחבים. האם ברשותנו חומרי הגלם הנחוצים? "בחנו את הנושא בפרוטרוט ואיננו מודאגים", אומר ג'ייקובסון. "להקמת טורבינות רוח, למשל, דרושות תרכובות ניאודימיום - אבל הכמות שבידינו גדולה פי שבעה

כמוה כמלחמת עולם; היא ממש מלחמת עולם. למרבה האירוניה, קורבנותיה הראשונים הם אלה שעשו הכי פחות כדי לגרום למשבר. אבל זוהי מלחמת עולם שמסכנת כל אחד מאתנו, שהרי אם ננוצח - נושמד כולנו ונמצא את עצמנו חסרי אונים, כמו שקורה לצד המפסיד בסכסוכים מוּכּרים; אלא שהפעם לא יהיו מנצחים, ואיש לא יוכל להסיג את כיבושו של כדור הארץ.

השאלה הרלוונטית איננה האם אנחנו חיים בעולם השרוי במלחמה, אלא האם בכוונתנו להשיב מלחמה, ואם כך נעשה - האם בכוחנו להביס אויב חזק ובלתי נלאה כחוקי הפיזיקה. כדי לענות על שאלות אלה ולהעריך באופן אובייקטיבי את סיכויי הניצחון שלנו במלחמת העולם הנוכחית, עלינו לפנות לעבר וללמוד ממלחמת העולם הקודמת.

במשך ארבע שנים התמקדה ארצות־הברית במטרה דוחקת אחת ויחידה, שהסירה מסדר היום כל עניין אחר: לנצח את האיום הגלובלי שהיוו גרמניה, איטליה ויפן. שלא כמו אדולף היטלר, הכוח שמאיים כיום על הציוויליזציה איננו בעל תודעה אנושית או שטנית. עם זאת, גם בימים שלפני פרוץ מלחמת העולם השנייה כשלו מנהיגי העולם בדיוק באותה שגיאה שמכשילה אותנו כיום: הם ניסו תחילה להתעלם מהיריב, ואז לפייס אותו.

בריטניה, בלהיטותה להימנע מעימות, התייחסה לנאצים כשחקנים רציונליים, בהנחה שגם הם יצייתו לכללי המשחק המקובלים. על רקע זה התקבל נוויל צ׳מברליין בתרועות עם חזרתו הביתה ממינכן: כראש מדינה שהכיר במגבלות החולשה הצבאית בהתחשב בפרישׂה האימפריאלית הרחבה של בריטניה, הוא עשה מה שראה כצעד הכרחי שיביא את היטלר על סיפוקו. מן הסתם הניח שעכשיו ינהג הדיקטטור בהיגיון.

אבל היטלר שיחק על פי כללים משלו, שבזו ל״ריאליזם״ הפוליטי של מנהיגים אחרים (כלומר: לא היה בכך שום ריאליזם). פחמן דו־חמצני ומתאן, לעומת זאת, אינם מפגינים בוז אלא אדישות מוחלטת: אין להם שום עניין בתשוקות שאינן יודעות שובעה של נתיני תרבות הצריכה, או במחירי השפל של הנפט, או בפרישׂה הגיאו־אסטרטגית של יצאניות הנפט, או בכל תירוץ אחר שעיכב עד עכשיו את תגובתנו להתחממות הגלובלית. מנהיגי העולם חזרו מטקס החתימה על הסכם האקלים בפריז בדצמבר 2015 בדיוק כפי שצ׳מברליין חזר ממינכן: מלאי תקווה, אפילו מעודדים, בהרגשה שהאיום הנורא נבלם אחת ולתמיד. פול קרוגמן (Krugman), שסיכם את הלך הרוחות ששרר בעולם פוסט־פריז, סיכם ששינוי האקלים ״יימנע אם רק ננקוט צעדים מתונים למדי ואפשריים מבחינה פוליטית. יש אולי מי שקוראים למהפכה, אבל לא נחוצה מהפכה כדי להציל את כדור הארץ״. כל מה שנדרש, התעקש קרוגמן, הוא שאמריקה תוציא אל הפועל את תוכנית אובמה לאנרגיה נקייה ותמשיך ״להנהיג את העולם לקראת צמצום חד בפליטות הפחמן הדו־חמצני״, כפי שנעשה בפריז.

יש להודות שהנחה זו שגויה ממש כמו הקריאה ״שלום בזמננו״ של צ׳מברליין. גם אם כל מדינות העולם יצייתו להסכם פריז, עד שנת 2100 יתחמם העולם במשהו כמו 3.5 מעלות צלזיוס – ולא 1.5 או 2 המעלות שהובטחו במבוא להסכם. וייתכן שכבר איחרנו את הרכבת ולא נוכל לעמוד במטרה המוצהרת, שכן את רף ה־1.5 מעלות רפרפנו כבר באירועי אל־ניניו של פברואר 2016, שישים יום בלבד לאחר שממשלות העולם התחייבו בחגיגיות לעשות ככל יכולתן לעצירת ההתחממות הגלובלית. מנהיגינו הניחו שאנו עומדים מול מה שהוגדר על־ידי האסטרטגים הצרפתים במלחמת העולם השנייה כ־guerre de

עולם במלחמה

ביל מקקיבן

האקלים המשתנה יצא למתקפה נגדנו, ותקוותנו היחידה היא להתגייס ולהשיב מלחמה, כפי שעשינו במלחמת העולם השנייה.

מתקפת מחץ מגיעה לפתחנו: כוחות אויב השתלטו על נתחי ענק של טריטוריה; מדי שבוע נעלמים כשישים קמ״ר נוספים של קרח ארקטי. מומחים שנשלחו לשדה הקרב ביולי 2016 כמעט איבדו תקווה, מכיוון שהחזית הצפונית היא אחת הוותיקות במערכה. ״תוך שלושים שנה התכווצו שטחי הקרח באזור כדי מחצית בקירוב״, הסביר אחד המדענים שניתחו את המתקפה, ״ולא נראה באופק דבר שבכוחו לעצור זאת״.

בחזית האוקיינוס השקט יצא האויב, באביב 2016, להסתערות נועזת לאורך אלפי קילומטרים, במתקפה כוללת על שוניות האלמוגים הגדולות. תוך לא יותר מכמה חודשים, תופעות טבע קדומות כמו שונית המחסום הגדולה - שנוצרו עוד לפני היות הציוויליזציה האנושית ונראות אפילו מהחלל - כמשו והצטמקו כשלדים.

יום אחר יום, שבוע אחר שבוע, סוכני גיס חמישי מתפעלים בעורף עוד ועוד מתקפות מחוכמות. יריבינו כבר גרמו לשריפות ענק שהביאו לפינויה הכולל של עיר בת 90 אלף תושבים בקנדה, לבצורת קשה שפגעה ביבולים במידה שאילצה דרום־אפריקאים לאכול את מלאי זרעי התירס שלהם, ולמבול שאיים על האוספים היקרים מפז של מוזיאון הלובר בפריז. אפילו השימוש בנשק ביולוגי לא מרתיע את האויב, שזורע באמצעותו טרור פסיכולוגי: וירוס הזיקה, שהוטען כפצצות מצרר על טייסות הולכות ומתרבות של יתושים, כיווץ את ראשיהם של ילודים ברחבי דרום־אמריקה, ושלח את שרי הבריאות המבוהלים של שבע מדינות להפציר בנשים שלא להיכנס להיריון. וכמו בכל משבר, מיליוני פליטים נסים מזוועות המלחמה במספרים שרק הולכים וגדלים מדי יום, לאחר שנאלצו להשאיר את בתיהם מאחור ולהימלט מרעב, מחוסר־כל וממחלות. מלחמת העולם השלישית כבר בעיצומה, ואנחנו מפסידים.

לאורך שנים רבות בחרו מנהיגינו להתעלם מהאזהרות של טובי המדענים ובכירי האסטרטגים הצבאיים. ההתחממות הגלובלית, הזהירו המדענים, פתחה במערכה חשאית שתחריב חלקים גדולים של כדור הארץ, תעקור ממקומם תושבים ותהרוג מיליוני אזרחים תמימים. אבל במקום להקדיש תשומת לב לתחזיות ולנקוט את צעדי המנע המתבקשים, בחרנו לחזק את האויב בבעירה אינסופית; מיליארדי פיצוצים בקרביים של אינספור בוכנות תדלקו איום גלובלי שווה־ערך לאותן פטריות אטום שמהן התייראנו כל כך. פחמן ומתאן הם כיום האויב הרצחני בכל הזמנים, הכוח הראשון שבאמת ובתמים מסוגל לדלדל ולהחריב את הציוויליזציה.

רובנו מכירים ״מלחמה״ כמטאפורה: המלחמה בעוני, המלחמה בסמים, המלחמה בסרטן. בדרך כלל זוהי רק תחבולה רטורית, המבקשת לומר שעלינו ״למקד את תשומת הלב, לשנס מותניים, לתקן את הטעון תיקון״. אבל הפעם אין זו מטאפורה. לפי אמות המידה של מלחמות, שינוי אקלים הוא הדבר האמיתי: פחמן דו־חמצני ומתאן הולכים ומשתלטים על טריטוריה פיזית, זורעים אנדרלמוסיה ותבהלה, גורמים אבידות בנפש ואף מערערים את היציבות של ממשלות (רצף שיא של שנות בצורת תרם לערעור משטרו של האיש החזק בסוריה ותדלק תופעות כמו בוקו־חראם בניגריה). אין זה שהתחממות גלובלית

TAMA NA!
WAKASAN NA!
ang
MARTIAL LAW
S-DUTERTE,
A, WAKASAN
Health Alliance for Democracy

נסכם: שינוי אקלים הוא תחום שהמחקר בו צריך להימשך עשרות שנים, בדרך כלל בין שלושים לארבעים, כדי שנוכל להגיע למסקנות יציבות ומהימנות שיכללו את "זנבות ההתפלגות" הקיצוניים. האקלים הוא מכלול של נתונים רבים שדורשים איסוף ומחקר: טמפרטורה, רוח, לחות, משקעים, סוגי עננים ועוד. מכשירים רבים עוזרים לאדם לקבל תמונה מדויקת שלהם, ובהם מחשבי־על בעלי יכולת חישובית עצומה ולוויינים שמתמקצעים באיסוף תמונות אקלימיות, ועדיין נחוצה לנו עינו של האדם, שקולטת דקויות שחומקות מלוויינים וממכשירים אחרים.

העיר הצפופה תורמת רבות לשינוי האקלים ובעיקר להתחממות, וניכרים הבדלים ברורים בין אזורי כפר לבין אזורים עירוניים צפופים. בדקנו כיצד תהליכי העיור המודרניים משפיעים על האקלים ולמדנו ששינויי הטמפרטורה הם עניין מורכב שמושפע, למשל, מהרוח, שמושפעת מגורמים נוספים. אלה תהליכים סבוכים ולא ליניאריים, ולכן אינם פשוטים למחקר.

התמקדנו בדובאי, שבה נרשמו תהליכים קיצוניים של בנייה ופיתוח וגידול מהיר ואינטנסיבי. נמצא שב־15 השנים מאז 2001 עלתה הטמפרטורה בדובאי במעלה וחצי עד שתי מעלות, וזו עלייה אסטרונומית בטווח קצר כזה.

עוד למדנו על החלקיקים המצויים באוויר שאנו נושמים, ועל השפעת העיור על ריכוזי החלקיקים ועל חשיבות ההתייחסות למידע הזה בתהליכי התכנון העירוני בימינו.

אני מודה לך, פרופ' פנחס אלפרט, חוקר בחוג לגיאופיזיקה בבית הספר ללימודי הסביבה של אוניברסיטת תל־אביב, ומומחה לחקר האקלים, האטמוספירה, חיזוי מזג אוויר ושינויי אקלים.

גיל מרקוביץ', עורכת תוכן ושדרנית התוכנית היומית "המעבדה" והסכתים נוספים ב"כאן תרבות", מפתחת פורמטים להנגשת ידע אקדמי לציבור הרחב.

פרופ' פנחס אלפרט, חוקר ולשעבר ראש החוג לגיאופיזיקה וראש בית הספר ללימודי הסביבה ע"ש פורטר באוניברסיטת תל־אביב, הוא מפתחה של שיטת הדמיה אטמוספרית ממוחשבת המתוארת בספרו *Factor Separation in the Atmosphere: Applications and Future Prospects*, שראה אור בשנת 2011 בהוצאת אוניברסיטת קיימברידג', ומחברם של פרסומים מדעיים רבים. הוא ייסד את צומת נאס"א לתצפיות על כדור הארץ, ומנהל שותף של פרויקט נהר הירדן החוקר את בעיית המים באזור. ב־2006 פיתח שיטה חדשה לניטור גשם תוך שימוש בנתוני הרשת הסלולרית, שעל בסיסה הציע הפעלת רשת לאזהרה מוקדמת משיטפונות, שזכתה בפרס המדע הפופולרי לשנת 2009 ובפרס WIPO לשנת 2010.

מתוך הסכת (פודקאסט) "המעבדה" עם גיל מרקוביץ', המשודר ב"כאן תרבות".

כאן | תרבות

כלומר, קשה מאוד להצליח בחיזוי, לדעת איך לבנות נכון יותר. אגב, איזו קרינה מוחזרת על־ידי בניינים?
בניין מחזיר פחות קרינה לחלל מחול או מעץ, אבל זה תלוי בבניין. היום, בתכנון סביבתי יותר של בניינים, מנסים לבנות בצורה "ירוקה" וזה מצמצם במקצת את עליית הטמפרטורה. לכן התחום הזה, שמאפשר השפעה על שינוי האקלים, מתפתח.

אז בדובאי חם ולח יותר ויש פחות רוח, פחות בריזה מחייה נפשות.
כן, מאוד לא נעים שם.

האם ההתחממות המקומית הזאת משפיעה גם על המגמה הגלובלית? אפשר לסכם את כל ההתחממויות הנקודתיות בערים לכלל התחממות גלובלית?
בהתחממות גלובלית מדובר בשטחים אדירים - בעוד שבהתחממות לוקאלית מדובר בשטחים ממוקדים, קטנים יחסית, שההשפעות בהם בולטות וקיצוניות מאוד. זה תחום מחקר בפני עצמו: האקלים של העיר. התחממות גלובלית מקיפה גם אילוצים אקלימיים מסוגים שונים: שינוי בהרכב האטמוספירה, עליית הריכוזים של פחמן דו־חמצני - שלפני המהפכה התעשייתית חלקו באוויר נע בין 180 ל־280 חלקים למיליון, ובעידן המודרני אנחנו עומדים על יותר מ־400 חלקים למיליון. משמע שבאוויר שאת נושמת, בכל מיליון מולקולות של אוויר יש יותר מ־400 חלקיקים של פחמן דו־חמצני. אבות־אבותינו מעולם לא נשמו אוויר כזה. אם נלך עוד אחורה, לפני מיליון שנה, בכלל לא מוצאים ריכוזים כאלה: 180 חלקים למיליון זה נתון מתקופת הקרחונים, ו־280 חלקים למיליון זה נתון מהתקופות הכי חמות. היום עברנו את זה בהרבה.

האם יש קשר בין החלקיקים הרבים באוויר סביבנו לבין תהליכי העיור המאסיביים?
מעל כל עיר יש ענן גדול של חלקיקים, ומעל מרכזי הערים יש ריכוז חלקיקים מקסימלי (ככל שמתרחקים מהעיר, ריכוז החלקיקים יורד). בדקנו גם מהם סוגי החלקיקים מעל מאתיים הערים הכי גדולות בעולם, ומה המגמות של ריכוזי החלקיקים ב־15 השנים האחרונות. גילינו שבאזורים מסוימים ענן החלקיקים נעשה יותר ויותר סמיך, וזה כולל ערים בסין ובהודו ועוד ערים במזרח התיכון ובאפריקה. לעומת זאת יש אזורים, מעל ערים גדולות בעולם, שענן החלקיקים ב־15 השנים האחרונות נמצא במגמת ירידה.

מעודד, לא?
זה מעודד, אבל מדובר במעט ערים באירופה ובארצות-הברית.

במקומות שתמכו בהסכם פריז?
ערים במדינות שבהן ננקטו צעדים להפחתת הזיהום. לונדון היא דוגמא לעיר שבה הזיהום הגיע לערכים גבוהים מאוד דווקא בשנות ה־50 ומספר האנשים שמתו כתוצאה מזיהום היה משמעותי, וכבר אז ננקטו צעדים דרסטיים להפחתת הזיהום. בכל אירופה כמעט רואים את הענן הזה מעל הערים הולך וקטן.

במדינות המתפתחות עכשיו המגמה הפוכה?
כן. סידרנו את כל מאתיים הערים הגדולות בסדר יורד של מגמות: את המזהמות ביותר, ובעצם המזדהמות ביותר, שבהן נרשמה מגמת העלייה החזקה ביותר. לדוגמא, העיר המתפתחת בנגלור, שקרויה "עיר הגנים" של הודו, התגלתה כשנייה או השלישית ברשימה.

מתי הגיעה הבנייה הזאת לשיא?

בעיות תקציב גרמו ב־2008 לעצירה זמנית של עבודות ההקמה באי שנקרא "העולם", שבנייתו חודשה ב־2013. אבל הוקמו איים נוספים בקצב בנייה מדהים. כל אי כזה - ששטחו כמה קילומטרים רבועים - הוקם תוך שלוש-ארבע שנים. סך הכל מדובר בכעשרים קמ"ר בנויים לגמרי, שנתוני האלבדו בהם הפוכים ממש מאלה של היבשה.

כלומר?

בים ערכי האלבדו נמוכים מאוד משום שכל הקרינה נבלעת בעומק המים, וברגע שבונים שם אי - הנתונים עולים לעשרה עד עשרים אחוזים.

אז יש לזה השפעה חיובית על פוטנציאל ההתחממות.

באזור האיים, אמנם, יותר קרינת שמש מוחזרת לחלל - אבל זה שטח קטן מאוד שאין לו השפעה משמעותית על ההתחממות הגלובלית. עם זאת, השינוי שם משפיע במידה רבה על האקלים הלוקאלי, כי הוא מחולל שינויי טמפרטורה, לחות ורוחות גם ביבשה וגם בים. אני די בטוח שהם לא ידעו מה הם עשו שם ולאן כל זה הולך מבחינת ההשפעה על האקלים של דובאי. האמת, אולי זה גם לא עניין אותם במיוחד משום שהכל שם ממוזג. אבל כל מי שאין לו יכולת לחיות במיזוג סובל שם הרבה יותר, כי הבנייה שינתה את האקלים לרעה מחוץ למבנים הממוזגים.

אלה לא פרויקטים שנהוג לשתף בתכנון שלהם חוקרי אקלים, שמבינים משהו בתכנון עירוני לטווח ארוך, תכנון שמביא בחשבון גם את האקלים?

זה בוודאי כך במדינות המפותחות, ואני מניח שגם בדובאי קיבלו דו"חות אקלימיים. אבל אלה היו הערכות - בזמן שאנחנו חקרנו את השינויים הממשיים שהתרחשו באותן 15 שנים, ואלה היו שינויים עצומים! עליית טמפרטורה של מעלה וחצי או שתיים תוך 15 שנה - היא שינוי מטורף. רק כדי להמחיש: בהתחממות הגלובלית מדובר בעלייה של מעלה אחת במאה שנים, ופה מדובר במעלה וחצי או שתיים ב־15 שנים, כלומר: פי שלושים או ארבעים יותר מקצב ההתחממות הגלובלית.

זה משוגע! האיים האלה משמשים למגורים או לתיירות?

לא בדקנו מי גר שם, אבל הפעילות שם עצומה. אוכלוסיית דובאי עצמה קטנה מאוד, אבל מספר האנשים שמבקרים ועובדים בה גדול פי כמה וכמה. בפועל חיים שם מיליונים שאינם רשומים בנתוני האוכלוסין.

השתמשתם גם בכלים כמו Google Earth, וזה הפתיע אותי כי לא שיערתי שהכלי הזה מדויק ומהימן דיו כדי לשמש במחקר אקדמי. הכלי הזה גם נראה לי כדרך טובה לעקוף מכשולים מדיניים, או את הצורך ביחסים עם עמית מחקר בדובאי.

כן, אנחנו קוראים לו "פרופסור Google", ולפעמים "הרב Google", כי הוא נותן תשובות מדעיות והלכתיות בצורה אמינה למדי. הידע שמצטבר בו עצום והיכולת לדלות ממנו אינפורמציה מיידית מרשימה ביותר.

כשחתמתם את המאמר ב־2014 עם נתוני העלייה משמעותית בטמפרטורה - הסתפקתם בנתוני התצפיות ובתמונת המצב, או שהוספתם גם הצעות לשיפור, או לבנייה חכמה יותר?

תראי, אני מתעניין מאוד בהשפעת האדם על האקלים, ולכן רציתי לתאר היטב את מה שהאדם גרם בבלי דעת. ברגע שרואים את הדברים בפועל - ההשפעות מורכבות מאוד. רואים שגם ההערכות שנעשו מראש לא נתנו מספרים מדויקים, כי שינוי הטמפרטורה בים וביבשה משפיע על הרוח, והרוח שנוצרת משפיעה בתורה על הטמפרטורה ועל הלחות.

וחוץ ממשימה זו הוא משמש אתכם גם להתבוננות בדובאי?

נכון. במחקר שפרסמנו ב־2016 עקבנו אחרי הבנייה ביד אדם ושאר מעשי האדם, כולל בניית האיים המלאכותיים בדובאי: שני איים בשטח חמישה קמ"ר, ואי נוסף בשם "העולם". האי הקטן הזה – שצורתו צורת כדור הארץ והיבשות שעליו – נראה מהלוויין, מה שמאפשר לנו לחקור את השפעתו על האקלים. נוסף על האיים יש גם בנייה אורבנית מאסיבית על קו החוף, ברצועה של 15 עד עשרים ק"מ שהשתנתה באופן דרמטי בשנים האחרונות: פארקים, בניינים, כבישים, תעשייה. הלוויין מאפשר לנו לראות איך כל הפעילות האנושית האינטנסיבית הזאת השפיעה על האקלים בסביבה.

גורדי שחקים בדובאי

אבל דובאי היא מקרה חריג. אני לא יודעת אם יש הרבה מקומות אחרים שמתפתחים במהירות כזאת.

המספרים מראים שאין דומה לדובאי ב־14 השנים האחרונות. הלוויין נותן לנו נתוני טמפרטורה וגם נתוני אלבדו.

מה זה אלבדו?

אלבדו זה שיעור ההחזרה של קרינת השמש. קרינת השמש מגיעה לכדור הארץ ופוגשת, נניח, במדבר. המדבר בהיר, ולכן יש בו שיעור החזרה גבוה: שלושים אחוז מהקרינה מוחזר מיד לחלל. אבל אם משנים את פני השטח, ובמקום חול שותלים דקלים או פארקים, גם האלבדו משתנה, ובמקום שלושים אחוז הוא ירד לעשרה או אפילו חמישה אחוזים.

כלומר, תשעים אחוז מהאנרגיה יישארו.

בדיוק. תשעים אחוז מאנרגיית השמש נשארים במקום, וזה מסביר את הטמפרטורות הגבוהות. מהלוויין אספנו נתוני טמפרטורה ואלבדו, והוספנו נתוני רוח ולחות שנאספו ממקורות אחרים, והשווינו בין נתוני התחנות המטאורולוגיות הבודדות באזור דובאי.

מה הרוח מלמדת אותנו?

הרוח חשובה מאוד לאדם. רוב האנשים בעולם – יותר מחמישים אחוז, ובאזור הים התיכון אפילו יותר מזה – חיים ליד מים. למה? בגלל הרוח שנקראת "בריזה", שמחייה את הנפש באזורים האלה, והיא נגרמת מהפרשי הטמפרטורה הגדולים בין הים ליבשה. היבשה מתחממת מאוד בשעות היום בעוד שטמפרטורת הים כמעט לא משתנה, כי הקרינה חודרת לעומק המים. בתל־אביב, לדוגמא, בקיץ, בחוף יש יותר משלושים מעלות בזמן שחום המים, לפחות בתחילת הקיץ, מגיע ל־25 או 27 מעלות. רק בסוף הקיץ המים מגיעים לכמעט שלושים מעלות. הבדל הטמפרטורות הזה מייצר רוח כתוצאה מהפרשים בלחצי האוויר: באזור החם האוויר עולה למעלה ובאזור הקריר יותר האוויר יורד, אז נוצרת זרימה, ולזרימה הזאת קוראים בריזה, והיא ממש מצילה את תל־אביב בשעות החום.

מסיבה זו חשוב לאסוף נתונים גם על הרוח...

מאחר שאלה לא סופקו על־ידי הלוויין, אספנו את נתוני הרוח מארבע תחנות וניתחנו את מה שקרה לאקלים של דובאי בשנים שנסקרו, החל בראשית הבנייה בשנת 2001.

גזים שונים, כמו שריפת דלק, שחרור פחמן דו־חמצני וכך הלאה. יש, כמובן, גם שינויים טבעיים - אבל איך אפשר לחקור אותם במצב שבו האקלים כבר אינו טבעי? דרך אחת היא לחזור אחורה לתקופות קודמות, ולבדוק מה היו הטמפרטורות אז. זו דרך אחת.

צריך לחזור לתקופות שלפני התיעוש הקיצוני, אבל אז לא ידעו למדוד נתונים כמו היום.

נכון, אבל יש שיטות מדידה אחרות - למשל הסתכלות בבועות אוויר, שנלכדו לפני מאות ואלפי שנים.

יש דבר כזה?

כן, בקידוחי קרח בקטבים אפשר לזהות מתי בדיוק נכלאו בועות אוויר קדמוניות, לפני מאות ואפילו מיליוני שנים.

זה נשמע כמו מדע בדיוני. איך יודעים לזהות שזה מלפני מיליוני שנים?

יש שיטות כמו איזוטופים שמזהים כמה זמן עבר מאז שהאוויר נלכד, ויודעים לחשב את ריכוזי המזהמים, את הטמפרטורה, אפילו את כמות הגשם. אפשר גם לחקור טבעות של עצים עתיקים ש"רושמות" את מזג האוויר. יש גם שיטות תיאורטיות של מודלים ומשוואות אקלים. כך מתקבל אקלים נקי מהפרעות אנתרופוגניות, לפני בוא האדם.

האדם המתועש.

כן. החל ב־1850, ראשית המהפכה התעשייתית, התחוללו שינויים דרמטיים. המודלים מאפשרים לנו לשחזר את אקלים העבר, מה שעוזר לנו להבין גורמים אחרים שהשפיעו על שינויי האקלים - למשל קרינת השמש, המרחק של השמש מכדור הארץ, או פעילות וולקנית. כל אלה משפיעים על האקלים בצורה טבעית יותר.

ומה המגמה העיקרית בשינויי האקלים בשנים האחרונות, שעליה יכולים חוקרי האקלים להצביע? מדברים המון על "התחממות גלובלית". האם זו באמת המגמה, או שזו פשוט סיסמה פופולרית?

ההתחממות היא תופעה כלל־עולמית. אמנם היא לא מתרחשת בצורה אחידה בכל מקום - יש מקומות שמתחממים יותר, ויש מקומות שאפילו מתקררים - אבל הממוצעים מראים שכל כדור הארץ מתחמם. יש גם השפעה על הגשם.

פחות גשם?

לא, דווקא יותר גשם, רק שאנחנו חיים באזור שיש בו מעט גשם, והעניים הרי נהיים עניים יותר כשהעשיריים נהיים עשירים יותר. ברוב כדור הארץ יש יותר גשם. חוץ מהשינוי הגלובלי, יש גם שינויים אזוריים - למשל השינוי שהוזכר קודם, ההולך וגובר, באזורים אורבניים, וגם מיעוט הגשם באגן הים התיכון.

כדי להבין את הקשרים האלה בין תהליכי עיור להתחממות, נתמקד במקרה בוחן, המקרה של דובאי. למה דווקא עיר זו רלוונטית לעניין?

זה התחיל בתרגיל שנתתי באחד הקורסים שלי באוניברסיטה, ושני סטודנטים פיתחו אותו לעבודת מחקר: הסתכלנו בעזרת לוויין של NASA על פני כדור הארץ, וניתחנו את השפעות הפיתוח המהיר ביותר בעולם שהתרחש בדובאי. זה מקרה בוחן מצוין, כי נעשה שם פיתוח חסר תקדים מאז 2001, מה שגם תאם את ההעלאה לאוויר של הלוויין המסוים שהחל לפעול בשנת 2000. הלוויין "מודיס" (MODIS) נשלח לחקור חלקיקים באוויר, שקודם לכן לא נמדדו באופן סדיר, ולעקוב אחר ענני אבק גדולים, שנראים בעין רק במקרים קיצוניים.

נראה לי שעכשיו אפשר להתחיל לדבר על שינויי אקלים, כי אנחנו כבר מצוידים במספיק הגדרות ורקע. על מה מדובר כשאנחנו אומרים "שינוי אקלים", או כששמים לב שמשהו שלא קרה שלושים שנה מופיע פתאום?

תראי, תופעות של שינוי באקלים נגרמות, ובתקופה האחרונה במידה רבה, על־ידי האדם. קוראים לזה שינויי אקלים אנתרופוגניים, שנגרמים על־ידי האדם. חלקם מכוונים: האדם משנה את האקלים בכוונה. למשל, באולפן שבו אנחנו יושבים עכשיו יש שינוי אקלים.

נכון, קפוא פה!

לי הטמפרטורות פה נעימות: עשרים וכמה מעלות לעומת השלושים שבחוץ. בפנים יבש ובחוץ לח. אז יש פה שינוי אקלים בתוך תיבה שגודלה, נאמר, חמישה על שלושה מטרים, קופסה שנקראת חדר הקלטה, או חדר שידור. זהו שינוי אקלים מכוון, משום שבחוץ לא נוכל לשבת ולדבר ככה בנחת. יש גם שינויי אקלים מכוונים מסוגים אחרים, למשל זריעת עננים - כשרוצים להגביר את הגשם, מוסיפים לעננים חלקיקים קטנטנים שמעבים סביבם טיפות - או שינויי אקלים מסוג פארקים. בפארק מרגישים את השינוי: נכנסים לגינה, יש לנו צל, יש טמפרטורות נמוכות יותר, האקלים הרבה יותר נעים. עוד שינוי אקלים מהסוג הזה הוא הקמת אגם במדבר.

איפה עושים את זה?

יש בכל מיני מקומות, גם בארץ, ויש בלוב. קדאפי הנודע לשמצה - אחד הדברים הגדולים שהוא עשה זה אגם גדול וסביבו פארקים, ששינה את האקלים באזור. ויש שינויי אקלים לא מכוונים, שהאדם עושה אבל לא מתוך כוונה לשנות את האקלים.

אלא, מעין תוצר לוואי?

נכון. הדוגמא הכי בולטת שאני חוקר בשנים האחרונות, היא מה שקורה בערים גדולות - ונדבר על דובאי, שהיא דוגמא קלאסית שחקרנו בצורה נרחבת. בדובאי עומד הבניין הכי גבוה בעולם. שליטי דובאי תכננו שם הכל - לא רק בניינים אלא גם פארקים, וכל אלה שינו את האקלים בצורה דרמטית. זה שינוי אקלים בלתי מכוון בדרך כלל, כי המחקר מראה שבעיר האקלים רק נעשה גרוע יותר. או באופן כללי, מה שנקרא "אי החום האורבני" - Urban Heat Island. על זה לא חשבו כשבנו ערים גדולות: אזור העיר נעשה חם יותר.

כתוצאה ממה?

כתוצאה מפעילות תעשייתית, אבל בעיקר בגלל מזגנים. פה נעים לנו, אבל זה על חשבון החוץ שנעשה חם יותר. תנועת הרכבים גם היא פולטת חום, וגם שינוי פני השטח, שנעשה כהה יותר ואז קולט יותר קרינת שמש. במרכז הערים הגדולות, הטמפרטורות גבוהות בשתיים עד שלוש מעלות, ולפעמים אפילו בחמש עד שש מעלות, משאר הסביבה.

חמש עד שש מעלות זה המון. זה ממש שינוי משמעותי.

זה שינוי משמעותי מאוד בהשוואה לסביבה שלא נפגעה על־ידי האדם.

פנחס, אבל איך יודעים להבחין בין שינויי אקלים שבאמת נובעים ממה שתיארת עכשיו - ממעשי האדם, לפעמים במכוון ולפעמים לא - לבין שינויי אקלים טבעיים, שהיו קורים גם אם היינו נשארים אוכלוסייה בגודל הגיוני, שכדור הארץ מסוגל להכיל ולהתמודד איתה? והאם יש משמעות למלה "טבעי" בהקשר הזה? ואולי המלה "טבעי" כבר לא רלוונטית, כי בגדול - האדם הוא חלק מסדר טבעי כלשהו.

האמת היא שבכל הנוגע להתחממות כדור הארץ, אין לי ספק - ועל הסקפטים עוד נדבר - שהאדם שינה את האקלים הגלובלי. בערים הגדולות יש שינויים הרבה יותר דרמטיים מבשאר אזורי העולם - אמנם גם שם יש שינויים, כי השינוי נובע מגורמים נוספים. האדם שינה את האקלים הגלובלי על־ידי הזרקה של

1960 עד 1990. עכשיו עוברים לטווח שבין 1970 עד 2000, והשלב הבא יהיה מ־1980 עד 2010. נדרשות כמה שנים לעבד את כל הנתונים ולהזין אותם למחשבים הגדולים, כך שהיום אנחנו עדיין מעבדים את הנתונים של 1970 עד 2010 כדי להגדיר את האקלים הנוכחי. אבל אנחנו מריצים גם מודלים שמשליכים אל העתיד.

ואלה מחקרי הביניים, שבין לבין מאפשרים להעמיד מודלים שכדאי לחקור לפיהם או לחזות לפיהם?
נכון, אלה מודלים מסוג אחד. יש מודלים אקלימיים, ויש מודלים לחיזוי מזג אוויר, ויש מודלים לטווחי ביניים - מודלים עונתיים, שמתייחסים לשאלה מה תהיה התחזית, למשל, בחורף הקרוב. כל אחד משלושת התחומים האלה - חיזוי מזג אוויר, חיזוי אקלים וחיזוי עונתי - נחקר על־ידי קבוצות חוקרים אחרות. הקבוצה הגדולה היא זו שעוסקת בחיזוי מזג אוויר ובחקר מזג אוויר, וכאן לעתים לא צריך לחכות שלושים שנה. לוקחים אירוע חריג של מזג אוויר, למשל שרב כבד או יובש קיצוני שהיה, ומנסים להבין מה גרם לזה באמצעות ניתוח של נתונים רבים. בחיזוי אקלימי, לעומת זאת, עוסקים למשל בשאלה מה יקרה במאה ה־21. לאן אנחנו הולכים? האם יהיו יותר שיטפונות? האם יהיה חם יותר? וכבר אנחנו רואים שכן.

אני רוצה להזכיר את כלי התצפית - למשל אותן סוכות שהזכרת.
הנתונים שנאספים בסוכות הם הבסיס של כל התצפיות. פעם זה היה מתבצע על־ידי צופה, שהיה יוצא כל שעה או כל שלוש שעות ואוסף את הנתונים. עדיין יש תחנות רבות כאלה ברשת של WMO, אבל יותר ויותר תחנות היום הן אוטומטיות. עדיין, יש נתונים שקשה מאוד לאסוף ממכשירים, או שזה יקר מאוד - למשל ראות לקויה. צופה מסתכל בכיוונים שונים ואומר מה הראות. אפשר לעשות את זה עם לייזר, אבל זה לא אקוויוולנטי, כי הלייזר מספק בדרך כלל מרחק ראות בטווח קצר יחסית. וזה גם יקר מאוד, ולכן לא מופיע כתקן.

זו דוגמא למצב שבו האדם נחוץ עדיין ועדיף על פני המכונה.
האדם נחוץ עדיין. גם במצב של עננות - יש מכשירים שמודדים עננות, אבל הם לא יכולים לתת לנו בקלות תמונה של כל הרקיע. אז עד היום אנחנו נעזרים באדם. מדובר על כמאה־אלף תחנות שבהן יש עדיין צופים שיוצאים החוצה למדוד. גם בארץ יש כמה עשרות תחנות כאלה, בייחוד בחיל האוויר. בכל שדה משתמשים גם בתצפיות על־ידי אדם וגם במכשירים אוטומטיים.

ויש מכשיר תצפית חשוב מאוד שטרם צוין, והוא כבר פועל בשכבה אחרת לגמרי: הלוויין.
נכון מאוד. הלוויין הוכנס לתצפיות סדירות של מזג אוויר בסוף שנות ה־70. הלוויין הראשון פעל כבר בסוף שנות ה־50, אבל הוא לא סיפק מדידות סדירות. המדידות הסדירות מלוויני מזג אוויר החלו ב־1979.

אלה לוויינים ייעודיים?
כן, לוויינים מיוחדים למדידת מזג אוויר, שמשוגרים במיוחד לצורך זה. לכל לוויין יש משתנים שהוא מתמחה בהם: יש לוויינים שמודדים עננות, יש שמודדים טמפרטורות, יש לוויין שמתמקד באבק, ויש כאלה שבוחנים סוגים שונים של אבק וזיהום אוויר, או מודדים רוח, או חוקרים עננים. כפי שאמרתי - הלוויין יעיל בהתחקות אחר עננים, כי מתקבלת תמונה יפה מאוד של העננות. רואים את זה בתמונות לוויין, וזה פשוט מדהים לראות.

הזכרת עוד שחקנית חשובה בתחום האקלים: האטמוספירה.
גובהה של האטמוספירה מגיע למאות קילומטרים - אבל מזג האוויר והאקלים, שעליהם אנחנו מדברים, מוגבלים בערך לעשרה עד 15 קילומטרים. בטיסות טרנס־אטלנטיות, והיום אפילו בטיסות לאירופה, המטוסים כבר עולים מעל לגובה של מזג האוויר. באזורנו, הגובה הזה הוא בסביבות עשרה קילומטרים, כך שאנחנו רואים את העננים מתחתינו.

התחממות כדור הארץ. כלומר, אקלים זה מקבץ של מזגי האוויר, של הנתונים שנאספים יום־יום, שעה־שעה, בכל רגע; זה המכלול של כל אלה. בהסכמים בינלאומיים, אקלים מוגדר על פי שלושים שנות נתונים מינימום, כלומר: שלושים שנות נתונים מאפשרות לי להגדיר אקלים מהו. היום הנטייה היא להרחיב את זה מעבר לשלושים שנה, לכיוון ארבעים או חמישים שנים.

למה? כדי לתפוס תהליכים ארוכי טווח ומשמעותיים יותר?

בדיוק. למשל ערכי קיצון - יש ערכי קיצון נדירים מאוד, למשל הצפה מוחלטת של נחל איילון. מבחינה אקלימית־סטטיסטית, דבר כזה קורה אחת לעשרים או שלושים שנים; אבל פתאום זה קורה פעמיים בשנה, או שזה לא קורה בכלל, ואז צריך לחכות עוד שלושים או ארבעים שנה. אם מסתמכים על שלושים שנה מפספסים את הערכים הקיצוניים, הזנבות הנדירים - אבל זה חלק מהאקלים. לכן, בייחוד היום, עם התחממות כדור הארץ, אנחנו רוצים לתפוס גם זנבות, מה שנקרא "זנב ההתפלגות", זאת אומרת: ערכים קיצוניים שמופיעים באורח נדיר.

הצפה בנתיבי איילון, תל־אביב, 1992

ויש יותר סיכוי לתפוס אותם במסגרת של ארבעים שנה?

בדיוק, יפה. זה ההקשר שבו רואים איך הזנבות הנדירים האלה מתחילים להיות שכיחים יותר.

אז מהם הגורמים שמשפיעים על האקלים ושאותם ארצה למדוד?

אלה אותם גורמים שמשפיעים גם על מזג האוויר: נמדוד טמפרטורה, רוח, לחץ. הלחות חשובה מאוד.

אז יש הרבה מאוד גורמים שמשפיעים על האקלים ונרצה למדוד אותם. ועכשיו, באילו כלים נשתמש כדי לחקור את האקלים? איך מודדים את כל הפרמטרים האלה?

יש סדרה של מכשירים שהוגדרו על־ידי הארגון המטאורולוגי הבינלאומי (WMO, Meteorological World Organization), שקבע כללים. חשוב מאוד לקבוע כללים כאלה, כי אם במקום אחד ימדדו במכשיר אחד ובארץ אחרת ימדדו במכשירים אחרים - לא נוכל לשרטט מפות בעלות משמעות אחידה. הכללים מגדירים בצורה מדויקת את דיוק המכשיר, את הגובה הנמדד (שני מטרים) וכו'. יש סוכה מטאורולוגית שבה מוחזקים כל המכשירים האלה - תרמומטר שמודד טמפרטורה, מד־לחות וכו'. באזור תל־אביב, למשל, יש לנו עשרים או שלושים סוכות מטאורולוגיות כאלה. חלק הארי של התחנות מופעל על־ידי השירות המטאורולוגי, וכמה מהן על־ידי אחרים - חברת החשמל, למשל, והמשרד להגנת הסביבה - גופים שונים שמעוניינים בנתונים האלה. הנתונים מוזרמים למרכזים, ובארץ המרכז הוא השירות המטאורולוגי בבית־דגן. מהמרכזים הארציים המידע מוזרם למרכז אזורי, נאמר ברומא, שבה יושב המרכז של אזור הים התיכון, ומשם - למרכז גדול יותר, כמו אופנבך שבגרמניה, שמרכז את כל הנתונים מאירופה ומאפריקה. וככה יש מרכזים אחרים, בארצות־הברית, למשל, ומהמרכזים הגדולים האלה גם אוספים את הנתונים לתוך "התנור" - מחשבי ענק שמעבדים את מיליוני הנתונים שזורמים מדי שעה.

אמרת שצריך את הטווח הזה, של שלושים שנה ויותר, כדי לחקור את האקלים ולתת תשובה מהימנה כלשהי לגביו; אז אני שואלת את עצמי איך חוקרים בכזה מצב? מפרסמים מאמר כל שלושים שנה? זה הרי לא הגיוני, זו כמעט קריירה שלמה.

תראי, יש מחקרים מסוגים שונים. התקופה שעליה פרסמו הרבה מאוד מחקרים בשנים האחרונות היתה

רוחות של שינוי

גיל מרקוביץ׳ משוחחת עם פרופ׳ פנחס אלפרט

אנחנו ב״מעבדה״ – תוכנית רדיו שבה נצא למסע בעקבות שאלה. מכיוון שכל שאלה היא עולם ומלואו וכל שאלה משרשרת שאלות המשך נוספות, נייחד כמה פרקים לכל מסע. חוקרות וחוקרים ישבו אתי, גיל מרקוביץ׳, באולפן, ויחד נצעד בדרך המחקרית – מרגע הניצוץ והבעת העניין אל רגעי הבלבול וריבוי השאלות, עד למה שאולי, בסופו של דבר, נוכל להגדירו כתשובה. הפעם אני יוצאת למסע עם פרופ׳ פנחס אלפרט, חוקר בחוג לגיאופיזיקה בבית הספר ללימודי הסביבה בפקולטה למדעים מדויקים, אוניברסיטת תל־אביב. פרופ׳ אלפרט הוא מומחה לחקר האקלים, האטמוספירה, חיזוי מזג אוויר ושינויי אקלים, זוכה מדליית ביירקנס (Bjerknes) לשנת 2018 על מחקריו המובילים בתחום האטמוספירה והאקלים.

שלום פנחס. אני שמחה מאוד לשוחח אתך, ראשית כי זה תחום שמעניין אותי אישית, ושנית משום שיש שטחים רבים כל כך לצלול אליהם בתחום המאוד פופולרי הזה. בשנים האחרונות שינויי אקלים לא יורדים מהכותרות והדעות לגביהם נעות לכאן ולכאן, ואולי הגיע הזמן שנבין את זה לעומק.
אשמח להסביר.

מצוין. אז רגע לפני שנצלול לחומר, ארצה להבין מה צריך ללמוד כדי לחקור אקלים.
יש כמה מסלולים: האחד הומני יותר, שבו לומדים את הצד הפחות משוואתי ויותר תיאורי, וזה נעשה בדרך כלל במחלקות לגיאוגרפיה. החוג שלי עוסק בצד השני, הנוטה יותר למדעים מדויקים, שבו נחוץ רקע חזק בפיזיקה, מתמטיקה ומדעי המחשב.

ספר לי גם על הכלים השכיחים בחקר האקלים. אני מניחה שאלה כלים מתחום המדעים המדויקים, שמשמשים באיסוף נתונים וארגונם באיזו משוואה או סדר לוגי, ועוזרים להגיע לתשובות.
בהחלט. באגף ה״מדויק״ יותר של מדעי האטמוספירה, עוסקים במשוואות של שימור: שימור אנרגיה באטמוספירה, שימור תנועה (רוח), שימור חום, שימור מאסה וכך הלאה. אלה המשוואות הבסיסיות, והן לא פשוטות, כלומר: כל משוואה כזו כוללת סביב עשרה עד עשרים איברים, ונגזרות, ואינטגרלים. זה הבסיס שאיתו אני מתחיל במבוא למטאורולוגיה.

אז ננסה להבין מה זה אקלים. נראה איך חוקרים את המושג הענק הזה עם כל המשתנים המרובים שבו, ואיך מפרידים ביניהם. אחר כך ניקח מקרי בוחן ונראה מה קורה במקומות שונים בעולם, בעזרת הידע שצברנו על חקר האקלים. בדרך כלל, כשמדברים על אקלים אנחנו חושבים על מזג אוויר, אבל בעצם שני הדברים האלה אינם אותו דבר. אז אולי נתחיל מההבחנה בין הדברים.
את ההבחנה הזאת, אני חושב, לא בדיוק מכירים, וחשוב להסביר אותה בצורה מדויקת. מזג אוויר הוא מה שקורה ברגע זה או בשעות הקרובות: מאיפה הרוח נושבת, מה הטמפרטורה וכך הלאה. אקלים, לעומת זאת, זה מקבץ ארוך־טווח שמייצג את מה שבלשון מתמטית או סטטיסטית קוראים לו הממוצעים. אבל בעצם זה לא רק הממוצעים אלא גם ערכי הקיצון, שגם הם חלק חשוב מהאקלים, בייחוד כשמדובר על

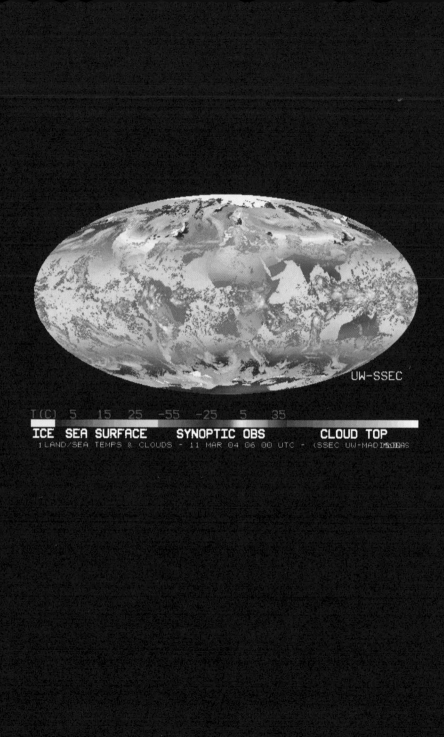

UW-SSEC

T(C) 5   15   25   -55   -25   5   35

ICE SEA SURFACE   SYNOPTIC OBS   CLOUD TOP
1 LAND/SEA TEMPS & CLOUDS - 11 MAR 04 06:00 UTC - (SSEC UW-MADISON)

תצלום לוויין של עננות על פני כדור הארץ, 11.3.2004
בשעה 06:00

המספר הגדול של הנתונים בממד המרחבי והעִתי והגישות המחקריות המגוונות להשגת נתונים, מדגישים את מורכבות הסינתיזה של נתוני אקלים עבר. במקרים רבים, תוצאת התכלול והסינתיזה של כלל הנתונים מובילה למסקנות מנוגדות. האתגר בימים אלה הוא פיתוח מסגרות מתאימות המשלבות תיאוריות, טכניקות לעיבוד רב־נתונים, שילוב של נתונים פליאו־אקלימיים ומודלים אקלימיים גלובליים, שבעזרתם נוכל להסביר ולכמת היטב שינויי אקלים בעבר ובעתיד.

ד״ר רבקה אמית – ראש האגף לגיאולוגיה הנדסית וסיכונים גיאולוגיים במכון הגיאולוגי (2009–2004) ומנהלת המכון הגיאולוגי לישראל (2019–2014) - חוקרת גיאולוגיה רבעונית, גיאומורפולוגיה, פליאו־אקלים, פליאו־סיסמולוגיה ופדולוגיה. עמיתת החברה הגיאולוגית האמריקאית, וזוכת פרס לחקר המדבר ע״ש פארוק אלבז (החברה הגיאולוגית האמריקאית, 2009) ופרס החברה הגיאולוגית הישראלית (2009).

פרופ׳ יהודה אנזל – ראש תחום מדעי הסביבה בפקולטה למדעי הטבע (2011–2006) וראש המכון למדעי כדור הארץ באוניברסיטה העברית, ירושלים (2019–2015) - חוקר גיאולוגיה רבעונית, גיאומורפולוגיה, פליאו־אקלים, פליאו־הידרולוגיה, הידרולוגיה ושינויי אקלים. עמית החברה הגיאולוגית האמריקאית, וזוכה פרס לחקר המדבר (החברה הגיאולוגית האמריקאית, 2005), פרס החברה הגיאולוגית הישראלית (2009), ואות הצטיינות בגיאולוגיה ע״ש פרופ׳ פיקרד (2013).

אלמוגים, נטיפים וזקיפים, מאובנים, טבעות עצים, קרקעות וקרקעות קבורות. איגוד כל העדויות הללו לכלל תמונה אחת המייצגת תקופות אקלים בעבר ושינויי אקלים, הוא אתגר גדול בתחום הגיאולוגיה. מחקר ופיתוח של שיטות מעבדה, שיטות תיארוך, מודלים ושיטות איסוף נתונים בשדה, מאפשרים לגיאולוגים להראות כיצד השתנה האקלים בעבר.

עדויות גיאולוגיות מראות שבמהלך ההיסטוריה הגיאולוגית של כדור הארץ, מלפני כ־542 מיליון שנים ועד להווה, אירעו שינויים גלובליים סביבתיים שגרמו להתקררות ולהתחממות של כדור הארץ. בטווח זמן של בין מיליון למאה מיליון שנים, גורמים פליאו־גיאוגרפיים (כגון תזוזת יבשות, תנועת קרחונים, שינוי בעוצמה של קרינת השמש כתוצאה משינויים במסלול כדור הארץ סביבה, שינוי בזווית ציר הסיבוב של כדור הארץ ושינויי מפלס פני הים) השפיעו רבות על שינויי הטמפרטורה וגרמו למעברים בין תקופות קרחוניות לתקופות בין־קרחוניות.

גלעינים שנקדחו בגרינלנד ובאנטארקטיקה מספקים מידע על הטמפרטורות בקטבים ועל הרכב האטמוספירה בתקופות שונות (לפני 120 אלף שנה עד 800 אלף שנה), בהסתמך על הרכבי גז, יחסי איזוטופים, פולן ואבק שנלכדו בשכבות הקרח. מודלים מצביעים על כך שפחמן דו־חמצני גורם לשינויים בסירקולציה האטמוספרית, ועל סמך ריכוזיו אפשר להסביר את הסיבות לפאזות בין־קרחוניות או לאקלים חם. תנודות בנפח כיפות הקרח בסולם זמן של אלף עד מאה אלף שנים, נמצאות בקורלציה עם השינוי בזווית ציר סיבוב כדור הארץ סביב השמש ושינוי זווית ציר הסיבוב, שגורמים לשינויים בטמפרטורות ולקירור או חימום של כדור הארץ.

גלעינים שנקדחו באוקיינוסים מרמזים על עליית מים קרים ממעמקי הים אל פניו (upwelling), מי עומק המכילים שכבות של מיקרו־מאובנים. זרמים אלה של מים קרים מונעים לרוב על־ידי רוחות, כך שהם מעידים גם על התעצמות משטר הרוחות ועל דגמי מזג האוויר. אנליזות כימיות ואיזוטופיות של שלדים גירניים של מיקרואורגניזמים ימיים (פורמניפרים ואוסטרקודים), שנמצאו קבורים בסדימנטים אגמיים וימיים, מעידים על טמפרטורת האוקיינוסים, והרכב השלדים מעיד על כימיית מי הים בזמן היווצרות השלד.

חתכי אבק בגלעינים יבשתיים וימיים מעידים על תנאי אקלים, זרמים, עוצמת רוחות, נתיבי רוחות ומקורות אבק. אפיון של פליאו־אבק (לס) מאפשר להעריך את כיווני הרוח, עוצמתה ומסלולה. סדימנט סילטי/חולי (לס) ממקור אאולי מכסה כ־2.5 מיליון קמ"ר מאירופה, אסיה, וצפון־אמריקה. חתכי לס עבים אלה נוצרו כתוצאה משחיקת סלעים על־ידי קרחונים. באזורי מדבר, הלס נוצר כתוצאה מרוחות עזות שנושבות ומסיעות שדות של דיונות חול, סילט ממשטחי הצפה של נחלים וסדימנטים של פליות (אגנים סגורים). קרקעות וקרקעות קבורות הן סמנים לתקופות אקלימיות יציבות או מצביעות על שינוי אקלימי וסביבתי מאקלים צחיח קיצון לאקלים צחיח־למחצה או לאקלים לח. מפלסי חוף של אגמים קדומים מצביעים על שטח השתרעות האגמים בעבר ומאפשרים את שחזור השינויים ההידרולוגיים שאירעו עד לייבוש מוחלט של האגמים.

סופת אבק ופליאו־אבק (לס) במזרח הים התיכון

גרגרי פליאו־אבק (לס) בגודל סילט וחול דק מהר חריף שבנגב, כפי שצולמו במיקרוסקופ אלקטרוני

שינויי אקלים בראייה גיאולוגית

רבקה אמית ויהודה אנזל

השתנות הערך האיזוטופי ביחס לגיל כפי שנמדד בלמינות של נטיפים במערת שורק

שינויי אקלים משפיעים על הכלכלה, הפוליטיקה, החברה והסביבה. הסכם פריז מ־2015 מחייב את מדינות העולם להקטין את פליטת גזי החממה ומאתגר את החברה האנושית לחיים באקלים משתנה ודינמי.

על מנת להתמודד כראוי עם שינויי האקלים, עלינו להבין ולכמת תחילה את התהליכים האטמוספריים והאוקייניים בטווח זמן ארוך ולחקור את השפעתם על האקלים וההידרולוגיה. ניתוח עדויות עבר של תהליכים אלה מתבצע על־ידי גיאולוגים בשיתוף עם מומחים מתחומי מחקר מגוונים כגון חקר האטמוספירה, אוקיינוגרפיה והידרולוגיה. כמה מן השאלות שעליהן צריכים הגיאולוגים להשיב הן: האם אפשר למצוא בהיסטוריה הגיאולוגית עדויות לשינויי האקלים שאנו חווים בהווה? מהו טווח הזמן לשינויי האקלים בעבר הגיאולוגי? מה תפקיד האדם בגרימת שינויים אלה, לעומת השינויים הטבעיים? שאלות אלה ונוספות עומדות ביסוד מספר גדול של מחקרים בתחום מדעי כדור הארץ.

בעזרת הממצאים הגיאולוגיים הרבים והמגוונים, אפשר לשחזר ולחקור את התהליכים הדינמיים של שינויי האקלים בטווחי זמן ארוכים, במטרה לנהל נכון וטוב את משאבי כדור הארץ בהווה ולדורות הבאים בעתיד. עדויות לשינויי אקלים נשמרות בסדימנטים יבשתיים, ימיים, אגמיים, אאוליים וקרחוניים; בשוניות

1.5 עד 2 מעלות צלזיוס

מאז המהפכה התעשייתית הואץ קצב עליית הטמפרטורות בעולם, ובמאה האחרונה אנו עדים לתוצאות ההרסניות של ההתחממות הגוברת. החמרת המצב הביאה להכרה בצורך הדחוף לעצור את התהליך לפני שתיגרם פגיעה אנושה בחיים על פני כדור הארץ. ב"הסכם פריז", שנחתם ב־12 בדצמבר 2015, התחייבו מדינות העולם לפעול לעצירת ההתחממות לכדי שתי מעלות צלזיוס, ולשאוף לצמצמה ללא יותר ממעלה וחצי. מחצית המעלה שבין קצות המדד ממחישה את ההשפעה המכרעת של עליית הטמפרטורות ואת המשמעות האדירה של כל פעולה הננקטת לשמירה על ממוצע הטמפרטורות העולמי. כמו כן מתברר, שבתהליכים הגיאולוגיים הטבעיים של התחממות והתקררות כדור הארץ גלומים לא מעט מן הפתרונות.

→ # SOLARPUNK

Humankind's interventions in our planet's natural processes, and its impact upon them, cannot be doubted. At the same time, we must remember that natural resources belong to everyone, and are not the private property of financial capital holders, entrepreneurs, local municipalities or governments. Solarpunk strives to create a utopian world in which natural resources are available to everyone, regardless of our status or national identity, by offering accessible sources of green and renewable energy to the urban populations that need them the most.

Munashichi, **Future Economic View of Innocence**, 2015

1. Adam Flynn, "Solarpunk: Notes Toward a Manifesto," *Hieroglyph*, September 4, 2014. For an excellent, thorough timeline of the term's evolution, see Jay Springett, "Solarpunk: A reference guide," June 10, 2017. Thanks to Ben Vickers for first telling me about Solarpunk.
2. William Gibson interviewed by Abraham Riesman, "William Gibson Has a Theory About Our Cultural Obsession with Dystopias," *Vulture*, August 1, 2011.
3. Belinda Goldsmith, "William Gibson says reality has become sci-fi," Reuters, August 7, 2007. See also Brady Gerber, "Dystopia for Sale," *Literary Hub*, February 8, 2018. "Whatever your biggest concern – political polarization, climate change, the oppression of people of color and women, the unchecked evolution of technology – there's a nightmarish fictionalized future already waiting for you. And if you want to be really informed, you can surround yourself with every potential bleak outcome. Everyone is allowed their own dystopia; they're as easy to personalize as an iTunes playlist."
4. Ben Valentine, "Solarpunk wants to save the world," *Hopes & Fears*, August 28, 2015.
5. See Claudie Arseneault, *Wings of Renewal* (2017).
6. This diversity is endemic to the tumblrverse, but of course subcultures have always had factions (Steampunk had its "tribes" too). See "Steampunk Tribes," *Steampunk Scholar*, March 5, 2017.

Is Ornamenting Solar Panels a Crime?

Elvia Wilk

We're Solarpunk because the only other options are denial or despair.[1]
—Adam Flynn

By now, dystopia may have become a luxury genre. Indulging in miserable future scenarios is not something everyone has time for. William Gibson recently repurposed his own adage, "The future is here, it's just not evenly distributed," to say that "dystopia is not very evenly distributed" either.[2] For most, the dystopias the privileged entertain themselves with are old news. In the current political landscape, "when we are all living in the shadow of at least half a dozen wildly science-fiction scenarios," to quote Gibson again, and while Hollywood harps on every version of paranoia to construct a thousand dystopias according to formula, dwelling on dystopia could be seen as downright lazy.[3] Along with the resources to sit around and ponder the future of humanity, shouldn't there come the responsibility to invent actionable proposals as opposed to cautionary tales?

Enter the coalescing movement called Solarpunk. In a 2015 blog post titled "Solarpunk wants to save the world," writer Ben Valentine summarizes: "Solarpunk is the first creative movement consciously and positively responding to the Anthropocene. When no place on Earth is free from humanity's hedonism, Solarpunk proposes that humans can learn to live in harmony with the planet once again. Solarpunk is a literary movement, a hashtag, a flag, and a statement of intent about the future we hope to create."[4]

The first stirrings of Solarpunk emerged online around 2008, with a noticeable expansion around 2014. At least until now, its dispersed Internet origins have mostly kept it from a single authoritative definition or decisive political bent. Some Solarpunks invoke the speciated futures of Donna Haraway and the disaster utopias of Rebecca Solnit, while others say their ideals fit squarely within the "wider tradition of the decentralist left"; some cite the sci-fi canon of the New Weird or Cli-Fi (climate fiction), one claims "post-nihilism," and a recent book adds dragons to the mix.[5] While this diversity of vision is the whole point, one also finds mention of the "core community of stewards who know who they are."[6] Like many born-digital movements, especially those tolerant of anonymity, Solarpunk grapples with what inclusivity means in practice. If everyone's responsible for it, no one's responsible for it, too.

As "a movement, a hashtag, a flag," Solarpunk aims to transform science fiction into science action. An emerging aesthetic sensibility undergirds and drives this impulse. As a genre style, Solarpunk's visual representation is distinctly architectural and infrastructural: while many bloggers emphasize the importance of the "local," it is necessarily global in concept. Awareness of planetary-scale environmental destruction is precisely where it derives a sense of urgency. In the face of perceived crisis, Solarpunk demands constructive, instructive fictions. Fictions that are not shy about their intended feasibility.

Stories of science fiction presaging the future are legion, from Arthur C. Clarke's satellites in geostationary orbit to Minority Report's movement-controlled interfaces and Gibson's cyberspace (though the way the word is typically used is not really true to his concept). These myths are often invoked as some form of oblique validation of the genre via authors' oracular prowess, which itself is a dubious way to evaluate a work of art. In truth, of course, fiction and reality always reciprocally influence each other, they intertwine and merge. "Science fiction is an ouroborous," writes Claire L. Evans.[7] And yet prediction differs from plan. In general, Solarpunk desires the propositional, and to do so it leans toward the positive, the optimistic.

Several popular science-fiction authors express Solarpunkish convictions, whether consciously aligning themselves with the term or not. Neal Stephenson founded Project Hieroglyph in 2011: "An initiative to create science fiction that will spur innovation in science and technology."[8] Stephenson laments the lack of large scientific leaps over recent decades, arguing that real progressive innovation has been largely stalled by corporate and academic decision-making aimed to minimize risk. "Where's my donut-shaped space station? Where's my ticket to Mars?"[9]

Along with others, like David Graeber, Stephenson believes the current paucity of long-promised techno-miracles that could revolutionize society is not for lack of technological capability, but for lack of collective imagination and organization.[10] The collective ability to envision better futures has been dulled by the structural inhibitions of the only institutions with the resources to make big things happen. Science fiction, Stephenson says, can help.

Owen Carson, artwork

Who or What is Solarpunk?

Like its genre predecessors, Steampunk and Cyberpunk, Solarpunk is reliant on an aesthetic that extends to architecture, design, fashion, and art. One debate that crops up in comment sections is about whether Solarpunk is really a political movement or "just" an aesthetic genre. But of course these are not oppositional at all, and the aesthetics attached to the movement can work both for and against its explicit political aims.

While allowing for the plurality and contradiction of a still-emergent phenomenon, dominant aesthetic strands are possible to identify. In a widely shared 2014 tumblr post that has been debated but is nonetheless emblematic, user Olivia Louise described her Solarpunk vision:

> Natural colors! Art Nouveau! Handcrafted wares! Tailors and dressmakers! Streetcars! Airships! Stained glass window solar panels!!! Education in tech and food growing! Less corporate capitalism, and more small businesses! Solar rooftops and roadways! Communal greenhouses on top of apartments! Electric cars with old-fashioned looks! No-cars-allowed walkways lined with independent shops! Renewable energy-powered Art Nouveau-styled tech life![11]

In its willful naiveté, this ornamented vision is inflected with nostalgia for an imaginary, bygone time when tech was tinkerable and free from mass production and standardization. Broadly speaking, this imaginary past belongs to an Arts and Crafts lineage that fetishized the artisanal and the DIY, often on the part of hobbyist upper classes with too much time on their hands.

Deployed today, this choice is a pointed rerouting from the clean, steel-and-glass, corporate universe hawked by technologists as the way "the future" looks (for rich people) – that evil sleekness of our techno-overlords. Olivia Louise explains: "A lot of people seem to share a vision of futuristic tech and architecture that looks a lot like an iPod – smooth and geometrical and white. Which imo [in my opinion] is a little boring and sterile, which is why I picked out an Art Nouveau aesthetic for this."

From this post and others like it, one gets the sense that Solarpunk's aesthetic is partly a negative one, defined by what it needs to avoid: Apple's white-box futurism on one end, and on the other, scary anarchist hackery – as in the non-utopian possibility if the order of production breaks down. Solarpunk neither wants to fantasize about the Dove-soap-commercial whiteness of the wealthy space settlement in Elysium (which looks a lot like Apple's Cupertino HQ) nor the wretched, biohacker-ridden, reggaeton-pumping Los Angeles the movie depicts on Earth below. Between the horror of total technological

7. Claire L. Evans, "Does Future Fact Depend on Present Fiction?" *uncube*, March 11, 2014.
8. Project Hieroglyph recently released a book entitled *Stories & Visions for a Better Future*. It's important to note that many authors mentioned in this essay do not claim the genre title of Solarpunk – any more than William Gibson waved the Cyberpunk flag, which he did not. Genre titles are often retroactively bestowed upon production that had no intention of being genre fiction of that sort. Over time, as a set of tropes emerge and coalesce, other productions may pick up and carry the mantle, explicitly aiming to write or make within the genre conventions that have developed.
9. Neal Stephenson, "Innovation Starvation," *World Policy Journal* (2011) 28(3).
10. See also David Graeber, "Of Flying Cars and the Declining Rate of Profit," *The Baffler*, March 2012.
11. Miss Olivia Louise, "Here's a thing I've had around in my head for a while!" *Land of Masks and Jewels*, 2015.

white-box opacity and that of total technological transparency, this particular version of Solarpunk finds a semi-transparent, stained-glass solar panel.

The possible drawback of avoiding these two problematic poles is winding up with a form of nostalgia. In this regard Solarpunk shares a patch of ground with Steampunk, whose stylistic hallmark in the tradition of early authors like H.G. Wells and Michael Moorcock is Neovictorianism. A computer appears in 19th-century London; a tophat-wearing engineer time-travels to the present day; swashbuckling ethernet sailors rescue goggled damsels. Steampunk is fascinated with technological anachronism, which often can't help but implicate other, more obviously problematic anachronisms.

Many have argued that Steampunk tropes indicate a thinly veiled desire to return to a world order where able-bodied white guys were unburdened by housework and free to be heroes. This was also a world in which leaps in industrial technology enabled European domination through colonial expansion. In other words, it's difficult to conceptually dissociate the "steam" by which that era powered empire and patriarchy from the subversion claimed by the "punk."[12]

Others argue that, while Steampunk displays blatant nostalgia, it does so with a "postmodern" twist; irony or even satire from a contemporary vantage point is often built into the narratives.[13] To be sure, some Steampunk literature weaponizes genre conventions and others succumb to them; some reify and others critique. But critique becomes a complicated claim, as the genre's aesthetic hallmarks have become clichéd lifestyle tropes. Although Steampunk champions DIY tech and reclaiming the means of production, its aesthetic is now a distinct consumer niche. As counterculture guru V. Vale put it, while Steampunks love the DIY wrought-iron aesthetic, "not many people have actually learned welding." Why would you, when "Hot topic sells goggles"?[14]

Although Steampunk glorifies technical skill in theory, the science parts are often impractical or impossible. "Unlike the inscrutable hard drive of an iPod, you can see wires and coils, cogs and gears exposing this device's inner workings. [But these] are merely an aesthetic revelation, not a technological justification."[15] Solarpunk is differentiated by precisely the technological realism that much Steampunk lacks.

Toward this distinction, Solarpunk highlights contemporary crises. While Steampunks could afford to be dilettantes, Solarpunks anticipate necessity: you'll have to learn to weld when factory production inevitably breaks down and the flood waters rise. In this sense it bears similarities to its more recent cousin, Cyberpunk, which turned away from nostalgia and undermined technological progress narratives, "introducing as it did the corporate dystopia and a strong sense of class struggle."[16]

---

12. "Steampunk, which has been both upheld as an ideological movement and downplayed as an apolitical fashion trend, is only as politically substantial as people make it to be." See "Politics in Steampunk – A Sampling (aka "Why it Matters")," *Beyond Victoriana*, April 6, 2013.
13. That is, although "Steampunk enthusiasts like the grandeur of the British Empire," they are not necessarily "willing to accept the racism and colonialism upon which it was built." See Mike Dieter Perschon, *The Steampunk Aesthetic: Technofantasies in a Neo-Victorian Retrofuture*, doctoral dissertation, Fall 2012, University of Alberta, Edmonton, Canada.
14. V. Vale, phone interview, April 2017.
15. Perschon, *The Steampunk Aesthetic*.
16. Margaret Killjoy, "Steampunk Will Never Be Afraid Of Politics," *Tor*, October 3, 2011.

Augustin Mouchot's Solar Concentrator at the Universal Exhibition, Paris, 1878

Solarpunk intends to wrench science fiction from both Steampunk's magical tech fantasies and Cyberpunk's tech-gone-wrong. If the energy substrate of the Steam era was coal, and that of the Cyber era was oil, Solarpunk foreshadows and aims to anticipate environmental catastrophe by skipping to solar. As Solarpunk manifesto-writer Adam Flynn writes, if "Steampunk is 'here's yesterday's future that we wish we had,'" and "cyberpunk was 'here is this future that we see coming and we don't like it,'" then "Solarpunk might be 'here's a future that we can want and we might actually be able to get.'"[17]

Solar Pasts

Solarpunk has a shadow history. In the 18th and early 19th centuries, innovations in solar architecture saw a major boom. Spurred by the "Little Ice Age" spanning the period from 1550 to 1850 – a geological oddity in which Europe went through an extremely cold period – alternate heating methods led to the proliferation of glass-cased structures and the "Age of the Greenhouse" in 18th-century Western Europe.[18] The ability to cultivate produce year round was especially desirable given the new imported colonial fruits Europeans had developed a taste for.

By the mid-19th century, as the middle class expanded, the typology of the greenhouse led to the conservatory, a solar-heated plant room attached to well-to-do homes. As opposed to the practical, agricultural function of the greenhouse, conservatories presented botanical wonders as aesthetic objects and proof of accumulated wealth. "By the late 1800s the world had become so enamored of attached conservatories that they

---

17. Mary Woodbury, "Interview with Adam Flynn on Solarpunk," *Eco-fiction*, July 2, 2014.
18. Ken Butti and John Perlin, *A Golden Thread: 2500 Years of Solar Architecture and Technology* (New York: Van Nostrand Reinhold Company, 1980). "Time after time, scarcities of fuel have stimulated the search for energy alternatives – spurring advances in solar architecture and technology. But when people discovered abundant new sources of fuel, solar energy became 'uneconomical' and dropped from sight." Thank you to Jay Springett for pointing me toward this book.

became an important architectural feature" of late Victorian construction.[19] A century later, however, coal power became more widespread, and many could afford to skip the actual solar engineering required to heat conservatories naturally, so instead artificially heated them by burning coal. By the time the Art Nouveau era began, the greenhouse had already receded in function, but remained as nature-inspired ornamentation: a decorative imitation of sustainable architecture. Such indoor botany also became gendered as a sanctioned hobby for house-bound women to occupy themselves with.[20]

Solar greenhouses were accompanied by other solar-tech advancements. One French mathematician, Augustin Mouchot, invented a solar-powered steam engine, constructing the first functional prototype in the 1860s.[21] It was applauded as a marvel, but the French sun wasn't strong enough to reliably power the machine, and so it was sent to be implemented in the sunnier colonies. Mouchot traveled to Algiers to propose how solar power could be made an engine of expansion (with moderate success; his solar-powered ovens and wells were more popular). Similar stories were repeated in British and German colonies over the following decades, most dead-ending with the start of the First World War.

Technological innovation in no way guarantees a certain political implementation. Mouchot's solar-engine utopia was a whole continent's dystopia. And the global technology he was fixated on exporting was not particularly relevant or necessary to its "local" implementation. If Mouchot had only looked around when he arrived in Algiers, he might have noticed an advanced passive thermal regulation system already employed in traditional Algerian architecture.[22]

Dislocation

I see utopias as intensely practical, actually as the practical taken to extremes.[23]
—McKenzie Wark

If Art Nouveau references become an aesthetic shorthand for a utopian future, they'll become another consumable trope for the wealthy to cling to. Luckily, "Consistent aesthetics don't quite normalize across the imaginary," says artist, theorist, and Solarpunk Jay Springett. By this he implies that Solarpunk will not and cannot mean one thing, no matter how meme-ified it becomes; it is forever open for adoption and appropriation. He emphasizes Solarpunk's wide-ranging influences far beyond the Art Nouveau often readily associated with it: Saudi architect Sami Angawi's updates on traditional methods of climate control in Middle Eastern architecture; permaculturing traditions around the world; Singaporean high-rises with living facades.[24] This is not enough in itself, and "Solarpunk should be careful not to idealize either the

19. Ibid.
20. See Nicholas Korody, "Mere Decorating," *e-flux Architecture*, November 20, 2017.
21. Mouchot's engine was powered by a water-filled glass container heated by the sun until it boiled. See Butti and Perlin, *A Golden Thread*.
22. See: Fezzioui Naïma et al., "The Traditional House with Horizontal Opening: A Trend towards Zero-energy House in the Hot, Dry Climates," *Energy Procedia*, Vol. 96, September 2016; Maatouk Khoukhi and Naïma Fezzioui, "Thermal Comfort Design of Traditional Houses in Hot Dry Region of Algeria," *International Journal of Energy and Environmental Engineering*, December 2012, 3:5.

gothic high tech or the favela chic," as speculative fiction writer Andrew Dana Hudson rightly cautions.[25] But these manifestations of Solarpunk ethos hold political promise far more than tired Eurocentric idealisms.

Genre titles are a double-edged sword. They allow a body of work with an identifiable politics to emerge, but they also risk de-fanging the politics of the individual works when they are subsumed into the mass. In fact, Gibson says that the naming of subgenres like Cyberpunk was partially what paved the way for science fiction's depoliticization. "A snappy label and a manifesto would have been two of the very last things on my own career want list. That label enabled mainstream science fiction to safely assimilate our dissident influence, such as it was. Cyberpunk could then be embraced and given prizes and patted on the head, and genre science fiction could continue unchanged."[26] Further, Cyberpunk could then be relegated to a bygone fad. In regards to Solarpunk: it's a laudable goal to make greentech cool, but once it becomes cool, uncool is always waiting just around the bend.

Online, coolness can mutate. Solarpunk lives in the very cyberspace (maybe now post-cyberspace) that Cyberpunk emerged alongside. The Internet may be increasingly sterile and homogenized, but there are still cracks where unexpected greenery grows. In that regard it's worth noting that aesthetics evolve in tandem with the platforms they choose, which is to say that Pinterest might shoehorn Solarpunk visions into a different mold than tumblr or reddit. The trick is finding a way to gather and harness discourse without policing, claiming, or normalizing it. This is vital because, as opposed to Solarpunk's still-non-normalized imaginary, "what is normalized," says Springett, "are the shit corporate images which are the future aesthetic of global capitalism. Green Cities of new concrete and glass with no people in them." And these the world certainly needs alternatives to.

This is especially true given that contemporary capital doesn't understand ironic propositions very well. For instance, the designer Daisy Ginsberg has spoken about how one of her provocative projects, E. chromi, meant to highlight both the potential benefits and hazards of personalized biotechnology, was apparently taken seriously as a business opportunity by hungry investors who came across it.[27] The critique was lost on the section of the audience with the means to actualize it. If critique is inevitably bound to be taken as proposal at some level, there is an argument to be made that coming up with ideas you think are positive is simply the more ethical choice. That is, if Capitalist Realism reigns, you might as well represent ways to better the Real.[28]

And yet, should fiction really be burdened with practical responsibility? Or isn't freedom from responsibility – existing as a means to its own end, rather than outside ends – exactly where its political potential lies? Isn't fiction conveying a mission or plan

23. McKenzie Wark, Anthropocene Lecture Series, Haus der Kulturen der Welt, Berlin, May 18, 2017.
24. Importantly, the first compendium of self-described Solarpink fiction has come from Brazil; see Gerson Lodi-Ribeiro, ed., *Solarpunk: Histórias Ecológicas e Fantásticas em um Mundo Sustenavel* (São Paulo: Editora Draco, 2012).
25. Andrew Dana Hudson, "On the Political Dimensions of Solarpunk," *Medium*, October 14, 2015.
26. William Gibson interviewed by David Wallace-Wells, *The Paris Review*, Summer 2011.
27. For more on E. chromi, see Alexandra Daisy Ginsberg and James King, *E. Chromi*, 2009.
28. Mark Fisher, *Capitalist Realism* (Zero Books, 2009).

exactly what leads to Ayn Randian bad art? Didn't Hannah Arendt say that aesthetic production in service of idealism is what constitutes totalitarianism?

Certainly fiction-as-ideological vessel carries the danger of being reduced to a lowest common denominator and turned into dogma, nuance erased. And yet there is a fundamental difference between proposition and persuasion, between fiction that presents itself as a possible option and fiction that presents itself as the only solution. One allows the existence of multiple, coexistent realities; the other insists on a single best reality, which of course tends to be the "best" reality for the person proposing it.

Author Omar El Akkad said in a recent interview: "I'm not as interested in the question of whether the ideas at the root of my fiction could happen, so much as I am in the fact that, for many people in this world, they already have. I think of what I write less as dystopian and more as dislocative."[29] Solarpunk understood as "dislocative" fiction might be able to explicitly uncouple sustainable technological advancement from the purview of Western history entirely. This would not be, as Flynn rightly emphasizes in his manifesto, by proposing technological leaps into the future, nor by taking wistful glances at the past, but by looking laterally at what's already in the world, or what has been historically overlooked. As Jared Sexton defines it, "Speculative: not only about possible futures, but also possible pasts and presents."[30]

Dystopia is depoliticized when it is left as a stand-in for critique, able to be coopted toward any ideological aim. Dystopia "appeals to both the left and the right, because, in the end, it requires so little by way of literary, political, or moral imagination, asking only that you enjoy the company of people whose fear of the future aligns comfortably with your own."[31] Chelsea Manning recently gave a talk where an audience member asked: "What's changed since you got out of prison?" She responded: "It's a dystopian novel, but it's a boring dystopian novel written by white men." In other words, just as important as the affective slant of the story is the question of who writes it.

Like optimism and pessimism, utopia and dystopia are not really mutually exclusive.[32] They are eternally coexistent as two sides of the same coin, always threatening to flip. I'm thinking, for instance, of a book of dislocative fiction by Octavia Butler, *The Parable of the Sower*, which tells the story of a new spiritual utopia arising from a destroyed continent. In the book's sequel, that same hopeful community warps under the strain of fanaticism, flipping again; hope becomes cemented into dogma, which becomes destruction, which

29. Jason Kehe, "Sci-fi, Dystopia, and Hope in the Age of Trump: A Fiction Roundtable," *Wired*, July 4, 2017.
30. Jared Sexton interviewed by Daniel Barber, "On Black Negativity," *Society and Space*, September 18, 2017.
31. Jill Lepore, "A Golden Age for Utopian Fiction," *The New Yorker*, June 2017. "Anyone can do a dystopia these days just by making a collage of newspaper headlines. But utopias are hard, and important, because we need to imagine what it might be like if we did things well enough to say to our kids, we did our best ... There are a lot of problems in writing utopias, but they can be opportunities. The political attacks [against utopian fiction] are interesting to parse. 'Utopia would be boring because there would be no conflicts, history would stop, there would be no great art, no drama, no magnificence.' This is always said by white people with a full belly. My feeling is that if they were hungry and sick and living in a cardboard shack they would be more willing to give utopia a try." Terry Bisson, "Galileo's Dream: A Q&A with Kim Stanley Robinson," *Shareable*, November 4, 2009.
32. There is a lot to be gained here from the scholarship on the conjoined concepts of Afro-pessimism and black optimism. In this context Fred Moten describes "the infinitesimal difference between pessimism and optimism": a difference arrived at not through opposition but something more like double-negation. Moten, "Blackness and Nothingness (Mysticism in the Flesh)," *The South Atlantic Quarterly* 112:4, Fall 2013.

becomes (ostensibly) hope again. In order to propose utopia, she must also propose what comes after, or between.

That's why, if Solarpunks' goal is to close the plausibility gap, positivity for its own sake isn't necessarily the point. Being constructive need not mean being starry-eyed. The site, the story, the style – these are not incidental to science fiction, even the hardest of the hard-tech kind. Pleasant green architecture means nothing if it becomes an extension of colonialist fantasy via the narratives of the same heroes that much Steam and Cyber abound with. To prevent earnestness from devolving into twee, the stories themselves need to be dislocated along with the imagery. Dislocation, rather than utopianism, is what will keep Solarpunk from running off as a libertarian seasteading vision, accelerationist implosion, or even just a store in the mall – and maybe even reclaim, if there is such a thing, punk.

Elvia Wilk is a writer and editor living in New York and Berlin. She contributes to publications including *Frieze*, *Metropolis*, *Artforum*, and *Zeit Online*. From 2012 to 2016, she was a founding editor at *uncube* magazine, and from 2016 to 2018 she was the publications editor for *transmediale*. She is currently a contributing editor at *e-flux* journal and at *Rhizome*, while teaching at the New School in New York City. Her first novel, *Oval*, is forthcoming in spring 2019 from Soft Skull Press.

This article was originally published in *Positions* (e-flux Architecture, 2018).

Shanghai 2100

Vegetal City

The City of the Waves (2003); Urbacanyon (2003); The Hollow City (2008); The Lotus City (2008); Nantes 2100 (2007); Strasbourg 2100 (2015); Shanghai 2100 (2015); 2 Joseph Street, Brussels (2015)

Vision and drawings:
Luc Schuiten, Brussels

The Lotus City

The drawings titled "Vegetal City" are the product of architectural thinking about possible ways in which our urban habitat, and our functioning within it, might change in the future. Free from the constraints imposed by capitalism, this far-reaching vision of our environment considers various ways of life, as well as our material and intellectual needs, in the context of sustainable development.

The present state of the planet raises questions concerning its future. The revolution brought about by the investment in industry (in all societies, to varying degrees) is now drawing to a close. Exploitation of natural and human resources the world over, the erosion of biodiversity, the multiplicity of markets (some of which are monopolies), the capitalization of the planet's resources by private individuals, and the reinforcement of hierarchical systems of social functioning are all typical aspects of the contemporary world. Shaped by our mania for production, our society has created an illusory concept of progress.

Strasbourg 2100

We need guidance in order to choose our way, and visualization is a striking method of encountering the future. The visionary Belgian architect Luc Schuiten, who plans environmentally-friendly housing estates and imagines interfering in emblematic parts of the city, presents drawings that reveal what he believes to be the way. He is committed to taking a position when faced with the essential problem relating to everyone's future: envisaging new ways of living in harmony with our planet.

The Hollow City

Nantes 2100

Urbacanyon

העיר והצומח

עיר־גלים (2003); עיר־קניון (2003);
עיר חלולה (2008); עיר הלוטוס (2008);
נאנט 2100 (2007); שטרסבורג 2100 (2015);
שנחאי 2100 (2015); רחוב ז'וזף 2, בריסל (2015)

חזון ורישומים: לוק שויטן, בריסל

עיר־גלים

רישומי "העיר והצומח" הם תוצר של חשיבה אדריכלית על שינויים עתידיים אפשריים בסביבת החיים העירונית ובתפקוד שלנו בתוכה. הם נוצרו מתוך התבוננות על אורחות חיינו ועל הצרכים החומריים והאינטלקטואליים שלנו. במשוחרר מכל אילוץ שכופה עלינו הקפיטליזם, החזונות הסביבתיים הללו מתייחסים למגוון של אורחות חיים, המוצגים בסביבות של פיתוח בר־קיימא.

המצב האקולוגי הנוכחי מעמיד את עתידו של כדור הארץ בסימן שאלה. המהפכה שחוללה ההסתמכות המסיבית על תיעוש, מגיעה בימינו לנקודה של סגירת מעגל. ניצול המשאבים הטבעיים והאנושיים ברחבי העולם והיוון המשאבים לטובת יחידים, שחיקת המגוון הביולוגי, ריבוי השווקים (והמונופולים שביניהם), התעבות המערכות ההיררכיות החולשות על התפקוד החברתי והכלכלי – מכבידים על העולם העכשווי ומאפיינים את המצב שאליו קלענו את עצמנו. החברה שמצמיח העיסוק המאני שלנו בייצור, ניזונה מתפיסה אשלייתית של מושג הקִדמה.

כדי לנווט את דרכנו מנקודה זו והלאה אנחנו זקוקים להדרכה, והמחשה חזותית היא אמצעי מוצלח להצגת יעדי העתיד. האדריכל הבלגי החזיוני לוק שויטן (Schuiten), העוסק בתכנון מיזמי דיור ידידותיים לסביבה ומְדמה התערבויות בחלקים אמבלמטיים של העיר, מציג רישומים הממחישים את הדרך, לשיטתו. הוא מתחייב לנקוט עמדה נוכח האתגר המכריע, שישפיע על העתיד של כל אחת ואחד מאתנו: הצורך הבוער לדמיין דרכים חדשות לחיים של הרמוניה עם כדור הארץ.

2 Joseph Street, Brussels

PARKROYAL on Pickering Hotel, Singapore

Design and Development: WOHA architectural practice, Singapore
2007–2013

Only 2% of the land on our planet is urbanized, yet these 2% consume 80% of our energy. The consumption of fossil-fuel energy in our cities is destroying the planet, and we are all suffering from the global consequences of unsustainable urban growth. City planning and architecture are no longer the domain of specialists: the biggest decisions must be taken by the community at large.

The megacities of our time have been reimagined by WOHA as 21st-century garden cities: dense and vertical, yet sociable and sustainable. The fundamental strategies and principles of these new garden cities are illustrated by WOHA's large-scale prototypes, many of which have already been built.

Fronting Singapore's Hong Lim Park, at the junction of the Central Business District, Chinatown and the entertainment district Clarke Quay, this development, which includes a hotel and offices, demonstrates that increased density can come with an increase in amenities. This project reveals that it is possible not only to conserve greenery in the city center, but even to increase it by "folding" the park across the road vertically into the building. A total of 3.7 acres feet of sky gardens, reflecting pools, waterfalls, planter terraces and green walls double the area of the site, and are equivalent to the footprint of the adjacent Hong Lim Park.

Photo: Skyshot Pte Ltd.

The building's design contrasts modernist orthogonal forms with a romantic, abstracted, and contoured landscape. The contours create a series of planted terraces on the upper surfaces, as well as Chinese-inspired, grotto-like spaces below. Additional layers climb up the towers, acting as huge sunshade louvres.

The design involved various tradeoffs in order to create the extensive landscape areas within the constraints of a standard development budget. Initially, the plan included a large underground parking lot and stone cladding, which the architects proposed to replace with an aboveground, naturally ventilated carpark lifted above the public areas. This solution saved costs and excavation time, as well as lighting and ventilation expenses; the stone cladding was replaced by precast concrete, combined with lush vegetation. These garden areas extend the hotel's event facilities at minimal cost.

The hotel's public areas are located in a cave-veranda overlooking the park. The interiors offer a subtler interpretation of the romantic planning vocabulary, and make use of warmer materials. The new area created between the public areas and the room blocks contains swimming pools, terraces, gullies, valleys, waterfalls, knolls and plateaus, formed by sculpting selective bays of the carpark slabs below. A walking trail that is 900 feet long winds through the landscape. "Birdcage" pavilions, inspired by traditional local fish traps, hang out over the street.

The room blocks, organized as an E shape, support hanging gardens, which are viewed through open corridors. The rooms also have detached, naturally ventilated corridors facing the public-housing blocks behind them, and are similarly flanked by green walls of gardens and water. Rooftop terraces offer additional views over the city. This project has received Singapore's Green Mark Platinum rating, the nation's highest environmental certification.

Photo: Patrick Bingham-Hall

והשיגו בכך חיסכון בעלויות, בזמן העבודה ובהוצאות התאורה והאיוורור; חיפוי האבן הוחלף בחלקי בטון טרומיים בשילוב צמחייה שופעת. אזורי הגן שנוספו בתוך כך מרחיבים את השטח שעומד לרשות מחלקת האירועים של המלון תוך מִזעור ההוצאות.

האזורים הציבוריים של המלון ממוקמים במרפסת־מערה המשקיפה אל הפארק. חללי הפנים מעוצבים בפרשנות מינורית יותר לשפת התכנון הרומנטית ובחומרים חמימים יותר. מישור הקרקע החדש שנוצר בין האזורים הציבוריים ואגפי החדרים משמש לבריכות שחייה וגנים מלאכותיים של עמקים, גבעות, נקיקים ומפלי מים, שפוסלו מעל "נוף" קורות הבטון של החניון שתחתם. שביל הליכה באורך 300 מ' מתפתל במרחבי הנוף הזה, בינות לפביליונים בהשראת מלכודות הדגים המסורתיות של האזור, התלויים בחזית הפונה אל הרחוב.

בין אגפי החדרים, המאורגנים בצורת E, פרושים גנים תלויים, שאליהם הם משקיפים מתוך המסדרונות הפתוחים. החזיתות האחוריות, הפונות אל השיכונים הציבוריים שלצדם, מחופות אף הן בקירות ירוקים של גנים תלויים ומים מפכפכים. טראסות־גן על הגג מציעות נקודות תצפית נוספות אל נופי העיר. בזכות ביצועיו המוצלחים עוטר הפרויקט בתו "הסימן הירוק" של סינגפור.

מלון פארק רויאל
פיקרינג, סינגפור

תכנון ופיתוח: WOHA אדריכלים, סינגפור
2013–2007

מול פארק הונג־לים בסינגפור, בנקודת המפגש של אזור העסקים הראשי, צ׳יינטאון ואזור הבילוי קלרק־קוויי, פרויקט זה (של משרדים ומלון) מוכיח שבתכנון נכון – גם סביבה צפופה יכולה להיות ידידותית ונעימה. התכנון מאפשר לא רק לשמר מרחבים ירוקים במרכז העיר אלא גם להוסיף עליהם, כשהוא מקפל את הפארק שמעבר לכביש כלפי מעלה, לתוך הבניין. 15 אלף מ״ר של מרפסות־גן, בריכות השתקפות, מפלי מים, ערוגות תלויות וקירות ירוקים שתוכננו בבניין, מכפילים את שטח האתר ומשתווים לטביעת הרגל הירוקה של הפארק הסמוך.

תכנון הבניין מחליף את הצורות ישרות הזווית של המודרניזם בניב שכבות רומנטי. קווי המִתאר השכבתיים יוצרים סדרה של טראסות, המגוננות על חללי פנים דמויי מערה בהשראה סינית. שכבות נוספות מטפסות במעלה המגדלים כרפפות הצללה ענקיות.

התכנון נקט מגוון תחבולות מחוכמות להרחבת אזורי הנוף בפרויקט, במסגרת תקציבית של מיזם פיתוח שגרתי. במקור תוכננו במקום חניון תת־קרקעי גדול וחיפוי אבן, אבל האדריכלים הציעו להחליפו בחניון עִלי עם איוורור טבעי שירחף מעל לאזורים הציבוריים,

SkyVille @ Dowson, Singapore

Planning and Development: WOHA architectural practice, Singapore
2010–2015

Located in a high-rise area of mixed private and public housing, this project supports community living, variety and sustainability. The project is ungated, and all common areas are fully open to the public. The central innovation is the presence of shared external spaces that are interwoven through the cluster of towers from the ground floor to the roof. Each one of the 960 apartments in this project is part of a vertical Sky Village, which features community garden-terraces designed to foster daily interaction among the residents.

The project is bisected by a linear park flanked by a supermarket, a coffee shop, retail spaces, and a childcare facility. Overlooking the park are community "living rooms" – large, double-volume veranda spaces. The complex also includes pavilions for various events, play and fitness areas, courts and lawns, and a 450-foot-long bioswale. The rooftop public skypark, open 24 hours, features a 1,200-foot jogging track under pavilions capped by solar panels.

Photo: Albert Lim

Photo: Patrick Bingham-Hall

The project includes three types of units, with flexible layouts based on column-free, beam-free apartment spaces, thereby eliminating waste and making allowance for diverse family sizes, various lifestyles (e.g. home office/loft living) and future flexibility. The history of the site is celebrated by means of artworks set into the precast walls, as well as by the magnificent old rain trees that were retained and incorporated into the landscaping.

Awarded a Platinum Greenmark rating – Singapore's highest environmental certification and the first award of its kind for public housing – the project adopts passive design strategies including naturally lit and ventilated spaces. Solar panels on the roof power the common facilities. The design is fully precast and prefabricated, reducing onsite waste and errors.

הפרויקט עוטר בתו "הסימן הירוק" של סינגפור לדיור ציבורי. הודות לתכנון המחוכם המאפשר איוורור טבעי, רבות מן הדירות לא נזקקו להתקנת מיזוג אוויר. לוחות סולאריים על הגג מספקים כוח לְמתקנים המשותפים, והבנייה הטרומית תרמה להפחתת פסולת הבניין וטעויות הבנייה באתר.

סקייוויל, סינגפור

תכנון ופיתוח: WOHA אדריכלים, סינגפור
2015-2010

פרויקט מגורים זה, הממוקם באזור רב־קומות של שימושים פרטיים וציבוריים, מציע חיי קהילה בסביבה מגוונת ובת־קיימא. המתחם אינו מגודר, וכל השטחים הציבוריים בו פתוחים לקהל הרחב. החידוש המרכזי הוא שזירה של מרחבים ציבוריים חיצוניים בינות לאשכול המגדלים, ממפלס הקרקע עד לגג. כל אחת מ־960 הדירות בפרויקט היא חלק מ"עיר שמים" אנכית, המשלבת מרפסות־גן קהילתיות ומעודדת קשרי גומלין יומיומיים בין הדיירים.

את המתחם חוצה פארק ליניארי. משני צדי הפארק ערוכים סופרמרקט, בית קפה, חנויות ומעון יום לילדים, ו"סלונים" קהילתיים – חללי־מרפסת גדולים בגובה שתי קומות – משקיפים אליו. עוד במתחם: פביליונים לאירועים שונים, שטחי משחקים וכושר, מדשאות וגן מים באורך 150 מ׳. על גינת הגג הציבורי, הפתוח לציבור 24 שעות ביממה, מותקן מסלול ג׳וגינג באורך 400 מ׳, עם פביליונים מצֻלים שעליהם מותקנים לוחות סולאריים.

התכנון מציע שלושה טיפוסי דירות, בתוכניות גמישות המבוססות על מִפתחים ללא עמודים. טכנולוגיית הבנייה מצמצמת למינימום את פסולת הבניין ומאפשרת את התאמת הדירות למשפחות בגדלים שונים, לסגנונות חיים שונים (דירת מגורים, משרד ביתי או מגורי לופט) ולשינויים עתידיים. ההיסטוריה של האתר נחגגת בשילוב אמנות בקירות הטרומיים ובעצי הגשם המרשימים, ששומרו ושולבו באדריכלות הנוף.

Oasia Hotel Downtown, Singapore

Planning and Development: WOHA
architectural practice, Singapore
2010–2016

Located in the heart of Singapore's dense Central Business District (CBD), the Oasia Hotel Downtown is a verdant tower – a prototype of land-use intensification for the urban tropics. Unlike the sleek and sealed skyscrapers that evolved in the temperate West, this tropical "living tower" offers an alternative image to sleek technology.

In response to the brief for distinct office, hotel, and club spaces, WOHA created a series of different strata, each with its own sky garden. These additional "ground" levels allow generous public areas for recreation and social interaction throughout the high-rise, despite their high-density location at the center of the city.

Closely overlooked by surrounding towers, the tower carves out its own internal spaces and dynamic views instead of relying on external vistas for visual interest. Each sky garden is treated as a veranda sheltered by the sky gardens above it, and is open on both sides to create both formal and visual transparency, allowing breezes to pass through the building for good cross-ventilation. In this way, the public areas become functional, comfortable, tropical spaces with greenery, natural light and fresh air instead of enclosed, air-conditioned spaces.

Landscaping is used extensively as an architectural surface treatment. The tower is conceived as a haven for birds and animals, reintroducing biodiversity into the city and effectively compensating for the lack of greenery in the immediate environment. The tower's red aluminum mesh cladding is designed as a backdrop that reveals itself in between 21 different species of creepers, providing food for the birds and insects. Instead of a flat roof, the skyscraper is crowned with a tropical garden.

הטיפול האדריכלי בפני השטח עושה שימוש נרחב בגינון, כלפי חוץ וכלפי פנים כאחד. המגדל תוכנן כמקום מפלט לציפורים, למשל, במטרה לשקם את המגוון הביולוגי של בעלי החיים בעיר ולפצות על מחסור בשטחים ירוקים בסביבה הקרובה. צמחיית מטפסים נשזרת על ובינות למסך־רקע של רשת אלומיניום אדומה, ומספקת תנאי מחיה נוחים לציפורים השונות. במקום גג שטוח, המגדל עטור בגינה טרופית חיה.

מלון אואסיה, סינגפור

תכנון ופיתוח: WOHA אדריכלים, סינגפור
2016–2010

מלון אואסיה – מגדל ירוק בלב אזור העסקים הראשי והצפוף של סינגפור – בנוי למִקסוּם השימוש בקרקע בערי הענק של האזור הטרופי. שלא כמו גורדי השחקים האטומים והבוהקים שהולדתם בסביבות של אקלים ממוזג וצפוני יותר, זהו "מגדל חי" טרופי המציע דימוי חלופי לקירות־המסך הגנריים.

כמענה לדרישות הפרוגרמה, שפירטה פונקציות של משרדים, מלון ומועדון, תוכנן הפרויקט כסדרה של שכבות, שלכל אחת מהן מרפסת־גן משלה. מישורי "קרקע" נוספים אלה מעמידים מרחבים ציבוריים נדיבים לפעילות פלאי ומפגשים חברתיים בכל רחבי המגדל, למרות מיקומו בלב העיר הצפוף.

המגדל, שאינו בולט לעין בינות לרבי־הקומות הסובבים אותו, חוצב לעצמו חללים פנימיים ונופים דינמיים במקום להסתמך על תמונות נוף חיצוניות שיספקו עניין חזותי. כל מרפסת־גן מוגנת על־ידי המרפסות שמעליה ופתוחה משני צדדיה ליצירת שקיפות צורנית וחזותית, שבה־בעת גם מיטיבה עם כיווני האוויר והאיוורור בבניין. הפתחים הללו מאפשרים את הפיכת החללים הציבוריים של הבניין למרחבים טרופיים פונקציונליים ונוחים הטובלים בירק, באור טבעי ובאוויר צלול, כתחליף לחללים הכלואים באקלים מלאכותי של מערכות מיזוג־אוויר.

Kampung Admiralty, Singapore

Planning and Development: WOHA architectural practice, Singapore 2010–2017

Photo: Patrick Bingham-Hall

Kampung Admiralty is Singapore's first integrated public development, bringing together a mixture of different public facilities and services under one roof. The traditional approach is for each government agency to carve out its own plot of land, resulting in several standalone buildings. This integrated complex, by contrast, maximizes land use, and is a prototype for meeting the needs of Singapore's aging population. Located on a tight site with a height limit of 147 feet, the scheme builds upon a layered "club sandwich" approach.

The result is a "Vertical Kampung (village)," with a community plaza on the lower level, a medical center on the middle level, and a community park with apartments for senior citizens on the upper level. These three distinct levels juxtapose the building's various uses, while freeing up the ground level for different leisure activities. The proximity to healthcare, social, commercial and other amenities supports intergenerational bonding and promotes active aging.

The Community Plaza is a porous pedestrian area designed as a community "living room." Within this welcoming and inclusive space, the public can participate in organized events, shop, or dine at one of the restaurants on the middle level. The breezy tropical plaza is shaded and sheltered by the medical center above, allowing activities to continue regardless of the weather.

The community park is more intimately scaled, serving as an elevated village green where residents can actively come together to exercise, chat or tend community gardens. Complementary programs such as childcare and an Active Aging Hub are located side by side, bringing together young and old. A total of 104 apartments are provided in two 11-story blocks for elderly singles or couples, and "buddy benches" at shared entrances encourage seniors to come out of their homes and interact with their neighbors.

Photo: K.Kopter

כפר האדמירלות בסינגפור הוא מיזם רב־שימושי ייחודי, שמשלב תחת קורת גג אחת מִתקנים ושירותים ציבוריים. הגישה המסורתית נוהגת להקצות לכל רשות ממשלתית חלקת אדמה משלה, ליצירת רחובות של בניינים נפרדים. מתחם משולב זה, לעומת זאת, ממטב את השימוש בקרקע ומייעל את השירותים הניתנים לאוכלוסייה המזדקנת של סינגפור.

הפרויקט, הממוקם באתר צר־מידות ומחויב למגבלת גובה של 45 מ׳, מתוכנן כ״כריך שכבות״ או ״כפר אנכי״ (קמפונג) עם כיכר ציבורית במפלס התחתון, מרכז רפואי במפלס האמצעי, ופארק עִלי עם דירות לאזרחים ותיקים במפלס העליון. שלושת המפלסים המובחנים הללו משלבים ביניהם את השימושים השונים, והתכנון הצולב משחרר את מפלס הקרקע לפעילויות פנאי שונות. הקִרבה בין המגורים לבין שירותי הבריאות, החברה והמסחר מעודדת חיבור בין־דורי ומאפשרת אורח חיים פעיל ויצרני גם בקרב האזרחים הוותיקים.

הכיכר הציבורית היא מישור נקבובי להולכי רגל, המתוכנן כ״סלון״ קהילתי. במסגרת זו של מרחב מסביר פנים, הציבור מוזמן להשתתף באירועים, לערוך קניות או לסעוד באחת מהמסעדות שבמפלס השני. הכיכר הטרופית נהנית מבריזה קלה והיא מוצלת ומוגנת על־ידי המרכז הרפואי, המרחף מעליה ומאפשר את הפעילות גם בימים גשומים או חמים במיוחד.

הפארק העִלי מתוכנן בקנה־מידה אינטימי יותר, כמרחב ירוק למפגשים חברתיים, התעמלות או עבודת גינון בחווה הקהילתית. שירותים משלימים, כמו מעונות יום לילדים ומועדון קשישים, ממוקמים אלה לצד אלה ומפגישים צעירים ובוגרים. 104 דירות לבודדים או לזוגות ותיקים ערוכות בשני בלוקים בני 11 קומות. ספסלים בכניסות המשותפות מעודדים את האזרחים הוותיקים לצאת מדירותיהם ולתַקשר עם שכניהם.

Photo: Patrick Bingham-Hall

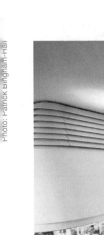

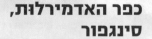

כפר האדמירלוּת, סינגפור

תכנון ופיתוח: WOHA אדריכלים, סינגפור
2017–2010

רק שני אחוזים משטחי היבשה של כדור הארץ משמשים את ערי העולם, אבל שני אחוזים אלה מְכלים שמונים אחוז ממשאבי האנרגיה שלנו. צריכת דלקי המאובנים בערים הורסת את הפלנטה, וכולנו סובלים מההשלכות הגלובליות של גידולן המואץ. תכנון ערים ואדריכלות אינם עוד נחלתם של מומחים: ההחלטות המכריעות לגבי עתידן צריכות להתקבל על־ידי הקהילה כולה.

האדריכלים במשרד WOHA דמיינו מחדש את המטרופולינים שלנו כערי גנים למאה ה־21: צפופות ואנכיות, ובה־בעת גם מסבירות פנים ובנות־קיימא. האסטרטגיות המובילות ועקרונות היסוד של ערי גנים חדשות אלה מוצגים בפרויקטים הפרוטוטיפיים של המשרד, שרבים מהם כבר נבנו.

הסופר עומאר אל־עאקד (El Akkad) אמר לאחרונה בראיון: "לא מעניין אותי אם הרעיונות הספרותיים שלי עשויים להתרחש, אלא העובדה שעבור אנשים רבים בעולמנו הם כבר התרחשו. הכתיבה שלי היא פחות דיסטופית [ספרות של המקום הרע] ויותר דיסלוקטיבית [ספרות של מעתקים בין מקומות]".[29] סולארפאנק המובן כספרות דיסלוקטיבית, ינתק בכוונה תחילה בין קִדמה טכנולוגית מקיימת לבין גבולות הגזרה של ההיסטוריה המערבית. וזה לא יקרה, כפי שמדגיש פלין במניפסט שלו, מתוך געגועים לעבר - אלא תוך התבוננות נכוחה במה שקורה עכשיו בעולם, או בכתמים העיוורים של ההיסטוריה. כפי שג'ארד סקסטון מגדיר זאת, "הספקולטיבי אינו עוסק רק בעתידים אפשריים, אלא גם בזמני עבר אפשריים ובזמני הווה אפשריים".[30]

דיסטופיה עוברת דה־פוליטיזציה כשהיא מסתפקת בהיותה תחליף לביקורת ומתמסרת לקידום מטרה אידיאולוגית. דיסטופיה "פונה לשמאל ולימין כאחד, כי בסופו של דבר היא מבקשת מעט כל כך מהדמיון הספרותי, הפוליטי או המוסרי: היא מבקשת ממך ליהנות מחברת אנשים שפחדי העתיד שלהם מתיישבים בנוחות עם אלה שלך".[31] צ'ילסי מנינג נשאלה לאחרונה, "מה השתנה מאז שיצאת מהכלא?" וענתה: "זה רומן דיסטופי, אבל רומן דיסטופי משעמם שנכתב על־ידי גברים לבנים". במילים אחרות, מי שכותב את הסיפור, משמעותי לא פחות מההטיה המגמתית של הסיפור עצמו.

כמו אופטימיזם ופסימיזם, אוטופיה ודיסטופיה לא בהכרח מוציאות זו את זו.[32] הם מצויות תמיד בדו־קיום, כשני צדדים של מטבע המאיים להתהפך בכל רגע. אני חושבת, למשל, על ספרה הדיסלוקטיבי של אוקטביה באטלר (Butler), **משל הזורע** (*The Parable of the Sower*), המתאר אוטופיה רוחנית חדשה שעולה מאפרה של יבשת חרבה. בספר ההמשך, אותה קהילה משתעבדת למשטר של פנאטיות; התקווה נקרשת לדוגמה, שמובילה לחורבן, ששוב מתהפך ומצמיח תקווה. כדי להציע אוטופיה - המשל חייב להציע גם את מה שבא בעקבותיה, או בין לבין.

לפיכך, אם מטרתו של הסולארפאנק היא צמצום פערי ההיתכנות, חשיבה חיובית לשם עצמה אינה לב העניין. חשיבה חיובית לא מחייבת הרכבת משקפיים ורודים. המקום, הסיפור, הסגנון, חשובים גם בספרות המדע הבדיוני. אדריכלות ירוקה ונעימה תהיה חסרת כל משמעות אם תטופל כפנטזיה קולוניאלית של גיבורים מהטיפוס שאפשר למצוא כדוגמתו בסיפורי סטימפאנק וסייברפאנק. כדי למנוע את קריסת הנושאים הרציניים אל מחוזות השעשוע, הסיפר עצמו חייב להיעתק ולהתפרק יחד עם העולם המדומיין בו. דיסלוקציה, ולא אוטופיה - זה מה שיגן על הסולארפאנק מהיסחפות לעבר חזון ליברטריאני של איים מלאכותיים, האצה מכוונת של הקפיטליזם (כדי לקדם את קריסתו), או אפילו סתם חנות בקניון; ואולי זה גם מה שיצליח למשמע מחדש את הפאנק.

29. Jason Kehe, "Sci-Fi, Dystopia, and Hope in the Age of Trump: A Fiction Roundtable," *Wired* (July 201)
30. Jared Sexton interviewed by Daniel Barber, "On Black Negativity," *Society and Space* (September 2017)
31. Jill Lepore, "A Golden Age for Utopian Ficiton," *The New Yorker* (June 2017). ראו גם: "היום כל אחד יכול ליצור דיסטופיה, פשוט בעריכת קולאז' מכותרות עיתונים. אוטופיות, לעומת זאת, הן קשות וחשובות כי אנחנו נדרשים לדמיין כיצד ייראו הדברים אם נתקן וניטיב את דרכינו. [...] הכתיבה האוטופית היא בעייתית במקרים רבים, אבל גלומות בה הזדמנויות. מעניין לנתח את המתקפות הפוליטיות [עליה]: 'אוטופיה משעממת כי אין בה קונפליקטים, [...] אין דרמה של אמנות גדולה, אין הוד והדר'. דברים כאלה נאמרים תמיד על־ידי השבעים. להרגשתי, אם רק היו רעבים וחולים וגרים בקופסת קרטון - היו נותנים לאוטופיה סיכוי"; Terry Bisson, "Galileo's Dream: Q&A with Kim Stanley Robinson," *Shareable* (November 2009)
32. בהקשר זה נוכל להפיק הרבה מחשיבה על המושגים אפרו־פסימיזם ואופטימיות שחורה. פרד מוטן מתאר את "ההבדל הזעיר בין פסימיזם ואופטימיזם" כמה שניתן לאבחון לא בכלים של ניגוד או שלילה, אלא במובנים של שלילה כפולה; Fred Moten, "Blackness and Nothingness (Mysticism in the Flesh)," *The South Atlantic Quarterly*, 112:4 (Fall 2013)

המקור: Elvia Wilk, "Is Ornamenting Solar Panels a Crime?" *Positions* (*e-flux Architecture*, 2018)

אלוויה וילק היא סופרת ועורכת הפועלת בניו־יורק ובברלין ומפרסמת בכתבי־עת רבים, ביניהם: *Frieze, Metropolis, Artforum, Zeit Online*. בשנים 2016-2012 יסדה וערכה את המגזין האינטרנטי *uncube*, ובשנים 2018-2016 שימשה עורכת הפרסומים של *transmediale*. כיום היא אחת העורכים של כתבי העת *e-flux* ו־*Rhizom*, ובמקביל היא מרצה ב־New School, ניו־יורק. הרומן הראשון שלה, *Oval*, עתיד לראות אור בקרוב בהוצאת Soft Skull.

האדריכל הסעודי סמי אנגאווי (Angawi) בשיטות מסורתיות של בקרת אקלים באדריכלות המזרח־תיכונית; מסורות של חקלאות אקולוגית ברחבי העולם; חזיתות "חיות" ברבי־קומות סינגפוריים, ועוד.[24] בכך כשלעצמו אין די, ו"הסולארפאנק חייב להישמר מאידיאליזציה, אם של ההיי־טק הגותי ואם של הפאבלה־שיק", כפי שמזהיר בצדק סופר המד"ב הספקולטיבי אנדרו דנה הדסון.[25] ועדיין, בביטויים אלה של האתוס הסולארפאנקי גלומה הבטחה פוליטית גדולה בהרבה מזו שמחזיק האידיאליזם האירופוצנטרי.

כותרות ז'אנריות הן חרב פיפיות. הן מאפשרות צמיחה של גוף עבודות עם סממנים פוליטיים מזוהים - ובה־בעת גורמות לעמעום התכנים הפוליטיים של העבודות היחידאיות שהן מאגדות יחד. גיבסון אף טוען שהתיוג של תת־ז'אנרים דוגמת הסייברפאנק הוא אחד הגורמים שהובילו לדה־פוליטיזציה של המדע הבדיוני. "תיוג פזיז וכתיבת מניפסטים הם שניים מהדברים האחרונים ברשימת התוכניות שלי. התיוג איפשר לזרם המרכזי של המד"ב לעמעם את ההשפעה הדיסידנטית שלנו; הסייברפאנק התקבל אז בזרועות פתוחות והחל לזכות בפרסים ובטפיחות על השכם, והמד"ב הז'אנרי המשיך בדרכו בלי להשתנות".[26] יתרה מכך, זה מה שגרם לסייברפאנק להיזנח בסופו של דבר כאופנה חולפת שעבר זמנה. ובאשר לסולארפאנק: חשוב להפוך את הגרין־טק לקוּל, אבל ברגע שהוא נהיה קוּל - הלא־קוּל כבר אורב מעבר לפינה.

בעולם המקוון, הקוּליוּת עוברת מוטציות. הסולארפאנק חי בסייברספייס (כיום, אולי, בפוסט־סייברספייס) שצמח לצד הסייברפאנק. האינטרנט נעשה אמנם יותר ויותר סטרילי והומוגני, אבל תמיד נותרים סדקים שדרכם מסתננים גידולים בלתי קרואים. לכן אין משמעות לכך שאסתטיקה זו או אחרת התפתחה דווקא במסגרת הפלטפורמה המסוימת שבחרה לעצמה - כלומר, ש־Pinterest עשויה להחליק את חזונות הסולארפאנק לתבנית אחרת מזו של tumblr או של reddit. החוכמה היא למצוא דרך לכנס ולרתום את השיח בלי למשטר או לנרמל אותו. זה חיוני, אומר ספרינגט, משום שבניגוד לעולם הדימויים של הסולארפאנק, שעדיין לא עבר נורמליזציה, "מה שכבר עבר נורמליזציה הם דימויי הנוסחה התאגידיים, המכוננים את האסתטיקה העתידית של הקפיטליזם הגלובלי: ערים 'ירוקות' מבטון וזכוכית, ריקות מאנשים". אין ספק שהעולם צריך חלופות לערים כאלה.

כל זה מטריד עוד יותר ברגע שקולטים שההון העכשווי לא מבין הצעות אירוניות. כך, למשל, סיפרה המעצבת דייזי גינסברג כיצד אחד הפרויקטים הספקולטיביים שלה, *E.Chromi* - שבו ביקשה להאיר את היתרונות הפוטנציאליים אך גם את הסכנות הטמונות בביו־טכנולוגיה - התקבל ברצינות כהזדמנות עסקית על־ידי משקיעים רעבים.[27] הביקורת הלכה לאיבוד לעיני המעטים שבידם האמצעים להוציא מיזמים כאלה מן הכוח אל הפועל. ואם גורלה של כל ביקורת להיתפס כהצעה מעשית - משתמע מכך שהעלאת רעיונות חיוביים ובונים תהיה הבחירה העדיפה מבחינה מוסרית. כלומר, כל עוד עולמנו נשלט על־ידי הריאליזם הקפיטליסטי - עלינו לבחור בהמצאת דרכים לשיפור הריאליה הזאת.[28]

ועדיין, האם אמנות צריכה להטריד את עצמה בשאלות של אחריות מעשית? שהרי הפוטנציאל הפוליטי גלום דווקא במעשה חסר התכלית, בחירוּת מאחריות או מפעולה בשירות מטרה - בעוד ההתעקשות על מסר מובילה לספרות רעה בנוסח איין ראנד. וכבר חנה ארנדט אמרה שרתימת האמנות לשירותם של אידיאלים היא מסימני הטוטליטריות.

ברור שספרות המשמשת כלי אידיאולוגי מסתכנת בהידרדרות למכנה המשותף הנמוך ביותר ובהפיכה לדוגמה חסרת ניואנסים. ועדיין יש הבדל מהותי בין הצעה לבין שכנוע אמוני, בין אופציה לבין הפתרון היחיד האפשרי. האחת מאפשרת דו־קיום של ריבוי מציאויות; האחרת מתעקשת להיות הטובה בכל המציאויות האפשריות, שכמובן מתגלה כזו ש"טובה ביותר" למי שמציע אותה.

24. חשוב לציין שהאסופה הראשונה של ספרות סולארפאנק מוצהרת ראתה אור בברזיל: Gerson Lodi-Ribeiro (ed), *Solarpunk: Histórias Ecológicas e Fantásticas em um Mundo Sustenavel* (São Paulo: Draco, 2012)

25. Andrew Dana Hudson, “On the Political Dimensions of Solarpunk,” *Medium* (October 2015)

26. William Gibson interviewed by David Wallace-Wells, *The Paris Review* (Summer 2011)

27. להרחבה על *E.Chromi* ראו: Alexandra Daisy Ginsberg and James King, *E.Chromi* (2009)

28. Mark Fisher, *Capitalist Realism: Is There no Alternative?* (Abingdon, UK: Zero Books, 2009)

סמי אנגאווי, בית אנגאווי, ג׳דה, ערב הסעודית

של המכונה, שנשלחה ליישום בארצות החום הקולוניאליות. מושו נסע לאלג׳יריה כדי להדגים את ניצולה של אנרגיית השמש לתמיכה בהתפשטות הקולוניאלית (בהצלחה מתונה בלבד; תנורים סולאריים משכו יותר תשומת לב). סיפורים דומים נרשמו בקולוניות בריטיות וגרמניות לאורך העשורים הבאים, אך רוב הפיתוחים הללו נתקלו במבוי סתום עם פרוץ מלחמת העולם הראשונה.

חדשנות טכנולוגית אינה מבטיחה יישום פוליטי, ואוטופיית המנוע הסולארי של מושו התנפצה במרחבים הדיסטופיים של היבשת: הטכנולוגיה הגלובלית שהתעקש לייצא, לא היתה רלוונטית או מתאימה במיוחד ליישומה הלוקאלי. אילו רק התבונן סביבו בהגיעו לאלג׳יריה, היה מושו מבחין אולי בשיטות מתקדמות של רגולציה תרמית פסיבית באדריכלות האלג׳יראית המסורתית.[22]

דיסלוקציה: מעתקים בין מקומות

״אני רואה באוטופיה עניין מעשי בתכלית, ובעצם – מעשיות שנמתחה לקצה״.
– מקנזי ווארק[23]

אם אזכורי אר־נובו יהפכו לכתב קצרנות אסתטי של עתיד אוטופי, גם הם יהיו עד מהרה לא יותר מעוד מוצר צריכה לעשירים. למרבה המזל, ״אסתטיקה עקבית אינה מתמסרת בקלות לנורמליזציה כזו ביקום המדומיין״, אומר האמן, התיאורטיקן והסולארפאנקיסט ג׳יי ספרינגט (Springett). בכך הוא רומז שהסולארפאנק לא יכול להתקבע כדבר אחד מאובן, ושגם אם יעבור אינספור עיבודים של מֶמיפיקציה או איקוניזציה באינטרנט - תמיד יישאר פתוח לעיבוד ולניכוס. ספרינגט מדגיש את טווח ההשפעות הרחב של הסולארפאנק, הרבה מעבר לאר־נובו הנשלף אוטומטית, בהרף של מחשבה: וריאציות ועדכונים שמכניס

20. ראו: Nicholas Korody, "Mere Decorating," *e-flux Architecture* (November 2017)
21. המנוע של מושו פעל על מכל זכוכית מלא מים שהורתחו בחום השמש; ראו בוטי ופרלין, לעיל הערה 18, שם.
22. ראו: Fezzioui Naïma et al., "The Traditional House with Horizontal Opening: A Trend towards Zero-Energy House in the Hot, Dry Climates," *Energy Procedia*, 96 (September 2016); Maatouk Khoukhi and Naïma Fezzioui, "Thermal Comfort Design of Traditional Houses in Hot Dry Region of Algeria," *International Journal of Energy and Environmental Engimeering*, 3:5 (December 2012)
23. McKenzie Wark, *Anthropocene Lecture Series*, Haus der Kulturen der Welt, Berlin, 18 May 2017

בתיאוריה, הסטימפאנק מהלל מיומנות טכנית - אבל החלקים ה"מדעיים" שלו הם לרוב בלתי מעשיים או בלתי אפשריים. "שלא כמו הכונן הקשיח הבלתי חדיר של ה־iPod, הוא חושף לעין כבלים וליפופים, בוכנות וגלגלי שיניים, המציגים את קרבי המנגנון הפנימי של המכשיר - [אבל אלה] אינם אלא תצוגה אסתטית החסרה כל הצדקה טכנולוגית".[15] הסולארפאנק נבדל ממנו בריאליזם הטכנולוגי שחסר כל כך בסטימפאנק.

הסולארפאנק, אם כן, מפנה זרקור למשברים עכשוויים, ובעוד הסטימפאנקיסטים יכלו להרשות לעצמם מידה רבה של חובבנות - הסולארפאנקיסטים צופים את צורכי העתיד ומתכוננים להתמודדות איתם. שהרי, כאשר הייצור התעשייתי יקרוס ומפלס פני הים יעלה, לא תהיה לנו ברירה וניאלץ לעסוק בריתוך. במובן זה הסולארפאנק קרוב לבן־דודו העכשווי יותר, הסייברפאנק, שהפנה גב לנוסטלגיה וחתר תחת נראטיבים של קִדמה טכנולוגית ב"דיסטופיה תאגידית עם ניחוח עז של מלחמת מעמדות".[16]

הסולארפאנק מבקש לעקור מן המדע הבדיוני הן את הפנטזיות הטכנו־מאגיות של הסטימפאנק והן את הקלקלה הטכנולוגית של הסייברפאנק. אם התשתית האנרגטית של עידן הקיטור נשענה על פחם, וזו של עידן הסייבר על נפט, אזי הסולארפאנק מבשר וצופה את הקטסטרופה ואת המעבר לאנרגיה סולארית; או כדברי מחבר המניפסטים של הסולארפאנק, אדם פלין: אם "סטימפאנק היה העתיד הנחשק של האתמול", ו"סייברפאנק היה אותו עתיד לאחר שכבר התגשם והתגלה במערומיו המבישים" - אזי ה"סולארפאנק הוא העתיד שאנחנו יכולים עדיין לחשוק בו ועשויים גם לקבל".[17]

סולאר־טק בזמני עבר

לסולארפאנק יש גם היסטוריית צללים. במאה ה־18 ובראשית המאה ה־19 נרשמה פריחה אדירה של "אדריכלות־שמש" חדשנית. על רקע "עידן הקרח הקטן" - התקררות משמעותית שפקדה את אירופה בשנים 1850–1550 בקירוב - גבר הצורך בחימום ובשיטות הסקה חדשות והוביל לשגשוג של מבני זכוכית ב"עידן החממות" של המאה ה־18.[18] החממות איפשרו גם לגדל תוצרת חקלאית בכל עונות השנה, כדי לספק את הטעם הנרכש שפיתחו האירופים לפירות אקזוטיים מהקולוניות.

באמצע המאה ה־19, עם התרחבות מעמד הביניים, התגלגלה טיפולוגיית החממה בצאצא הזעיר של המשתלה הביתית - מרפסת צמחים מחופה זכוכית ומחוממת באנרגיית השמש, שהוצמדה לבתי האמידים. בניגוד לתפקיד החקלאי המעשי של החממות, המשתלות הביתיות התנאו בצמחים נדירים ושאר מוזרויות בוטאניות, כאובייקטים אסתטיים וכתצוגת ראווה של עושר. "בסוף המאה ה־19 התאהבו עשירי העולם במשתלות הביתיות הללו, שהיו למאפיין אדריכלי חשוב" של התקופה הוויקטוריאנית המאוחרת.[19] אבל בראשית המאה ה־20, נוכח התפוצה המתרחבת וההוזלה של השימוש בפחם, רבים הרשו לעצמם לוותר על ההנדסה הסולארית שנדרשה לחימום הטבעי של המשתלות הביתיות, ואנרגיית השמש הוחלפה בבערת פחם. בראשית תקופת האר־נובו, החממה כבר נסוגה לרקע מבחינה פונקציונלית ונותרה לא יותר מקישוט אדריכלי בהשראת הטבע: חיקוי דקורטיבי של אדריכלות בת־קיימא. בוטניקה ביתית שכזו גם הוסללה מבחינה מגדרית כתחביב של העברת זמן לנשים שכבודן בבית פנימה.[20]

לחממות הסולאריות נלוו פיתוחים סולאר־טקיים נוספים. מתמטיקאי צרפתי אחד, אוגוסטן מושו (Mouchot), המציא מנוע קיטור בהנעה סולארית, שהאבטיפוס המעשי הראשון שלו נבנה בשנות ה־60 למאה ה־19.[21] הוא זכה לשבחים כפלא של ממש, אבל השמש הצרפתית לא היתה חזקה דיה להנעה אמינה

15. פרשון, לעיל הערה 13.
16. Margaret Killjoy, "Steampunk Will Never Be Afraid of Politics," *Tor* (October 2011).
17. Mary Woodbury, "Interview with Adam Flynn on Solarpunk," *Eco-Fiction* (July 2014).
18. ראו: Ken Butti and John Perlin, *A Golden Thread: 2500 Years of Solar Architecture and Technology* (New York: Van Nostrand Reinhold, 1980): "פעם אחר פעם, מחסור בדלק ממריץ את החיפוש אחר חלופות אנרגטיות ומקדם את התפתחותן של אדריכלות סולארית וטכנולוגיה סולארית. אבל ברגע שאנשים מגלים עוד מקור דלק שופע - אנרגיית השמש שוב הופכת ל'בלתי כלכלית' ונעלמת מן המפה". תודה לג'יי ספרינגט שהפנה אותי לספר זה.
19. שם.

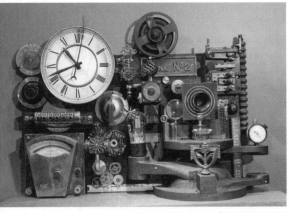

שעון סטימפאנק שולחני בעיצוב רוג'ר ווד, 2010

מהפוסט הזה ואחרים כדוגמתו מתקבל הרושם שאסתטיקת הסולארפאנק היא בחלקה נגטיבית, כלומר, מוגדרת על־ידי מה שהיא מבקשת להימנע ממנו: פוטוריזם הקופסה הלבנה של Apple מצד אחד - ומצד שני, תת־תרבות מפחידה של פצחנים אנרכיסטים, המבשרת את האל־אוטופיה של קריסת סדרי הייצור. סולארפאנק לא רוצה לפנטז על הלובן (בנוסח פרסומת לסבון) של מושבת החלל לעשירים בסרט **אליסיום** (שנראית כמו המטה העולמי של חברת Apple בקופרטינו, קליפורניה) - וגם לא על לוס־אנג'לס של מטה, מסואבת, שורצת מוטציות, הלומת פמפומי רעש בלתי פוסקים של מוזיקת רגאטון, כפי שמתאר הסרט את חיי אלה שנותרו על כדור הארץ. בין האימה של הקופסה הלבנה והאטומה לבין זו של השקיפות הטכנולוגית המוחלטת, גרסה זו של הסולארפאנק מצאה מפלט בלוח סולארי שקוף־למחצה מזכוכית צבעונית.

חיסרון אפשרי של ההימנעות משני קטבים בעייתיים אלה הוא ההיקלעות לנוסטלגיה. במובן זה יש לסולארפאנק מכנה משותף עם הסטימפאנק, שהמאפיין הסגנוני שלו - אצל סופרי מד"ב מוקדמים כמו ה"ג וולס (Wells) ומייקל מורקוק (Moorcock) - הוא ניאו־ויקטוריאניות. מחשב מופיע בלונדון של המאה ה־19; מהנדס בכובע צילינדר נוסע בזמן לימינו-אנו; גולשים על גלי האתר, במשקפות צלילה, מצילים עלמות במצוקה. הסטימפאנק מוקסם מאנכרוניזם טכנולוגי, מה שלפעמים מוביל להסתבכות באנכרוניזמים אחרים, בעייתיים הרבה יותר.

רבים כבר טענו שאמצעי המבע של הסטימפאנק מסגירים תשוקה (מצועפת קלות) לעולם של פעם, שבו גברים לבנים וכשירים לא הוטרדו כלל בעבודות משק הבית והיו חופשיים לגלם גיבורים. בעולם ההוא, קפיצות דרך טכנולוגיות בתעשייה סללו את הדרך לשליטה אירופית ולהתפשטות קולוניאלית. במילים אחרות, קשה לנתק מושגית בין הקיטור (steam) שהניע את עידן האימפריה והפטריארכיה, לבין החתרנות המובלעת ב"פאנק".[12]

אחרים טוענים שהסטימפאנק צבוע אמנם בגוונים של נוסטלגיה בוטה - אבל עם פיתול פוסט־מודרני המבליע אירוניה, ואפילו סאטירה, מנקודת מבט עכשווית.[13] ברור שכמה מיצירות הסטימפאנק מגייסות את מוסכמות הז'אנר למאבק בעוד אחרות נכנעות למרותן; ברור שכמה נכשלות בהחפצה בעוד אחרות מותחות ביקורת. אבל הטענה לביקורת מסתבכת כאשר המאפיינים האסתטיים של הז'אנר הופכים לקלישאות לייפסטייל חבוטות. הסטימפאנק מעלה אמנם על נס טכנולוגיות "עשה זאת בעצמך" והשתלטות על אמצעי הייצור, אבל האסתטיקה שלו הפכה כיום לנישה צרכנית מובהקת. במילותיו של גורו תרבות־הנגד ו' וייל, חסידי הסטימפאנק אוהבים אמנם את אסתטיקת הברזל המחושל בנוסח "עשה זאת בעצמך" - אבל "מעטים מהם פנו להתנסות מעשית בריתוך". ולמה להם, כאשר רשתות שיווק כמו Hot Topic מוכרות משקפות צלילה מעוצבות?[14]

11. Miss Olivia Louise, “Here’s a thing I’ve had around in my head for a while,” *Land of Masks and Jewels* (2015)

12. "הסטימפאנק, שהוערך כתנועה אידיאולוגית ובה־בעת הושמץ כזרם אופנתי א־פוליטי, צובר משמעות פוליטית רק כאשר הוא נחשב ככזה"; ראו: “Politics in Steampunk: A Sampling / Why it Matters,” *Beyond Victoriana* (April 2013)

13. "חסידי הסטימפאנק מחבבים אמנם את ההוד וההדר של האימפריה הבריטית", ועם זאת לא בהכרח "מקבלים את הגזענות והקולוניאליזם שביססו אותה". מתוך: Mike Dieter Perschon, *The Steampunk Aesthetic: Technofantasies in a Neo-Victorian Retrofuture* (PhD Dissertaion, Edmonton, Canada: University of Alberta, 2012)

14. מתוך ראיון טלפוני עם V. Vale, אפריל 2017.

אלה על אלה אהדדי, נשזרים ומתמזגים. "מדע בדיוני הוא אורובורוס", כותבת קלייר אוואנס.[7] ועדיין, ראיית הנולד נבדלת מתוכנית פעולה. סולארפאנק, ככלל, הוא טיפוס יזמי הנוטה לחשיבה חיובית ולאופטימיות.

כמה סופרי מד"ב פופולריים ניחנים במזג סולארפאנקי, בין אם הם קושרים את עצמם לתנועה באופן מוצהר ובין אם לא. ניל סטיבנסון, למשל, יסד ב־2011 את פרויקט "הירוגליף": "יוזמה לקידום מדע בדיוני שידרבן חדשנות במדע ובטכנולוגיה".[8] במאמר שכתב לתיאור הפרויקט, שמוכתר לא־פעם כטקסט המכונן של הסולארפאנק, מקונן סטיבנסון על העדר קפיצות מדעיות משמעותיות בעשורים האחרונים, בטענה שחדשנות פרוגרסיבית של ממש עוכבה במידה רבה על־ידי דרג מקבלי ההחלטות בתאגידים ובאקדמיה, במטרה למזער סיכונים.[9] סטיבנסון מאמין שהשפל הנוכחי בפריצות דרך טכנולוגיות - כאלה שבכוחן להניע מהפכות חברתיות - לא נגרם כתוצאה מהידלדלות היכולות הטכנולוגיות, אלא כתוצאה מהעדר דמיון בדרגי הארגון.[10] היכולת הקולקטיבית לחזות עתידים טובים יותר התכרסמה בשיני ההגבלים המבניים של המוסדות הגדולים, שחולשים על המשאבים הנדרשים להנעת מהלכים חזוניים שכאלה. מדע בדיוני, אומר סטיבנסון, עשוי לעזור.

מיהו או מהו סולארפאנק?

כמו אבותיו הז'אנריים סטימפאנק וסייברפאנק, סולארפאנק נסמך על אסתטיקה שמתפרשׂת אל שדות האדריכלות, העיצוב, האופנה והאמנות. אחד מהדיונים בנושא שואל אם הסולארפאנק הוא תנועה פוליטית או "רק" ז'אנר אסתטי; אלא שתחומים אלה אינם מנוגדים כלל וכלל, והמאפיינים האסתטיים הנקשרים לתנועה מסוימת עשויים לפעול את פעולתם למען וגם נגד מטרותיה הפוליטיות המוצהרות. מגמות אסתטיות דומיננטיות ניתנות לזיהוי גם כשהן מחזיקות גיוון וסתירה וגם כשהן מצויות עדיין בתהליכי צמיחה והתגבשות. בפוסט tumblr חידתי שזכה לתפוצה רחבה, תיארה "מיס אוליביה לואיז" את חזון הסולארפאנק שלה:

> צבעים טבעיים! אר־נובו! כלים עבודת־יד! חייטים ותופרות! חשמליות! ספינות אוויר! לוחות סולאריים מזכוכית צבעונית!!! חינוך טכנולוגי במגמת גינון! פחות קפיטליזם תאגידי, יותר עסקים קטנים! גגות וכבישים סולאריים! חממות קהילתיות על גגות של בנייני דירות! מכוניות חשמליות בעיצוב רטרו! אין כניסה למכוניות ברחובות להולכי רגל עם חנויות עצמאיות בלבד! חיי היי־טק בסגנון אר־נובו על אנרגיה מתחדשת![11]

החזון הזה, בנאיביות העיקשת שלו, צבוע בנוסטלגיה לזמני עבר מדומיינים, שבהם היתה הטכנולוגיה - מכנית וידנית יותר - חופשית מייצור המוני וסדרתי. ברוב המקרים, העבר המדומיין הזה שייך לשושלת ה"אמנויות ואומנויות", שעשתה פטישיזציה למלאכת היד ול"עשה זאת בעצמך", לרוב בקרב המעמדות העליונים ובעלי התחביבים שזמנם בידם.

במונחים של ימינו, בחירה זו היא חישוב מסלול מחדש תוך התרחקות הפגנתית מן היקום התאגידי המצוחצח של נופי הפלדה והזכוכית, המשווק על־ידי טכנולוגיסטים כחזות "העתיד" (לעשירים בלבד) - המראה הדשן והמלוקק היאה לברונים השודדים של הפיאודליזם הטכנולוגי. "מיס אוליביה לואיז" מסבירה: "רבים מאתנו חוזים עתיד של טכנולוגיה פוטוריסטית ואדריכלות שנראית כמו iPod - עתיד מלוטש וגיאומטרי ולבן, שלדעתי הצנועה הוא גם קצת משעמם וסטרילי, ולכן בחרתי במקומו אסתטיקה של אר־נובו".

7. Claire L. Evans, “Does Future Fact Depend on Present Fiction?”, *Uncube* (March 2014)

8. בפרויקט "הירוגליף" התפרסם לאחרונה הספר *Stories and Visions for a Better Future*. חשוב לציין שסופרים רבים המוזכרים במאמר אינם משייכים את עצמם לז'אנר יותר משוויליאם גיבסון נשא את נס הסייברפאנק. כותרות ז'אנריות מודבקות לרוב בדיעבד, לתוצרים שכלל לא התכוונו להיות כאלה. עם הזמן, אחרים עשויים לשאת את הלפיד הלאה, בכוונה מודעת ליצור במסגרת הקונוונציות הז'אנריות שכבר התגבשו.

9. Neal Stephenson, “Innovation Starvation,” *World Policy Journal* (September 2011)

10. ראו גם: David Graeber, “Of Flying Cars and the Declining Rate of Profit,” *The Baffler* (March 2012)

לוחות סולאריים: קישוט ופשע?

אלוויה וילק

"אנחנו סולארפאנק, כי כל האפשרויות האחרות מתמצות בהכחשה או בייאוש".
– אדם פלין[1]

דיסטופיה הפכה בימינו למותרות, ז׳אנר ספרותי לפריווילגים. לא לכל אחד יש זמן לבוסס בתרחישי עתיד אומללים. וויליאם גיבסון עדכן לאחרונה את האמרה "העתיד כבר כאן, הוא רק לא נפוץ במידה שווה", כדי לומר ש"גם הדיסטופיה אינה נפוצה במידה שווה".[2] במרבית המקרים, הדיסטופיות החביבות על הפריווילגים אינן אלא חדשות ישנות. בנוף הפוליטי הנוכחי, "בצֵלם הקודר של כחצי־תריסר תרחישי מד"ב אכזריים" (אם להוסיף ולצטט את גיבסון), וכאשר הוליווד פורטת על כל נים מנימי הפראנויה לרקיחת עוד ועוד דיסטופיות לפי נוסחה – ההתעקשות על דיסטופיה עשויה להיתפס כעצלות מחשבתית.[3] לצד ההתפנקות בתהייה על עתיד האנושות, האם לא נדרשת כיום, מעבר לסיפורי המוסר, גם אחריות לפעולה מעשית?

על רקע זה עלה לבמה בן התערובת המכונה סולארפאנק. בפוסט מ־2015 בשם "סולארפאנק מבקש להציל את העולם", מסכם בן ולנטיין: "סולארפאנק היא התנועה היצירתית הראשונה שמגיבה באופן מודע וחיובי לרעות החולות של עידן האנתרופוקן. גם כאשר לא נותר על פני האדמה מקום חופשי מנזקי ההדוניזם האנושי, סולארפאנק סבור שבני האדם יכולים לשוב ולחיות בהרמוניה עם כדור הארץ. סולארפאנק היא תנועה ספרותית, האשטאג, דגל והצהרת כוונות לגבי העתיד שאנחנו מקווים ליצור".[4]

המהלכים הראשונים של הסולארפאנק הנצו ברשת סביב 2008, וצברו נוכחות מורגשת ב־2014. מקורותיו האינטרנטיים המבוזרים הגנו עליו עד עכשיו מהגדרה סמכותית גורפת או מהטיה פוליטית פסקנית. סולארפאנקיסטים אחדים ניזונים מחזונות העתיד של דונה האראווי (Haraway) ומאוטופיות האסונות של רבקה סולניט (Solnit) – בעוד אחרים מסתדרים היטב ב"טווח האידיאולוגי הרחב של השמאל המתון"; כמה מצטטים את הקאנון המד"בי של ז׳אנרים ספרותיים כמו New Weird או Cli-Fi, אחד טוען ל"פוסט־ניהיליזם", וספר שראה אור לאחרונה מוסיף לתערובת גם כמה דרקונים.[5] המגוון העצום הוא לב העניין.[6] כמו רבות מהתנועות ילידות הדיגיטליה, בייחוד אלה שמפגינות סובלנות לפעולה אנונימית, הסולארפאנק מתגוששת עם הרבגוניות הזאת תוך כדי תנועה. ואם כל אחד מחברי התנועה אחראי למעשיה – אפשר לומר שאיש אינו אחראי למעשיה.

כ"תנועה, האשטאג, דגל", הסולארפאנק שואפת להפוך את המדע הבדיוני למדע מעשי. רגישות אסתטית בהתהוות מבססת ומניעה את הדחף הזה מלמטה. כסגנון וכז׳אנר, הייצוג החזותי של הסולארפאנק הוא אדריכלי במובהק, ובעוד בלוגרים רבים מדגישים את החשיבות של ה"לוקאלי" – מושגי הסולארפאנק הם בהכרח גלובליים. את תחושת הדחיפות שואבת התנועה ממודעות לחורבן סביבתי בקנה־מידה פלנטרי. מול פני המשבר הצפוי, הסולארפאנק מעלה על נס בדיונות בונים ומחנכים, שאינם מתביישים בהיתכנות המעשית שלהם.

יצירות מד"ב רבות כבר ניבאו את העתיד, החל בלוויינים של ארתור סי. קלארק ועד ממשקי התנועה של **דו"ח מיוחד** והסייברספייס של גיבסון (אם כי השימוש העכשווי במונח אינו נאמן למובנו המקורי). המיתוסים האלה נשלפים לא־פעם כאמצעי לתיקוף הז׳אנר תוך היתלות במתת הנבואה של מחבריהם (כשלעצמה דרך מפוקפקת להעריך יצירת אמנות). עם זאת מובן שבדיון וממשות משפיעים

Imperial Boy, artwork

1. Adam Flynn, “Solarpunk: Notes Toward a Manifeto,” *Hieroglyph* (September 2014); ראו גם: Jay Springett, “Solarpunk: A Reference Guide,” *solarpunks.tumblr.com* (2012); תודה לבן ויקרס (Vickers) שהאיר את עיני בנושא.
2. Abraham Riesman, “William Gibson has a Theory about our Cultural Obsession with Dystopias,” *Vulture* (August 2017)
3. Belinda Goldsmith, “William Gibson Says Reality Has Become Sci-Fi,” *Reuters*, 7 August 2007; ראו גם: Brady Gerber, “Dystopia for Sale,” *Literary Hub* (February 2018): "בכל מקום שמעורר בנו דאגה - קיטוב פוליטי, שינוי אקלים, דיכוי שחורים ונשים, ההאצה הטכנולוגית הבלתי מבוקרת - יופיע לעינינו חיזיון מסייט של העתיד הצפוי לנו. אין זוועת עתיד פוטנציאלית שתסולק מהרשימה. כל אחד זכאי לדיסטופיה משלו; הן קלות להתאמה אישית ממש כמו רשימת שירים ב־iTunes".
4. Ben Valentine, “Solarpunk Wants to Save the World,” *Hopes&Fears* (August 2015)
5. ראו, למשל: Claudie Arseneault, *Wings of Renewal: A Solarpunk Dragon Anthology* (Scotts Valley, CA: CreateSpace, 2017)
6. המגוון הזה טיפוסי לניב של tumblr, אבל ככלל ידוע שתת־תרבויות נוטות להתפצל לרסיסי מפלגות (גם הסטימפאנק כבר הולידה "שבטים" שלמים); ראו: “Steampunk Tribes,” *Steampunk Scholar* (March 2017).

סולארפאנק ←

התערבות האדם בנתונים הטבעיים של כדור הארץ והשפעתו עליהם
אינה מוטלת בספק. ועדיין, עלינו לזכור שמשאבי הטבע והנוף הם
נחלת הכלל ולא רכוש פרטי של בעל הון, יזם, רשות מקומית או
ממשלה. הסולארפאנק חותר לאוטופיה שבה משאבי הטבע זמינים
לכל, ללא הבדל מעמד או לאום, באמצעות הנגשה של מקורות אנרגיה
נקיים ומתחדשים לאוכלוסיות ערי העולם הזקוקות לכך ביותר.

SPONGE CITY

As a result of the climate crisis and rising sea levels, extreme rainfall has become increasingly frequent in many places worldwide. Since conventional means of protecting against floods have proven insufficient, a growing number of cities are adopting more "natural" solutions, which forego the principles of damming and distancing in favor of water reservoirs in the city. The title "Sponge City" refers to a range of cutting-edge, sustainable methods for managing potential floods and using the water to promote urban development. It also refers to methods for creating a supply of potable water in arid areas suffering from insufficient water resources. The sustainable exploitation of rainwater decreases the danger of flooding, improves drainage problems in cities, and enhances the resilience of the urban sphere in coping with natural disasters.

Houtan Park, Shanghai: Landscape as a Living System

Design and Development:
Turenscape – Kongjian Yu, Ecological
Landscape Architecture, Beijing
2007–2009; 2010–2015
Client: Shanghai World Expo Land
Development, China

Project Statement

Built on a former industrial site, Houtan Park is a regenerative living landscape on Shanghai's Huangpu riverfront. The park's constructed wetland, ecological flood control, reclaimed industrial structures and materials, and urban agriculture are all integral components of an overall restorative design strategy, aimed at treating polluted river water and recovering the degraded waterfront in an aesthetically pleasing manner.

Site and Challenges

The site is a narrow, linear 34.6-acre band located along the Huangpu River waterfront in Shanghai, China. This brownfield, previously owned by a steel factory and a shipyard, contains several remaining industrial structures, and was largely used as a landfill and laydown yard for industrial materials.

The first objective was to create a green environment and a demonstration of green technologies in anticipation of the international fair Expo 2010, which was planned to accommodate a large influx of visitors in May–October of 2010. The aim was to shape a unique

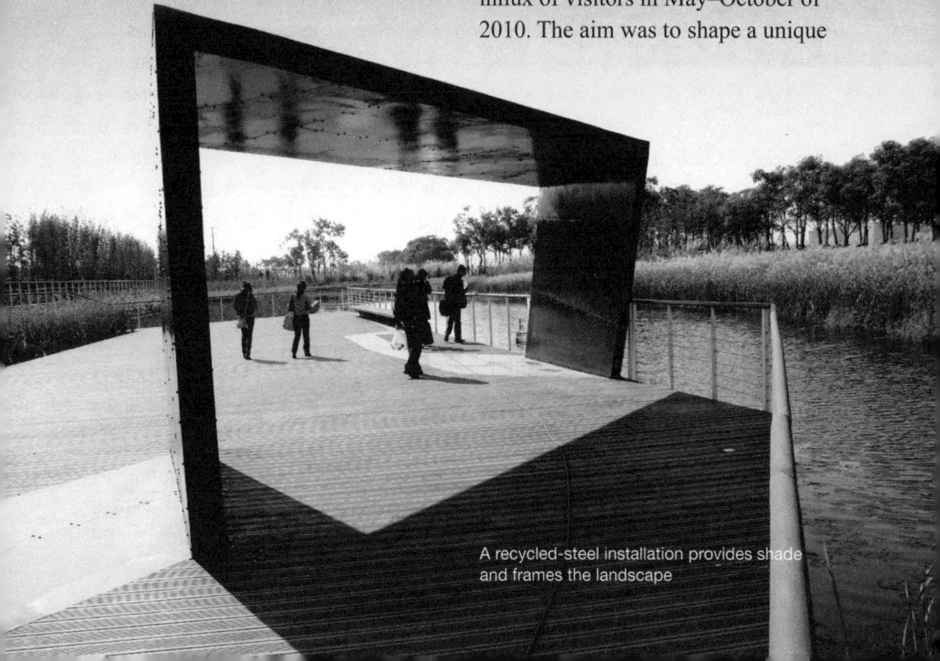

A recycled-steel installation provides shade and frames the landscape

space that could later transition into a permanent public waterfront park. The first challenge was the restoration of the environment – a brownfield littered with industrial and construction debris both on the surface and underground. Additionally, the water of Huangpu River is highly polluted, with a national water quality ranking of the lowest grade. It is considered unsafe for swimming and recreation, and is devoid of aquatic life. The greatest design challenge was to transform this degraded landscape into a safe and pleasant public space.

The site prior to the construction of the park and wetland

The second challenge was to improve flood control. The existing concrete floodwall was designed to protect against a 1,000-year flood event with a top elevation of 22 feet, but it is rigid and lifeless. The six-foot daily tidal fluctuation creates a muddy and littered shoreline, which is currently inaccessible to the public.

A conventional retaining wall would continue to limit accessibility and preclude habitat creation along the water's edge, so that an alternative flood-control design proposal was necessary.

The third challenge was the site itself. The area is a long and narrow site locked between the Huangpu River and an urban expressway with water frontage of over one mile in length, which averages only 100–265 feet in width.

Design Strategies

Regenerative design strategies used to transform the site into a living system that offers comprehensive ecological services included food production, flood and water treatment, and habitat creation, combined in an educational and aesthetic form.

1. Constructed wetland and regenerative design: A linear wetland at the center of the park, which is one mile long and 16.5–100 feet wide, was constructed to create a reinvigorated waterfront and to serve as a living machine for treating contaminated water from the Huangpu River. Cascades and terraces are used to oxygenate the nutrient-rich water, remove and retain nutrients, and reduce suspended sediments, while creating pleasant water features; different species of wetland plants were selected to absorb different pollutants from the water. Field testing indicates that 500,000 gallons per day of water can be treated, improving them from Grade V (the lowest grade) to Grade III. The treated water was used safely during the Expo for non-potable purposes, and saved half a million US dollars in comparison with conventional water treatment.

The wetland also acts as a flood-protection buffer between the 20- and 1,000-year flood control levees. The meandering valley along the wetland forms a series of thresholds, creating visual interest and refuges within the bustling world exposition, and offering opportunities for recreation, education, and research. The terraced design of the wetland alleviates the elevation difference between the city the river, safely reconnecting people to the water's edge. Additionally, the existing concrete floodwall was replaced by a more habitat-friendly riprap that allows native species to grow along the riverbank, while protecting the shoreline from erosion.

2. Heritage and vision: Overlapped within the matrix of the ecologically regenerated landscape are the layers of the site's agricultural and industrial past and of a postindustrial future as an eco-civilization.

Inspired by the fields of the Chinese agricultural landscape, the terraces break down the 15–18 foot elevation change from the water's edge to the road, slowing off the runoff directed to the stream in the constructed wetland. These terraces are reminiscent of Shanghai's agricultural heritage prior to the area's industrial development in the mid-20th century. Crops and wetland plants were selected to create an urban farm, allowing people to witness seasonal changes: golden blossoms in spring, splendid sunflowers in summer, and the fragrance of ripened rice in fall and of green clover in winter. The park also provides a premier educational opportunity for people to learn about agriculture and farming within the city. The terraces enrich the landscape along the wetland by creating spaces that encourage visitors to enter the living system through the field's corridors, and to experience the agricultural landscape

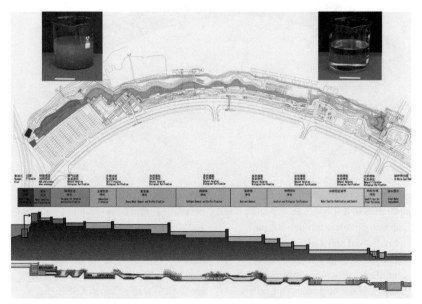

Diagram of the park's constructed wetland

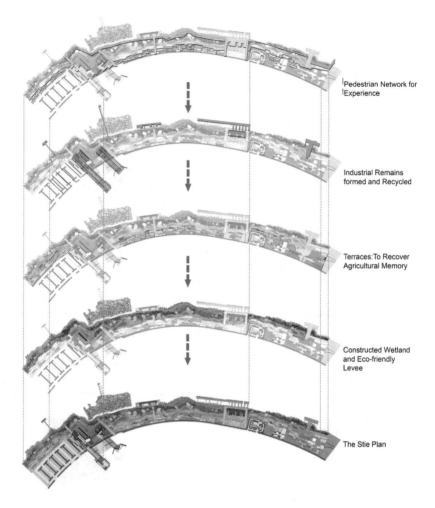

Pedestrian Network for Experience

Industrial Remains formed and Recycled

Terraces: To Recover Agricultural Memory

Constructed Wetland and Eco-friendly Levee

The Stie Plan

A layered approach integrates the park's multiple functions and ecosystem

and wetland firsthand. The paths, like the capillaries of a sponge, absorb and pull people to circulate through the park. The industrial spirit of the site is celebrated through the reclamation of industrial structures and materials. Shanghai is the birthplace of China's modern industry, and the iconic structures that remained onsite have been transformed into hanging gardens and overlook platforms. The reclaimed steel panels allude to the site's former industrial spirit. Situated throughout the wetland valley, the folded steel panels are used to frame views of Shanghai's skyline and highlight the industrial past.

The materials were reconfigured to create artful forms, new paving material for the boardwalk, and shelters.

3. Path network: An ecologically recovered landscape, urban agriculture and an industrial spirit are the three major characteristics of the park, woven together through a network of paths where visitors are educated about green infrastructure within a lushly restored recreational area. The pedestrian network is composed of a main loop, a series of perpendicular roads bisecting the wetland, and a multitude of footpaths leading through the terraces. This network ensures seamless connections between the park and its surroundings, while creating a pleasant and accessible public park.

Numerous platforms and enclosed "containers" are designed as nodes on the pedestrian network, including the "hanging garden" created out of a former factory structure and the landscaped dock expanses where larger groups can gather. Groves of bamboo and Chinese Redwood trees act as screens along the paths to break up the spaces, and the enclosures surrounded by the trees are used to exhibit modern art and industrial relics found onsite. Houtan Park is a living system in which an ecological infrastructure can provide multiple services for society and nature, including ecological water treatment and flood-control methods. The postindustrial design creates a unique productive landscape, evoking memories of the past and showcasing a future ecological civilization based on low-maintenance and high-performance landscapes.

The polluted water during the first stage of the filtration process

Master plan of the park

6a Contaminated water inlet:The 300meter long aqueduct and the cascade wall,starts from the sedimentation tank)

6b Terraced wetland

6c The Hanging Garden (reused industrial structure)

6d Enclosures surrounded with trees for exhibitions of old industrial machinery

0 50 100 200m

1 Water intake
2 Terraced fields
3 Scenic waterfront reeds
4 "Bubble" of vegetation
5 Industrial relic transformed into the "Hanging Garden"
6 Original wetland
7 Reed platforms
8 Inner river wetland
9 Red ribbon benches
10 Square next to boat transfer to the Shanghai Expo
11 Docklands for boat transfer to the Shanghai Expo
12 Houtan rainwater pumping station
13 Wastewater pumping station
14 Original ventilation structure for underground tunnel across the river

6f Band of filtering wetland plants

6g Rusting folded steel pergola and steel pathway in the wood boardwalk

6h Sand for filtering water

6i Pond of cleansed water

6e Existing dock reused as a landscaped platform for recreation

2. מורשת וחזון: במערכת הנוף המתחדש הזה שוכנות בחפיפה חלקית שכבות של עבר חקלאי ותעשייתי ושל עתיד (אקו־ציוויליזציה) פוסט־תעשייתי. בהשראת נופי החקלאות הסינית, הטראסות מְדרגות הפרשי גובה של שלושה עד חמישה מטרים בין שפת המים והכביש, כדי להאט את נגר המים בבִּצה המשוקמת. הטראסות מאזכרות את המורשת החקלאית של אזור שנחאי לפני המפנה התעשייתי באמצע המאה ה־20. יבולים וצמחיית בִּצה נבחרו ליצירת גן עירוני, המאפשר לתושבים לחזות בשינויי העונות: בפריחה הזהובה באביב, בחמניות מרהיבות בקיץ, בניחוחות של אורז מבשיל בסתיו ובתלתן ירוק בחורף. הזדמנות חינוכית ראשונה במעלה נוצרת בתוך כך להתנסות חקלאית בתחומי העיר. השבילים, כמו נימים של ספוג, מזמינים אנשים לנוע ברחבי הפארק.

הרוח התעשייתית של האתר זכתה למחווה בשיקום של מבנים ובמִחזור של חומרים תעשייתיים. שנחאי היא ערש התעשייה הסינית המודרנית, והמבנים האיקוניים שנותרו באתר הוסבו לגנים תלויים ולבמות תצפית. לוחות פלדה ממוחזרים נטועים ברחבי הפארק למִסגור "תמונות נוף" של קו הרקיע של שנחאי. החומרים מעוצבים אפוא מחדש ליצירת צורות אמנותיות וריצוף חדש לטיילת.

3. רשת שבילים: נוף משוקם בדגש אקולוגי, חקלאות עירונית ועבר תעשייתי הן שלוש השכבות העיקריות של הפארק, והן ארוגות יחד ברשת של שבילים, שבהם נחשפים המבקרים לעקרונות של תשתית ירוקה בעודם נופשים בסביבה נעימה. רשת שבילי ההליכה מורכבת מלולאה מרכזית, ולצדה סדרה של דרכים ניצבות החוצות את אזור הבִּצה, שבילי הליכה לאורך הטראסות. הרשת מבטיחה קישוריות רציפה בין הפארק וסביבתו ומעודדת מעבר בתחומי האתר.

שבילי ההליכה מנוקדים בבמות תצפית ובמבנים תחומים גדולים יחסית, דוגמת "גן תלוי" שהוקם במבנה בית החרושת לשעבר ומספנה נופית משוקמת, שנועדו להתכנסויות בהיקפים גדולים. בוסתני במבוק ועצי סקוויה סיניים מתפקדים כמסכים ומחיצות לאורך השבילים, ומגדירים מתחמים להצגת שרידי העבר התעשייתי של האתר ויצירות אמנות עכשווית.

פארק הוטאן הוא מערכת חיה, שבה תשתית אקולוגית מספקת מגוון שירותים לחברה ולטבע, לרבות טיפול מקיים במים מושבים ובקרת הצפות. העיצוב הפוסט־תעשייתי יוצר סביבה של ייצור ויצירה, המעוררת את זיכרונות העבר ומציגה נופי עתיד של תחזוקה מינימלית וביצועים מְרביים.

שבילי: גשר מבמבוק מספקים חוויה חושנית של קרבה למים וצמחייה

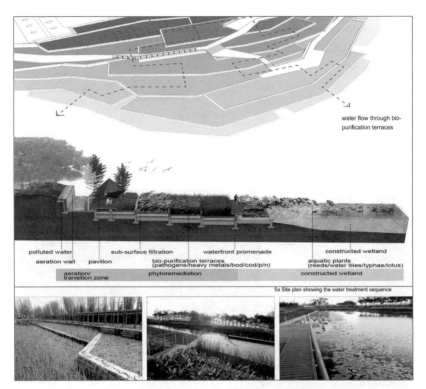

5a Site plan showing the water treatment sequence

עיצוב הטראסות נעשה בהשראת חקלאות האורז הסינית

מקובל של קיר־תמך היה חוסם את הגישה למקום ומונע יצירת הביטאט לאורך קו המים, ולכן נדרש פתרון חלופי לבקרת הצפות.

האתגר השלישי היה צורני, שכן מדובר באתר צר הכלוא בין הנהר לדרך מהירה. אורכו של החלק הגובל בגדה מגיע ל־1.7 ק"מ, אך רוחבו 30 עד 80 מ' בלבד.

אסטרטגיות עיצוב

אסטרטגיות העיצוב המתחדש, שסייעו בהפיכת האתר למערכת חיה המספקת שירותים אקולוגיים מקיפים, היו: ייצור מזון, טיפול במים ובהצפות, ויצירת הביטאט שצורתו חינוכית ואסתטית.

1. בִּצה משוקמת ועיצוב מתחדש: הרצועה הליניארית של בִּצה משוקמת במרכז הפארק עוצבה כמכונה חיה לטיפול במים המזוהמים של נהר הואנגפו. טראסות מדורגות תורמות לחִמצון המים, לסילוק חומרים אורגניים או לשימורם, ולניטור כמויות הסחופת תוך טיהור המים. מינים שונים של צמחי בִּצה נבחרו ועוצבו לספיגת מזהמים שונים מהמים. מבדקי שדה מראים היתכנות לשיפור משמעותי של איכות המים, בהיקף של 2,400 ממ"ק ליום. המים המושבים שימשו בחודשי האקספו לתכליות שונות שאינן שתייה, תוך חיסכון של חצי מיליון דולרים שהיו מתבזבזים בטיפול קונוונציונלי במים.

אדמת הבִּצה פועלת גם כחיץ של הגנה מהצפות בשטח שבין הסכרים הקיימים. לאורך בקעת הבִּצה העקלתונית נוצרת סדרה של אזורי מעבר, שמספקים עניין חזותי ומפלט משאון הסביבה עם פינות להתרגעות, חינוך ומחקר. עיצוב הטראסות של הבִּצה ממתן את הפרשי הגובה בין העיר לנהר ומחבר מחדש בין התושבים וגדת המים. בנוסף, סכר הבטון הקיים הוחלף בסוללת סלעים ידידותית לסביבה, המאפשרת למינים מקומיים לצמוח לאורך הנהר בעודם מגינים על הגדה מכרסום ומסחף.

פארק הוטאן, שנחאי: נוף כמערכת חיה

תכנון ופיתוח: Turenscape – קונג׳יאן יו, אדריכלות נוף אקולוגית, בייג׳ין
2007–2009; 2010–2015
לקוח: אקספו שנחאי, סין

האתר לפני פרויקט השיקום

הצהרת כוונות

פארק הוטאן, שנבנה באתר תעשייתי לשעבר, הוא נוף חי ומתחדש על גדת נהר הואנגפו בשנחאי. הפארק כולל חלקת בִּצה משוקמת, מערכת אקולוגית לבקרת הצפות, מִתקנים וחומרים תעשייתיים ממוחזרים, וחקלאות עירונית – כולם רכיבים אינטגרליים של עיצוב שיקומי, שמטרתו לטפל במי נהר מזוהמים ולשקם את הגדה הפגועה באופן אסתטי ונעים לעין.

אתר ואתגר

האתר הוא רצועה ליניארית צרה בשטח 140 דונם לאורך הגדה של נהר הואנגפו בשנחאי, סין. באתר, שבעבר פעלו בו בית חרושת לפלדה ומספנה, נותרו כמה מבני תעשייה וביניהם מטמנה לפסולת תעשייתית ומגרש גרוטאות.

המטרה הראשונה היתה ליצור ריאה ירוקה ותצוגה של טכנולוגיות ירוקות לקראת היריד העולמי ״אקספו 2010״, שאירח המוני מבקרים בחודשים מאי-אוקטובר 2010, ולהותיר לאחר האירוע פארק ציבורי קבוע. תחילה נדרש שיקום של הקרקע המזוהמת בפסולת תעשייתית וחומרי בניין, הן על פני השטח והן מתחת להם. גם המים של נהר הואנגפו מזוהמים מאוד: הם מסוכנים לשחייה ולשיט ואין בהם חיים. האתגר בעיצוב האתר היה להפוך את הנוף המזוהם הזה למרחב ציבורי בטוח ונעים.

האתגר השני היה לשפר את בקרת ההצפות. סכר הבטון הקיים תוכנן כדי להגן על המקום משיטפון של פעם באלף שנה (עד לגובה 6.7 מ׳), אבל הוא נוקשה וחסר חיים. תנועת הגאות והשפל, בטווח של 2.1 מטרים, יוצרת גדה בוצית זרועה פסולת שאינה נגישה לציבור. עיצוב

Yanweizhou Park: A Flood-Adaptive Landscape

Planning and Development:
Turenscape – Kongjian Yu, Ecological
Landscape Architecture, Beijing
2013–2014
Client: Jinhua City, Zhejiang
Province, China

Project Statement

The park makes use of a water-resilient terrain and plantings adapted to the monsoon floods. It includes a system of bridges and footpaths designed to accommodate the dynamic currents of floodwater as well as a flow of visitors, connecting the city to nature. The park is used daily by city residents seeking intimate and shaded spaces, while catering from time to time to intensive use by visitors to the nearby opera house. This project has provided the city of Jinhua with a new identity.

Site and Challenges

At the urban heart of Jinhua, a city with a population of over one million people, there remained one last parcel of natural riparian wetland. This wetland, located at the point where Wuyi River and Yiwu River converge to form Jinhua River, is called Yanweizhou, meaning "sparrow's tail." The three rivers separate three different communities in this densely populated region. As a result, cultural facilities including the opera house and the green spaces adjacent to the Yanweizhou were underutilized. The remaining riparian wetland was fragmented or destroyed by sand quarries, and was covered with secondary growth.

The onsite conditions posed four major challenges: 1) Preserving the remaining patch of riparian habitat, while providing amenities to the residents of the dense urban center; 2) Formulating an approach to flood control (prevention with a concrete retaining wall or cooperation by allowing the park to be flooded); 3) Integrating the opera house into the surrounding environment; 4) Connecting the separated city districts to one another and to the natural landscape in order to strengthen the community and the city's cultural identity.

The site prior to the construction of the park and wetland

Design Strategies

1. Adaptive tactics to preserve and enhance the remnant habitats: The first adaptive strategy was to make full use of the existing riparian sand quarries, with minimal intervention. In this way, the existing micro-terrain and natural vegetation is preserved, allowing diverse habitats to evolve. The biodiversity of the area is adapted and enhanced through the return of native wetland species.

2. Flood-adaptive terrain and planting design: Due to its monsoon climate, Jinhua suffers from annual flooding. In the past, tall supportive walls were built to create a dry parkland by protecting it from the floods, yet these floodwalls destroyed the lush and dynamic wetland ecosystem. The landscape architects devised an alternative solution by convincing the city authorities to stop the construction of new concrete floodwalls and to demolish the existing ones. Instead, the Yanweizhou project "makes friends" with flooding by creating a water-resilient, terraced river embankment covered with flood-adapted native vegetation. Floodable pedestrian paths and pavilions are integrated with the planted terraces, which will be closed to the public during the short periods of flooding. The floods transport fertile silt that is deposited over the terraces, enriching the tall grasses that are native to the riparian habitat. The terraced embankment will also remediate and filtrate storm water from the pavement above. The Yanweizhou Park project showcases a replicable and resilient ecological solution to large-scale flood management.

In addition to the terraced river embankment, the inland area is entirely permeable in order to create a water-resilient landscape through the extensive reuse of gravel from the site. The gravel was used to pave the pedestrian areas and to create circular bioswales that are integrated with tree planters, and a permeable concrete pavement is used for vehicular access routes and parking lots. The inner pond on the inland is designed to encourage river water to filtrate through the layers of gravel. This process mechanically and biologically improves the quality of the water, making it swimmable.

The Yanweizhou River during a flood

3. A Pedestrian bridge connects nature to the city: A pedestrian bridge snakes across the rivers, linking the parks along the riverbanks in both the southern and the northern city districts, and connecting the city with the Yanweizhou Park at the center of the river. The bridge design was inspired by the local tradition of dragon dancing during the Spring Festival. For this celebration, many families bind their wooden benches together to create a long and colorful dragon that winds through the fields and along narrow dirt paths. The Bench Dragon is flexible in length and form, changing as people join or leave the celebration. Like the dragon in this annual celebration, the Bench Dragon Bridge strengthens this area's unique cultural and social identity.

As a water-resilient infrastructure, the new bridge is elevated above the level of massive 200-year floods, while the ramps connecting the riparian wetland park will be submerged during large 20-year floods. The bridge, which is 230 feet long, is composed of a steel structure with fiberglass handrails and bamboo paving. Hovering above the preserved patch of riparian wetland, it allows visitors to entertain an intimate connection to nature. The many ramps leading to the bridge create flexible and easy access for residents from various areas of the city, in accordance with the dynamic flow of people to the park.

4. A resilient space for a dynamic range of experiences: The large oval opera house (designed by other architects) posed significant challenges for the landscape architect, since the shape of the building is estranged from both its users and the surrounding landscape. Therefore, the first challenge was devising innovative forms that would welcome and embrace visitors. Secondly, the area adjacent to the building needed to accommodate large numbers of visitors to the opera, while providing intimate spaces and ample shade. The designers thus faced the challenge of integrating this singular, flood-proof building into the floodable, riparian waterfront. The chosen design employs a curve as the basic unifying pattern used to integrate the building

and the environment into a harmonious
whole, which includes the curvilinear
bridge, terraces and planting beds,
concentric black-and-white pavement
bands, and meandering paths that define
circular and oval planting areas and
activity spaces. The spatial organization
and round forms establish an extensive
paved area for a large audience during
events at the opera house. At the same
time, this design creates alcoves and
spaces on various scales for individuals,

couples and small groups. The dynamic
pavement and planting patterns define
circular bioswales and beds densely
planted with native trees and bamboo,
and bound by long benches made of
fiberglass. The resulting effect resembles
that of raindrop ripples on the river.
The reverse curves simultaneously refer
to the shape and scale of the building,
while forming a contrasting shape that
is human in scale and enclosed for more
intimate gatherings. They also reflect the

weaving of the dynamic flux of currents, people and material objects, which together create a lively, pleasant and functional space.

In the month after the park opened in May 2014, an average of 40,000 visitors used the site, which is visited by thousands of people every day. The Yanweizhou Park has created a new identity for the city of Jinhua. The water-adaptive solution demonstrated in this project has since been replicated in the ecological restoration projects of other rivers in Jinhua Province, undertaken by the same landscape architects. In 2015, the park was named Landscape of the Year at the World Architecture Festival in Singapore.

ספסלי העץ שלהן אלה לאלה ליצירת דרקון צבעוני ארוך, שמתפתל לאורך השדות ושבילי העפר הצרים. דרקון הספסלים גמיש באורכו ובצורתו, שכן משתתפים מצטרפים לתהלוכה או עוזבים אותה לאורך הדרך. מלבד המסורת של ג׳ינהואה, גם ״גשר דרקון הספסלים״ מסמל את חיוניותה הנמשכת של הזהות החברתית והתרבותית הייחודית לאזור.

כתשתית גמישה ועמידה למים, הגשר החדש מוגבה מעל קו ההצפה העליון, של שיטפונות שפוקדים את האזור פעם במאתיים שנה – ואילו הרמפות המחברות בין חלקי הפארק בנויות כך שיוצפו במים במקרי שיטפון של פעם בעשרים שנה. הגשר – שאורכו הכולל כ־70 מ׳ והוא בנוי משלד פלדה עם מעקות פיברגלס וריצוף במבוק – מרחף מעל חלקת הבִּצה המשוקמת ומאפשר למבקרים קשר אינטימי עם הטבע. הרמפות המובילות אל הגשר מְקלות על הגישה אליו ממקומות שונים ברחבי העיר בהתאמה לזרימת המבקרים.

4. מרחב גמיש למגוון שימושים דינמי: בניין האופרה האליפטי (בתכנון אדריכלים אחרים) הציב אתגרים משמעותיים לאדריכלי הנוף. צורת הבניין המנוכרת אינה מזמינה אליה את המשתמשים ואת הנוף. לכן, האתגר הראשון היה לפתח צורות חדשניות שיקבלו ויחבקו את המבקרים במקום. שנית, האזור הסמוך לבניין צריך לשרת גם את קהל מבקרי האופרה, בנוסף לתפקידו כספק של מרחבי פארק אינטימיים ושל צל, והאדריכלים התבקשו לשלב את הבניין הגדול והאטום בהביטאט של הגדה הבִּצתית.

התכנון שיצרו עושה שימוש בעקומה כצורת יסוד, המאחדת את הבניין ואת סביבתו לכלל שלם הרמוני. השלם כולל את הגשר העקלתוני, את הטראסות וערוגות הצמחייה ואת רצועות הריצוף הקונצנטריות בצבעי שחור ולבן, כאשר השבילים המתפתלים מגדירים אזורי צמחייה מעוגלים ומרחבי פעילות שונים. רחבה מרוצפת גדולה משרתת את הקהל הגדול המגיע לבית האופרה – ובה־בעת, הארגון המרחבי והצורות המעוגלות יוצרים גומחות ופינות חמד בקני־מידה שונים, בהתאמה לבודדים, לזוגות ולקבוצות קטנות. המצע הדינמי של המדרכה ודפוסי הצמחייה יוצרים גינות־גשם מעגליות, עם

עיצוב הטראסות באזור הבִּצה

ערוגות של עצים מקומיים ובמבוק וספסלי פיברגלס ארוכים, במערך המדמה אדוות של מי גשם בנהר. העקומות המשלימות מתייחסות לצורת הבניין ויוצרות צורה ניגודית, אנושית ומגוננת בקנה־המידה שלה, להתכנסויות אינטימיות. הן גם משקפות את המארג הזורם והדינמי של אנשים ואובייקטים, שיוצרים בצוותא מרחב פונקציונלי נעים.

בחודש שלאחר חנוכתו במאי 2014 ביקרו בפארק כ־40 אלף איש, ומאז משתמשים בו אלפי אנשים מדי יום. פארק יאנווייז׳ו העניק זהות חדשה לעיר ג׳ינהואה. הפתרון שהוצג בו לראשונה שוכפל מאז במיזמי שיקום אקולוגי בנהרות אחרים במחוז ג׳ינהואה בתכנון המשרד. בשנת 2015 הוכתר הפרויקט בתואר ״נוף השנה״ של פסטיבל ״אדריכלות העולם״ בסינגפור.

אסטרטגיות עיצוב

1. התאמה והטמעה של שרידי הביטאט עזובים: טקטיקת ההתאמה הראשונה היתה הַשמשה מלאה של מחצבות החול הנטושות באתר, בהתערבות מינימלית. שימור המיקרו־קרקע והצמחייה הטבעית במקום מאפשר למגוון סוגי החיים בהביטאט להמשיך להתפתח. המגוון הביולוגי של האזור הבִּצתי יוצא גם הוא נשכר כתוצאה מהחזרה של מיני חיים ילידיים למקום.

2. עיצוב קרקע וצמחייה בהתאמה להצפות: בשל אקלים המונסון, ג'ינהואה סובלת מהצפות שנתיות. בעבר נבנו במקום קירות־תמך גבוהים להגנה על גדת הנהר הבִּצתית משיטפונות שפוקדים את המקום פעם בעשרים שנה. קירות־תמך כאלה יוצרים אדמת פארק יבשה בגדת הנהר, אבל הורסים את המערכת האקולוגית השופעת והדינמית של הבִּצה. אדריכלי הנוף פיתחו לפיכך פתרון שונה, ושכנעו את רשויות העיר לעצור את הבנייה של סכרי בטון חדשים ולהרוס את הקיימים. כחלופה, פרויקט יאנווייז'ו "מתיידד" עם ההצפות באמצעות דירוג פני הקרקע ליצירת גדה של טראסות גמישות ועמידות למים, המהוות בית גידול לצמחייה מקומית שפיתחה הסתגלות למצבי שיטפון. שבילים של הולכי רגל וביתנים צפים משולבים במדרגות הצמחייה, שיהיו סגורות לציבור בפרקי הזמן הקצרים של השיטפונות. בנוסף, השיטפונות מביאים לאתר אדמת סחף פורייה, ששוקעת על הטראסות ומזינה צמיחה של עשביית בִּצה גבוהה. במקביל, הגדה המדורגת משקמת ומסננת את מי הסערה שנשטפים מהמדרכה שלמעלה. פרויקט פארק יאנווייז'ו מציג פתרון אקולוגי יעיל לניהול הצפות בקנה־מידה גדול, והוא ניתן להעתקה למקומות אחרים.

בנוסף לגדת הנהר המדורגת, חלקת הבִּצה שבין הנהרות טופלה בכוונה תחילה בחומרים מחלחלים, שיוצרים נוף מותאם למים באמצעות שימוש מחודש בחצץ הקיים באתר. החצץ שימש לריצוף שבילי הליכה וליצירת גינות־גשם מעגליות המשולבות בערוגות צמחייה, ושכבת בטון מחלחלת שימשה לסלילת דרכי גישה לרכב ממונע ומגרשי חניה. במרכז הפארק עוצבה בריכה פנימית המוזנת ממי הנהר, שמגיעים אליה דרך שכבות החצץ. תהליך החלחול משפר את איכות המים לדרגה המאפשרת שחייה.

3. גשר הולכי רגל מתכוונן המחבר בין הטבע והעיר: גשר הולכי רגל מתפתל לאורך הנהרות ומחבר בין חלקי הפארק ברובעי העיר הצפוניים והדרומיים ובינם לבין חלקת יאנווייז'ו שבמפגש הנהרות. עיצוב הגשר נעשה בהשראת המסורת המקומית של ריקוד הדרקון בפסטיבל האביב. במהלך הפסטיבל, משפחות רבות קושרות את

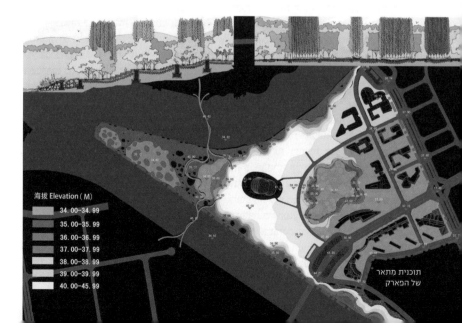

海拔 Elevation (M)
34.00–34.99
35.00–35.99
36.00–36.99
37.00–37.99
38.00–38.99
39.00–39.99
40.00–45.99

תוכנית מתאר של הפארק

פארק יאנווייז'ו: נוף מותאם למצבי שיטפון

תכנון ופיתוח: Turenscape – קונג'יאן יו, אדריכלות נוף אקולוגית, בייג'ין
2014–2013
לקוח: עיריית ג'ינהואה, מחוז ז'אג'יאנג, סין

הצהרת כוונות

הפארק עושה שימוש בקרקע וצמחייה עמידות למים, הבנויות להתמודדות עם שיטפונות המונסון, וכולל מערכת גשרים ושבילי הליכה, שעוצבו בהתאמה לזרימה הדינמית של המים ושל המבקרים במקום. הגשר והשבילים מחברים את העיר עם הטבע. באיכויות אלה הפארק מבקש לענות, מפעם לפעם, על זרימה אינטנסיבית של קהל מבקרים מבית האופרה הסמוך – ובה־בעת הוא מותאם לשימוש יומיומי של תושבים, המוצאים בו מרחבים מוצלים ואינטימיים. הפרויקט העניק זהות חדשה לעיר ג'ינהואה.

אתר ואתגר

בלִבה האורבני של ג'ינהואה, עיר שאוכלוסייתה מונה יותר ממיליון נפש, נותרה ללא כל פיתוח חלקה אחרונה של גדת נהר בִּצתית. חלקת הבִּצה הזאת, הממוקמת בנקודה שבה הנהרות ווּיי (Wuyi) ויִיווּ (Yiwu) נפגשים ויוצרים את הנהר ג'ינהואה, קרויה יאנווייז'ו, "זנב הסנונית". שלושת הנהרות היוו מחסום שהפריד בין שלוש קהילות בשלושה אזורים מאוכלסים בצפיפות. כתוצאה מאי־עבירות זו, מוסדות תרבות כמו בית האופרה והמרחבים הירוקים הסמוכים ליאנווייז'ו סבלו משימוש־חֶסר. חלקת הבִּצה הנדונה אף חוררה ככברה על־ידי מחצבות חול וכוסתה בצמחי בר.

תנאי האתר הציבו ארבעה אתגרים עיקריים: 1. כיצד לשמר את ההביטאט של חלקת הגדה הבִּצתית הזאת ובמקביל לספק שירותי פנאי לתושבי המרכז העירוני הצפוף; 2. איזו גישה יש לנקוט לניטור שיטפונות (האם למנוע הצפות באמצעות קיר תמך מבטון, או לאפשר הצפה מבוקרת של הפארק); 3. כיצד לשלב את בניין האופרה בסביבה המקיפה אותו; 4. כיצד לחבר את רובעי העיר הנפרדים בינם לבין עצמם ובינם לבין הנוף הטבעי, תוך חיזוק הקהילה והזהות התרבותית של העיר.

The BIG U, Manhattan: Rebuild by Design

Design and Development: Team led by the Bjarke Ingels Group, Copenhagen, New York and London
2014 onwards
Client: US Department of Housing and Urban Development, City of New York, and civilian non-profits

When Hurricane Sandy – the second costliest storm in US history – hit the New York metropolitan area in 2012, it brought the region to a standstill. The storm killed at least 186 people, damaged or destroyed 600,000 homes and crushed critical infrastructures across the region, leaving a price tag of $65 billion in damages and economic loss.

Several elements converged to create the storm and its devastating impact: The year 2012 was the hottest year on record, rising sea-surface temperatures intensified the storm's magnitude, and a full moon increased the storm's surge levels with higher-than-average sea tides. The destruction was severe, and a massive rebuilding process was critical for maintaining a thriving metropolitan region. Climate changes are increasing the threat of a future Hurricane Sandy or of an even more powerful storm. The federal government responded by developing a public-private partnership between President Obama's Hurricane Sandy Task Force, led by the US Department of Housing and Urban Development, and between the philanthropic community, local non-profits and the private sector. The aim of this partnership was to create large-scale, innovative projects through

a design competition. This partnership – Rebuild by Design – was an experiment in using disaster recovery funds to build "forward" to what communities will need for our uncertain future.

The Rebuild by Design Hurricane Sandy Design Competition brought together global talents and an interdisciplinary team of experts to investigate the physical and social vulnerabilities facing the region and the affected communities. Instead of asking for solutions up front, as is the norm in design competitions, the competition called for teams of experts to form and submit their approach to problem-solving and community building. Ten teams were chosen to participate in this process, which involved two stages: collaborative research and collaborative design.

Researching the Region

Hurricane Sandy caused massive infrastructure failures and exposed numerous interdependencies between the infrastructure and existing, underlying social vulnerabilities. During the research stage, the teams embarked on a learning tour to deeply understand these failures and their causes. The issues faced by residents, communities, businesses and municipalities were studied through conversations with impacted residents, tours of neighborhoods, and panel discussions with experts and government officials.

This process created a shared understanding among all the participants concerning what had happened during the hurricane, as well as the shocks and stresses experienced in the region.

Designing for a Resilient Future

The design stage was characterized by the same spirit of collaboration. Teams collaborated directly with stakeholders from affected communities and with the local authorities and permitting agencies whose support was needed to implement the projects. Collaborations came in various creative forms, including charettes, a cooking competition, a community parade, and

a bike tour, as well as more traditional community meetings. The competition challenged teams to demonstrate how stakeholders informed their thinking and how ideas could be implemented with the support of local government, leading to multiple iterative designs that reflected stakeholder input and feedback. Essentially, stakeholders and communities influenced designs by being included during their creation, instead of merely observing and commenting on the end result.

Once a comprehensive understanding was reached, design teams proposed multiple potential projects that they believed could make the biggest impact in the affected region. These 41 design ideas were explored as pilot projects. They were not meant to solve all the problems of a community or region, but rather to serve as inspirational test cases. Ultimately, the federal government chose one intervention for each team to focus on during the design stage.

This process led to the selection of 10 large-scale projects that are all holistic, solving multiple issues at once. While the competition's primary objective was developing new forms of protection against flooding and storm surges, the resulting proposals included a plethora of co-benefits, such as ideas for improved recreational space, safe waterfront access, enhanced biodiversity, improved transit options, greater connectivity, additional employment opportunities, wetland restoration and the protection of low-income communities. Seven of the 10 projects won a total of $930 million from the federal government for implementing the first phase of each project.

The BIG U

One of those projects is the BIG U, which exemplifies the competition's ethos. The Big U is a multifaceted flood-protection project that provides additional benefits such as recreation, public health, clean air, stormwater management, access to the waterfront, and additional transportation options. The flood barrier is a living berm that will create additional green and recreational space while providing enhanced access to the waterfront instead of cutting people off from the water, as traditional flood protection often does. This form of protection will not only reduce disaster risk and improve resilience, but will also enhance the natural and built environment of the shoreline.

This vulnerable area contains the highest concentration of public housing south of 60th Street in Manhattan. It also includes 35,000 affordable housing units, many of which were hard hit by Hurricane Sandy. Over 95,000 low-income, elderly, and disabled residents live in this area, predominantly along the East River. Many of these residents live in high-density social housing where routine maintenance has been neglected, and their trust in the government has diminished. Superstorm Sandy devastated much of the area with a storm surge from the Hudson River, which reached many blocks inland. Much of the critical infrastructure was disabled, the economic heart of the Financial District stopped functioning for an entire week, public-housing residents were trapped inside their homes, and access to fresh food was cut off due to the failure of the wireless systems that allow low-income residents to use public-assistance cards. To this day, residents are still struggling with the repercussions of the storm, which include mold in apartments and post-traumatic stress.

The BIG team includes members of the architecture firm BIG (Bjarke Ingels

Group) and additional firms including One Architecture, Starr Whitehouse, James Lima Planning + Development, Green Shield Ecology, AEA Consulting, Level Agency for Infrastructure, ARCADIS, and Buro Happold. Working closely with local communities and government, the team developed a proposal for a protective system around the low-lying topography of lower Manhattan. The floodplain behind the 10 miles of coastline is home to approximately 220,000 people, contains some of the largest central business districts in the country, and is at the core of a $500-billion annual economy. Some of the most iconic flooding visuals from Hurricane Sandy were captured in these neighborhoods.

The Big U was developed in close collaboration with the City of New York, as part of its larger series of integrated flood-protection investments in lower Manhattan, in an attempt to reduce flood risk and integrate designs into the neighborhood fabric. The 10-mile shoreline was broken up into multiple compartments, which were each shaped by the communities and stakeholders it was intended to protect. Over 150 community members attended the workshops, and many returned to join the team for a celebration at the end of the process.

Each compartment adds multiple benefits to both the social and the physical infrastructure in the region. The designs propose not only to solve existing problems, but also to prevent the formation of new ones, proactively enhancing the city and channeling its future growth in desirable directions. This dynamic process, which links resilience with growth, enables planners to adapt to emergent developments, such as global climate change and shifting policy priorities.

The Federal Department of Housing and Urban Development (HUD) awarded a total of $511 million to implement the first two compartments of the proposal, which will run from East 25th Street to Montgomery Street. Five years later, the City of New York has added nearly $1.5 billion to make this flood-protection plan a reality. The design solutions offer different levels of protection, including deployable flood barriers, floodwalls, and berms. When completed, these forms of flood protection will be located in public space, enhancing the East River Park and the area underneath the FDR Drive, an elevated highway that detaches the community from the waterfront. The redesign plan includes a gut rehabilitation of East River Park, a 57-acre park along Manhattan's Lower East Side. This protection plan will benefit thousands of public housing residents and other vulnerable populations, while offering a new model for integrating coastal protection into neighborhoods.

The design of the specific interventions evolved as a result of engineering studies and new climate projections. The overall purpose remains protecting New York as a waterfront city, which relies on high-end design and engineering to fight the toughest challenge ahead of us: our climate.

בנייתם ייווצר מרחב ציבורי משופר באיסט־ריוור פארק ומתחת לכביש FDR – דרך מהירה מוגבהת שמנתקת את הקהילה מקו המים. העיצוב המחודש כולל שיקום של האיסט־ריוור פארק, המשתרע על פני 230 דונם לאורך דרום-מזרח מנהטן. הוא ישפר את איכות החיים של דיירי השיכונים הציבוריים ואוכלוסיות פגיעות אחרות, ותוך כדי כך יציג מודל חדש לשילוב הגנה חופית במרקם השכונות.

תכנון ההתערבויות הספציפיות במקום פותח על יסוד מחקרים הנדסיים בתחומי ההגנה האקלימית. היעד המנחה הוא הגנה על ניו־יורק תוך יצירת מודל חזוני של עיר, השוכנת על שפת הים ונעזרת בהנדסה ובעיצוב עִלי להתמודדות עם האתגר הקשה ביותר של ימינו: האקלים.

אחריה הסופה, בדמות טחב ועובש בדירות ותסמונת דחק פוסט־טראומטית.

צוות BIG – שהורכב מ־BIG (Bjarke Ingels Group), משרד האדריכלים של ביארק אינגלס, ומשרדים נוספים כמו One Architecture, סטאר ווייטהאוס, ג'יימס לימה תכנון ופיתוח, Green Shield Ecology, חברת הייעוץ AEA, סוכנות Level לתשתיות, Arcadis ו־BuroHappold, ועבד יד ביד עם הקהילות והרשויות המקומיות – פיתח מערכת הגנה לטופוגרפיה הנמוכה של דרום מנהטן. מישור ההצפה של קו חוף זה, שאורכו 17 ק"מ, הוא ביתם של יותר מ־220 אלף בני אדם ומשכנם של כמה ממחוזות העסקים המרכזיים והגדולים בארצות־הברית, המְפרנסים כלכלה של 500 מיליארד דולר לשנה. כמה מתמונות ההצפה האיקוניות ביותר של הוריקן סנדי צולמו באזורים אלה.

ה־BIG U פותח בשיתוף פעולה הדוק עם עיריית ניו־יורק, כחלק מסדרה גדולה יותר של השקעות בהגנה כוללת מפני הצפות בדרום מנהטן, במטרה לצמצם את סכנת ההצפה ולשלב את תוכניות ההגנה ברקמה האורבנית של השכונה. 17 הק"מ של קו החוף חולקו לתאים, שכל אחד מהם מתוכנן בשיתוף עם הקהילות ובעלי הנכסים שעליהם הוא אמור להגן. בסדרה של יותר מארבעים סדנאות בחן צוות BIG רעיונות ופתרונות אפשריים וזיקק אותם לשני פתרונות תכנון אפשריים לכל תא, שבסופו של דבר תומצתו להצעה סופית אחת. יותר מ־150 מקומיים פקדו את הסדנאות, ורבים מהם אף הצטרפו לצוות להשלמת התהליך.

כל תא תורם ערכים מוספים לתשתית הפיזית והחברתית של האזור. לצד הגנה מהצפות ושיפור הגישה לקו המים, הפרויקט יאפשר שירותים חברתיים טובים יותר וישמש מרכז אטרקטיבי של פעילות פנאי וחברה. התכנון לא רק פותר בעיות קיימות אלא גם מבקש למנוע היווצרות של בעיות חדשות, תוך חיזוק העיר ותיעול גדילתה העתידית לכיוונים רצויים. כתהליך דינמי, הקישור בין חוסן וצמיחה פתח את התכנון להתפתחויות עכשוויות, כמו השתנות האקלים הגלובלי ושינויים במדיניות הציבורית ובסדרי העדיפויות שהיא מתווה.

משרד השיכון והפיתוח העירוני העניק 511 מיליון דולר ליישום שני התאים הראשונים מבין המוצעים, שיימתחו בין רחוב 25־מזרח לרחוב מונטגומרי. כעבור חמש שנים הוסיפה עיריית ניו־יורק קרוב למיליארד וחצי דולר כדי להפוך את מגן ההצפות הזה למציאות.

פתרונות התכנון כוללים מגוון אמצעים שמציעים דרגות שונות של הגנה, ביניהם מחסומי הצפה ניידים, סכרים וסוללות. לכשתושלם

שלבי ההיזון החוזר לאורך הדרך. בסיכומו של דבר, הדעות של בעלי הנכסים ונציגי הקהילות השפיעו על עבודת התכנון בזמן אמת, וחשיבותן חרגה משיתופם כמשקיפים או כמי שמתבקשים לחוות דעה על התוצאות הסופיות.

ברגע שהושגה אחדות דעים, פנה כל צוות להציע כמה פרויקטים, שאובחנו כבעלי סיכויי ההשפעה הטובים ביותר. 41 רעיונות תכנון כאלה נבחנו במסגרות פיילוט, כמקרי־מבחן או מתווים לפעולה. מתוך מכלול ההצעות בחרה הממשלה הפדרלית פרויקט אחד לכל צוות, שבו התבקש הצוות להתמקד בשלב התכנון.

בשלב זה פותחו עשרה פרויקטים בקנה־מידה גדול, המתאפיינים בתפיסה הוליסטית ובפתרון כולל של ריבוי בעיות במבט קדימה. יעדי התחרות הראשונית היו אמנם פיתוח שיטות חדשות להגנה מפני הצפות ונחשולי גאות במצבי סופה – אך ההצעות שפותחו בסופו של דבר העלו אינספור רווחים נלווים, דוגמת שיפור משמעותי של המרחב הציבורי ושירותי הפנאי, גישה בטוחה לקו המים, הגנה על המגוון הביולוגי, שדרוג התחבורה הציבורית, קישוריות גדולה יותר, הזדמנויות תעסוקה חדשות, שיקום אזורים בוציים והגנה על אוכלוסיות מעוטות הכנסה. שבעה מתוך עשרת הפרויקטים הללו זכו ב־930 מיליון דולר מהממשלה הפדרלית ליישום השלב הראשון של כל פרויקט.

BIG U

אחד מהפרויקטים האלה הוא ה־BIG U, המגלם את האתוס של התחרות. ה־BIG U הוא פרויקט רב־ממדי להגנה מפני הצפות, שנותן ערכים מוספים כמו מרחבי פנאי, בריאות הציבור, אוויר נקי, ניהול מי גשמים, גישה לקו המים ופתרונות תחבורה חדשניים. מחסום ההצפה תוכנן כגדה חיה, שמהווה ריאה ירוקה ומרחב פנאי ובתוך כך משפרת את דרכי הגישה לקו המים, ולא יוצרת נתק כפי שעושים אמצעי הגנה מסורתיים. ההגנה לא רק תפחית את סכנת האסון, אלא גם תתרום לסביבה הטבעית והבנויה של קו החוף.

באזור פגיע זה נמצא הריכוז הגבוה ביותר של שיכוני דיור ציבורי מדרום לרחוב 60 במנהטן. יש בו, בין השאר, 35 אלף יחידות של דיור בר־השגה, שרבות מהן הוכו קשות על־ידי סנדי. יותר מ־95 אלף דיירים מעוטי הכנסה, זקנים ונכים, מתגוררים שם, בעיקר לאורך האיסט־ריוור, בשיכונים ציבוריים בצפיפות גבוהה, שבהם התחזוקה השוטפת לקויה ממילא ואמון הדיירים ברשויות מזערי. סופת־העל סנדי פגעה באזור בנחשולי גאות גבוהים שהציפו בלוקים רבים. גם רבות מהתשתיות החיוניות בקרבת נהר ההדסון הושבתו, הלב הכלכלי של וול־סטריט הפסיק לפעום למשך שבוע, דיירי הדיור הציבורי נלכדו בבתיהם והגישה למזון טרי נשללה מהם כתוצאה מנפילת מערכות התקשורת האינטרנטית והסלולרית, שמאפשרות לדיירים מעוטי הכנסה להשתמש בתלושי העזרה הסוציאלית שלהם. עד היום נאבקים הדיירים בספיחי ההרס שהותירה

BIG U, מנהטן: שיקום בתכנון

תכנון ופיתוח: צוות בהובלת Bjarke Ingels Group, קופנהגן, ניו־יורק ולונדון
2014 ואילך
לקוח: מחלקת השיכון והפיתוח העירוני של ארצות־הברית, עיריית ניו־יורק ועמותות אזרחיות

כאשר הוריקן סנדי – הסופה שהגיעה למקום השני במצעד הסופות שגבו את המחיר ה"יקר" ביותר בהיסטוריה של ארצות־הברית – פגעה במטרופולין ניו־יורק ב־2012, היא גרמה להשבתת הפעילות באזור. הסערה גבתה 186 קורבנות בנפש, הרסה 600 אלף בתים וריסקה תשתיות חיוניות ברחבי המחוז, בהותירה מאחוריה תג מחיר של 65 מיליארד דולר בנזקים ואובדן הכנסות.

כמה גורמים הצטרפו להאצת הסופה והשפעותיה ההרסניות. 2012 היתה השנה החמה ביותר שתועדה מעולם, והתחממות פני השטח של הים רק תִגברה את עוצמת הסופה. בנוסף, הירח המלא גרם לנחשולי גאות גבוהים מן הממוצע, וההרס היה כבד.

תהליך השיקום המסיבי היה חיוני להמשך פעולתה של המטרופולין המשגשגת. נוכח שינויי האקלים, גובר גם החשש מסופה עתידית דמויית סנדי ואף חזקה ממנה. הממשלה הפדרלית הגיבה לבעיה בייזום של שותפות בין כוח המשימה שהקים הנשיא אובמה לטיפול בנזקיה של סנדי, בהובלת מחלקת השיכון והפיתוח העירוני של ארצות־הברית, לבין הקהילה הפילנתרופית, עמותות ללא מטרת רווח והמגזר הפרטי. מטרת השותפות: הנעת פרויקטים חדשניים בקנה־מידה גדול באמצעות תחרות תכנון. שותפות זו – "שיקום בתכנון" – היתה ניסוי בהפניית תקציבי השיקום לבנייה הצופה פני עתיד, שתכין את הקהילות המקומיות לסכנות המתרגשות עלינו.

התחרות ציוותה יחד כישרונות אדריכליים והנדסיים מרחבי העולם ומערך בין־תחומי של מומחים לחקר החולשות הפיזיות והחברתיות, שעִמן יצטרכו קהילות האזור להתמודד. במקום לבקש מהמתמודדים להגיע לתחרות כשבידם פתרונות מוכנים מראש, כנהוג בתחרויות תכנון – בתחרות זו הוזמנו צוותי מומחים לטכס בצוותא דרכים לפתרון בעיות ולשיקום קהילתי. עשרה צוותים נבחרו להשתתף בתהליך, שחולק לשני שלבים: מחקר משותף, ותכנון משותף.

חקר האזור

הוריקן סנדי חוללה כשלי תשתית בהיקפים עצומים וחשפה נקודות תורפה רבות של תלות הדדית בין תשתיות ובעיות עומק בחברה. בשלב המחקר יצאו הצוותים לסיורים לימודיים במטרה לחשוף את הגורמים לכשלים הללו. הבעיות שמהן סובלים תושבים, קהילות, עסקים ורשויות מקומיות נלמדו בשיחות עם תושבים שנפגעו, בסיורי שכונות ובמפגשים עם מומחים ופקידי מִמשל. בסוף התהליך הושגה הבנה משותפת לגבי מה שקרה במהלך הסופה והטראומה שחווה האזור.

תכנון הצופה פני עתיד

רוח זו של שיתוף פעולה נשבה גם בשלב התכנון. הצוותים עבדו יד ביד עם בעלי נכסים באזורים הפגועים ועם רשויות מקומיות ושאר גופים ציבוריים שתמיכתם תידרש ליישום הפרויקט. שיתוף הפעולה לבש צורות יצירתיות שונות, ביניהן סדנאות עיצוב, תחרויות בישול או סיורי אופניים, לצד מפגשים קהילתיים מסורתיים יותר. התחרות אִתגרה את הצוותים לגלות פתיחות לרעיונות שהעלו בעלי הנכסים ולבחון ברצינות את אפשרות יישומם בתמיכת המִמשל המקומי, ושכבות התכנון התהליכי משקפות את

Enghave Park: Transformation into a Climate-Adapted Park, Copenhagen

Planning and Development: Third Nature,
in collaboration with COWI and Platant,
Copenhagen
Architectural Consultant: Dr. Martin Søberg
2014 onwards
Client: City of Copenhagen

The project transforms a historical park in Copenhagen into a climate-adapted recreational park. Enghave Park will serve as a water reservoir (with a volume of 6.3 million gallons) that features additional multifunctional elements, all of which are adapted to the climate in innovative ways to create various user experiences. From the outside, Enghave Park looks the same as many other parks in Copenhagen: A large, green area that is fenced and protected from the outside world – a closed universe containing a poetic, lush and magical world. The park's structured arrangement of trees creates spaces for different functions, much like rooms in a house: a water garden, a rose garden,

a playground, a pavilion that also serves as a band stand, and more. Each function has its place.

Previously, the park marked the border between the metropolis and the hinterland. Today, following the city's expansion, it is located in the center of Copenhagen. As a result of the future challenges that Copenhagen is facing, with an increasing number of cloudbursts caused by climate changes, a growing population and a lack of green spaces, the treatment of Enghave Park called for innovative and hybrid solutions.

In the future, Enghave Park will provide multivalent user experiences. The park will be transformed

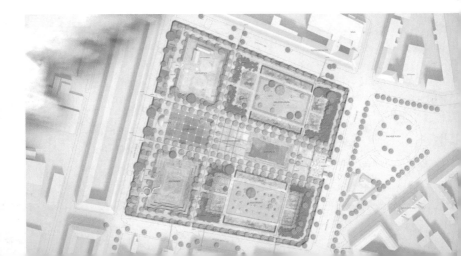

into a recreational park with new multifunctional programs and interactive furniture, culminating in a terraced reservoir that can conserve water – from daily rain to cloudbursts. The levee can hold up to 6.3 million gallons of water, reducing pressure on the city's sewer system and transforming the garden into a unique water garden. With these objectives in mind, Enghave Park is well placed to overcome the next 100 years of challenges.

The park's water reservoir is intended to provide protection against future storms and floods, while respecting the park's existing geometry and historic values. The primary storm-water management solution is the levee along the park's three lowest sides, so that when 100-year rains will occur, the park will be transformed into one big water reservoir. Additional functional elements, such as the multicourt that has been lowered by close to 10 feet and the

EVERY DAY RAIN   10 YEARS RAIN   100 YEARS RAIN

reflecting pool, can also transform into water reservoirs when a 10-year rainfall occurs.

Now more than ever, cities are in need of such parks as a green lung that also provides a social break from the hustle and bustle of crowded streets. The park may be likened to a house, opening its doors to guests to reveal an intimate and comfortable retreat where users can move from room to room. Some rooms appeal to the sense of sight, while others appeal to the sense of touch or smell. Some invite movement and recreation through sports, while others celebrate the sounds of water splashing and children playing. Through these various interventions, climate adaptation also contributes in a positive way to establishing a closer connection between human beings and nature.

מי שיטפונות הוא סוללה המקיפה את הפארק משלושת צדדיו הנמוכים, שתהפוך את הפארק למאגר מים גדול במקרי הצפה. האלמנטים הפונקציונליים הנוספים, כמו מגרש משחקים משוקע ובריכת השתקפות, הופכים למאגרי מים במקרי הצפה מתונים יותר.

כיום, יותר מאי־פעם, ערים זקוקות לפארק מסוג זה כריאה ירוקה וכמפלט מהרחובות הסואנים והצפופים. הפארק כמוהו כבית חלופי, הפותח את דלתותיו לתושבים הנעים בין חדריו השונים. כמה מהחדרים פונים לחוש הראייה, אחדים מגרים את חוש המישוש או הריח, ואחרים מיועדים לפעילות פנאי של תנועה וספורט, או חוגגים את פכפוך המים ואת קולות הילדים המשחקים. ההתערבות בפארק רותמת את ההתאמה האקלימית למטרה החיובית של חיבור בין האדם והטבע.

פארק אנגהאבה: התאמה אקלימית של פארק קיים, קופנהגן

תכנון ופיתוח: Third Nature, בשיתוף עם COWI ו־Platant, קופנהגן
ייעוץ אדריכלי: ד״ר מרטין סוברג (Søberg)
2014 ואילך
לקוח: עיריית קופנהגן

הפרויקט הופך פארק היסטורי בקופנהגן למרחב המותאם לאקלים המשתנה. פארק אנגהאבה יתפקד כמאגר מים (בקיבולת 24 אלף ממ״ק) עם אלמנטים רב־תכליתיים נוספים, שמותאמים לאקלים באופן חדשני ליצירת חוויות־משתמשים מגוונות. במבט ראשון, אנגהאבה דומה לפארקים אחרים בקופנהגן: מרחב ירוק מגודר, יקום סגור ומופרד הכומס בתחומו עולם מאגי־פואטי. מערך הצמחייה המובנה ברחבי הפארק מחלק אותו לפונקציות, שכל אחת מהן כמוה כחדר בבית: גן מים, גן שושנים, מגרש משחקים, פביליון המשמש גם כבמה ועוד. לכל פונקציה מוקצה מקום משלה.

בעבר שכן הפארק על קו התפר בין העיר ועיירות הלוויין שלה, אך כיום, עם גדילת העיר, הוא ממוקם במרכזה. כתוצאה מאתגרי העתיד שניצבים בפני העיר ההולכת וגְדֵלה, שחוותה בשנים האחרונות יותר ויותר אירועי גשם קיצוניים ושברי ענן כתוצאה משינויי האקלים, הטיפול בריאה ירוקה נדירה כמו פארק אנגהאבה קורא לפתרונות חדשניים והיברידיים.

ההתאמה אקלימית בפארק אנגהאבה תאפשר לו, בעתיד, להעניק חוויות־משתמשים רב־ערכיות. הפארק יהפוך למרחב פנאי רב־תכליתי עם ריהוט אינטראקטיבי, שבמרכזו סוללת מגן של טראסות מדורגות, שבכוחן לנהל ולאגור מים בכמויות משתנות – אם במקרים של מְמטרים יומיומיים ואם באירועים של שבר ענן. הטראסות יכולות להכיל עד 24 אלף ממ״ק מים, להפחית את הלחץ על מערכת הניקוז העירונית, להפוך את הפארק לגן מים ייחודי ולשפר את יכולתה של קופנהגן להתמודד עם אתגרי המאה הבאה.

מאגר המים של פארק אנגהאבה, שתכליתו הגנה עתידית מפני סערות ושיטפונות, מתוכנן מתוך כבוד גדול לגיאומטריה הקיימת ולערכים ההיסטוריים של המקום. האמצעי הראשון לניהול

The Climate Tile: A System for the Cities of the Future

Design and Development: Third Nature, in collaboration with IBF and ACO Nordic, Copenhagen
2014 onwards; pilot sidewalk in Nørrebro, Copenhagen, September 2018
Client: City of Copenhagen; Orbicon; Malmos A/S; Kollision and Smith Innovation
With the support of: Realdania and Market Development Fund, Denmark

A 164-foot stretch of pavement in Copenhagen's Nørrebro district now enables pedestrians to walk on water. A pilot sidewalk created as part of the innovative climate adaptation project The Climate Tile is currently laid out in front of Café Heimdalsgade22, to the delight of guests and street residents. The project was inaugurated on September 27, 2018, by the Head of the City of Copenhagen's Department of Technical and Environmental Affairs. The Climate Tile pilot sidewalk not only contributes to the street's climate adaptation, but also enhances the surroundings by means of trees, vegetation, and pleasant leisure spaces.

The Climate Tile's pilot sidewalk is an important milestone in a multiannual development process. The Climate Tile equips the sidewalk as we know it with the ability to treat water, reinstating the natural water circuit existing in cities by means of a simple process that channels the rainwater from roofs and sidewalks and ensures that it runs to the right place – to plant holes and water banks. It can catch and redirect 30% of the extra rainwater projected to fall due to climate change, and will thereby prevent overloads within the existing drainage infrastructure.

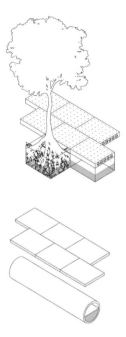

"[During] accelerated rain incidents, the solution furthermore creates value for the city's remaining 99%. We believe our streets are the bloodstreams of society, where people meet, and that the sidewalk is an underappreciated part of our infrastructure that holds great potential for future communities in our ever-growing cities," says Flemming Rafn Thomsen, a partner at Third Nature.

The Climate Tile develops and couples traditionally separate functions. Future sidewalks will collect and manage water, while contributing to the growth of urban nature and improving the microclimate. The tile thus generates added value for city residents, raising their quality of life and improving their general health. The project is seen largely as an inclusive solution in synergy with roads, bike paths, signage, urban furniture, town squares, urban nature and more.

"במקרים של אירועי גשם חריגים, המערכת
יוצרת ערך ל־99% מהעיר ולא רק לאחוז אחד
מהתושבים. רחובות העיר הם מחזור הדם של
החברה. במדרכות, שהן מקום המפגש של
התושבים, גלום פוטנציאל עצום לקהילות העתיד
בערי העולם ההולכות וגדלות", אומר פלמינג
תומסן (Thomsen) מ־Third Nature.

"אריח האקלים" מזווג פונקציות שנתפסו
בעבר כנפרדות. מדרכות העתיד יאספו וינהלו
מים, ותוך כדי כך יתרמו לצמיחה של טבע עירוני
ולמיקרו־אקלים משופר. ככלל זהו פרויקט
מערכתי המבוסס על סינרגיה של כבישים,
שבילי אופניים, תמרורים, ריהוט עירוני,
כיכרות עירוניות, טבע עירוני ועוד.

אריח האקלים: מערכת לערי העתיד

תכנון ופיתוח: Third Nature, בשיתוף עם IBF
ו־ACO Nordic, קופנהגן
2014 ואילך; מדרכת פיילוט בנורברו, קופנהגן,
ספטמבר 2018
לקוח: עיריית קופנהגן; אורביקון; Malmos A/S;
Kollision and Smith Innovation
בתמיכת: Realdania ו־Market Development
Fund, דנמרק

ברצועת מדרכה באורך 50 מטרים בנורברו
(Nørrebro), קופנהגן, אפשר כיום ללכת על
המים. מדרכת פיילוט של "אריח האקלים" –
פתרון של התאמה אקלימית לערים
צפופות אוכלוסין – נפרשׂה בחזית של קפה
Heimdalsgade22 להנאת העוברים־ושבים.
הפרויקט נחנך ב־27 בספטמבר 2018 על־ידי
ראשת מחלקת הסביבה בעיריית קופנהגן. מדרכת
הפיילוט של "אריח האקלים" תורמת להתאמה
אקלימית של הרחוב ומייפה את הסביבה בעצים,
צמחיית נוי ומרחבי פנאי נעימים.

מדרכת הפיילוט של "אריח האקלים"
היא שלב משמעותי בתהליך הפיתוח. "אריח
האקלים" מצייד את המדרכה המוכרת לנו בשלל
ערכים מוספים של טיפול במים; הוא מייעל את
מחזור המים העירוני בהליך פשוט, שמתעל את
מי הגשמים מהגגות ומהמדרכות ומבטיח שיזרמו
למקומות שנעשה בהם שימוש, דהיינו: ערוגות
צמחים ומאגרי מים. בכוחה ללכוד ולנתב שלושים
אחוז מהכמויות העודפות של מי הגשמים, שמהן
סובל כיום האזור כתוצאה משינויי האקלים, ובכך
למנוע עומס־יתר על תשתית הניקוז הקיימת.

Pop Up:
Three-in-One
Structure

Design and Development: Third Nature
with Ole Schrøder, in collaboration with
COWI+Rambøll, Copenhagen
2016
Location: New York City (adaptable for
any place worldwide)

Pop Up is a groundbreaking solution
to the major challenges faced by
metropolitan centers worldwide –
chief among which are flooding and a
lack of parking and green spaces. By
stacking a water reservoir, a parking
facility and a green space, the project
solves three challenges at once. As
heavy rain falls, storm water fills the
underground reservoir and floods the
parking structure, which will pop up into
the cityscape, highlighting its adaption
to the forces of nature. A model of this
project was built in St. John's Park in
Brooklyn, New York.

Pop Up offers a humane response to
manmade problems. Addressing multiple
functions and challenges by means of a
single solution, it shows the world how
climate adaptation, mobility and urban
development do not have to exist as
contradictory goals in the viable cities
of the future.

Climate challenges force many cities
to establish large and highly expensive
water reservoirs under existing roads
and squares. With the Pop Up project,
Third Nature has sought to create added
value by making use of the expensive
reservoirs and establishing underground

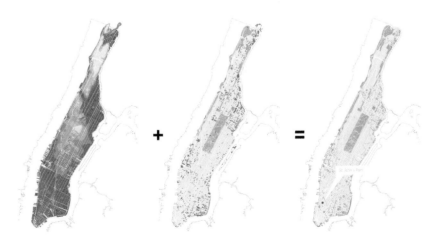

BLUE SPOTS + WATERSHED + FLOWLINES   EXISTING PARKING LOTS   POTENTIAL ADDED GREEN SPACE/URBAN SPACE

parking facilities, with urban spaces or public features on top. On a normal day, the water reservoir below the car park will be empty, and the parking structure will work like any other underground parking facility, with access via a ramp on the ground level. In the case of heavy rain, the reservoir will start to fill, and the parking structure will lift up into the cityscape like a cork in a glass of water. The round shape of the parking facility and the water reservoir makes the parking facility lighter, thus increasing its buoyancy. Its spiral-shaped ramp makes it possible to drive to and from the facility regardless of the water level in the reservoir. Once the sewage system handles the rainwater, the water flows out of the reservoir and the parking structure is lowered.

Instead of using resources to establish three individual functions – a rainwater reservoir (which would be empty 99% of the time), an expensive, monofunctional parking facility, and a green lung for the crowded city – Pop Up maximizes the utility value and minimizes the overall construction and maintenance costs. By meeting all three needs in one project, this innovative solution is thus also attractive from an economic perspective.

פופ־אפ: שלושה במבנה אחד

תכנון ופיתוח: Third Nature
עם אולה שרדר (Schrøder),
בשיתוף עם COWI+Rambøll, קופנהגן
2016
מקום: ניו־יורק
(ניתן להתאמה לכל מקום בעולם)

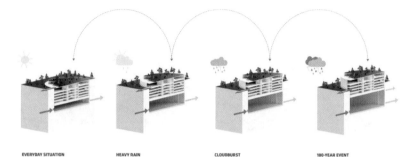

EVERYDAY SITUATION
HEAVY RAIN
CLOUDBURST
100-YEAR EVENT

"פופ־אפ" הוא מענֶה פורץ דרך לאתגרים המרכזיים שאִתם מתמודדות כיום ערים גדולות ברחבי העולם, ובראשם הצפות ומחסור במקומות חניה ובמרחבים. בהיותו שילוב של מאגר מים, חניון וריאה ירוקה, הפרויקט פותר שלוש בעיות במבנה אחד. במקרים של גשמים עזים, מי הגשמים ממלאים את המאגר התת־קרקעי ומציפים את מבנה החניון, שנדחף כלפי מעלה, מופיע על קו הרקיע של העיר ומסמן את פעולתם של כוחות הטבע. דגם של הפרויקט הוקם בסנט־ג'ונס פארק שבברוקלין, ניו־יורק.

פרויקט "פופ־אפ" הוא תגובה מעשה ידי אדם לבעיה מעשה ידי אדם. באמצעות שילוב של פונקציות ואתגרים בפתרון כולל אחד, הוא מראה כיצד התאמה אקלימית, מענֶה למצוקת חניה ופיתוח עירוני לא חייבים לסתור אלה את אלה בערי העתיד.

שינויי אקלים מאלצים ערים רבות להשקיע ממון רב בהקמת מאגרי מים גדולים מתחת לכבישים וכיכרות קיימים. בפרויקט "פופ־אפ", משרד Third Nature מבקש ליצור שימוש נוסף למאגרים אלה בהקמת חניונים תת־קרקעיים, שגגותיהם יתפקדו כמִתקנים ציבוריים.

בימים רגילים, מאגר המים שמתחת לחניון יהיה ריק והגישה לחניון תיעשה ישירות במפלס הקרקע. בימים גשומים, עם התמלאות המאגר, החניון יצוף מעלה כמו פקק בכוס מים. העיקרון המנחה את הפרויקט הוא חוק הציפה של ארכימדס, כוח העילוי שמחוללים מים בנפח שווה לזה של גוף החניון השרוי בתוכם, ממש כמו פקק בכוס מים.

צורתם העגולה של החניון והמאגר תורמת לכושר הציפה שלהם ושל כבש הגישה הספירלי, שיאפשר גישה לחניון גם במקרי הצפה. ברגע שכמויות הגשם יֵרדו עד רמת הקיבולת של מערכת הניקוז העירונית, המים יוזרמו החוצה מהמאגר והמבנה כולו ישקע בחזרה למפלס הקרקע.

במקום לבזבז משאבים על הקמת שלוש פונקציות נפרדות – מאגר מי גשמים (שיהיה ריק 99 אחוז מהזמן), חניון חד־שימושי יקר, וריאה ירוקה לעיר הצפופה – פרויקט "פופ־אפ" ממקסם את ערך השימוש וממזער את עלויות הבנייה והתחזוקה. פתרון אקלימי חדשני זה, שעונה על שלושה צרכים במכה אחת, הוא אטרקטיבי גם במונחים כלכליים.

Water Generator: Moisture Harvester

Design and Development: Watergen,
Rishon LeZion, Israel
2009 onwards

As populations around the world increasingly struggle to access clean, natural water, the engineers at Watergen have come up with a game-changing solution that uses humidity in the air to create clean and fresh drinking water. Watergen's innovative technology taps into the atmosphere – an unlimited, freely available resource – to provide drinking water to people everywhere, from the most remote rural village communities to commercial office buildings to private homes.

The water-creation process is simple, yet perfectly efficient: Watergen's water generators condense air through a heat-exchange and cooling process: once the air reaches the dew point – the

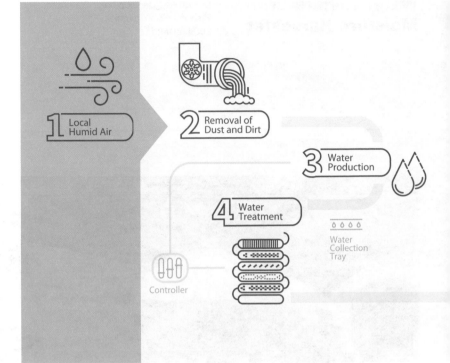

temperature at which condensation occurs – it turns into water. The generators are designed to operate even in the most polluted areas, so that the air is thoroughly cleaned before the process starts and the resulting water goes through a multi-stage filtration system that removes any remaining impurities. Finally, minerals are added to the water to enhance its health properties and fresh taste.

Over a period of just a few years, Watergen has become a global leader in the development and implementation of water-from-air solutions. Watergen's water generators come in a range of sizes to suit cities, villages, commercial centers, schools, hospitals, offices,

residential buildings, private homes and more. They improve quality of life, even saving the lives of potentially billions of people throughout the world.

Watergen's efforts to make fresh, pure water available around the globe earned the company its place on the World Economic Forum's list of the world's top technology pioneers in 2018. Most recently, GENNY – a water generator adapted for homes and offices – was recognized at this year's Consumer Electronics Show (CES) in Las Vegas, where it was named "Best of Innovation Honoree" in the "Tech For a Better World" category.

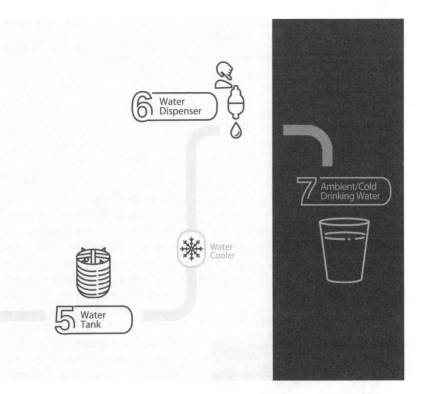

מחולל מים: קוצר לחות

תכנון ופיתוח: Watergen, ראשון־לציון
2009 ואילך

כאשר יותר ויותר אוכלוסיות ברחבי העולם נאבקות על גישה למים נקיים, מהנדסי Watergen מצאו פתרון מהפכני שעושה שימוש בלחות שבאוויר ליצירת מי שתייה טריים. הטכנולוגיה החדשנית של Watergen "מחברת ברז" לאטמוספירה – משאב מתחדש, זמין ובלתי מוגבל – כדי לספק מי שתייה לאנשים בכל מקום, אם בקהילות כפריות מרוחקות, אם בבנייני משרדים ותעשייה ואם בבתים פרטיים.

תהליך ייצור המים פשוט מאוד ובה־בעת יעיל להפליא. מחוללי המים של Watergen מְעבּים את מי הלחות שבאוויר – משאב טבע חינמי – בתהליך של חימום וקירור: כשהאוויר מגיע ל"נקודת הטל", שהיא טמפרטורת העיבוי, הוא הופך למים. הגנרטורים מעוצבים לפעול אפילו באזורים מזוהמים ביותר, כך שהאוויר מטוהר ביסודיות לפני תחילת התהליך והמים המיוצרים עוברים דרך מערכת סינון וטיהור רב־שלבית, שמסלקת כל זיהום שנותר. בסוף התהליך מוספים למים מינרלים, המעשירים את ערכיהם הבריאותיים ואת טעמם הרענן.

תוך שנים ספורות היתה Watergen למובילה עולמית בפיתוח ויישום של פתרונות מים־מן־האוויר. מחוללי מים של Watergen מיוצרים בגדלים שונים כדי להתאים לערים, כפרים, מרכזים מסחריים, בתי ספר, בתי חולים, משרדים, בנייני דירות, בתים פרטיים ועוד. הם תורמים לשיפור איכות החיים ואף לתנאי הקיום של מיליארדי אנשים ברחבי העולם.

החידוש של Watergen והשלכתו על כל מי שזקוק נואשות למשאב חיוני זה, זיכה את החברה במקום של כבוד ברשימת הטכנולוגיות החלוציות לשנת 2018 שמפרסם הפורום הכלכלי. GENNY – מחולל מים המותאם לבתים ומשרדים – הוכתר לאחרונה, בתערוכת מוצרי הצריכה האלקטרוניים (CES) בלאס־וגאס, בתואר "החידוש המוצלח" בקטגוריה "טכנולוגיה לעולם טוב יותר".

Warka Tower: Every Drop Counts

Planning and Development:
Warka Water Inc., Bomarzo, Italy
2012 onwards

One of the primary effects of climate change is the disruption of the Earth's water cycle. For thousands of years, the relationship between water, energy, agriculture and climate impacted the development of civilizations, which adapted to the local climate and developed various strategies to secure water, food and energy systems. Climate change and global warming effects, due to the human-generated buildup of greenhouse gases, will have a potentially devastating impact on drinking water supplies, sanitation, food and energy production.

Water is central to life. Access to safe water should be a basic human right, but water poverty and conflicts over the control of water resources persist. There is enough fresh water on the planet for all of us, but it is distributed unevenly, and too much of it is wasted, polluted and unsustainably managed. In rural communities throughout Africa, millions of people suffer from a lack of access to clean and safe water. In order to survive, women and children walk every day for miles to shallow and unprotected ponds, where the water is often contaminated with human and animal waste and

parasites. Every 90 seconds, a child in Africa dies from a water-related disease. Warka Tower (WT) is an alternative water source for rural populations that face challenges in accessing potable water. WT is first and foremost an architecture project: a vertical structure designed to collect water from the atmosphere, gathering rain and harvesting fog and dew.

The objective is to provide on average 26.4 gallons of drinking water every day. Using a passive system and simple tools, WT is designed to be owned and operated by the villagers themselves. Ownership of such a tower can be life changing for a rural community, impacting the fields of education, the economy, society, agriculture, the environment and hygiene.

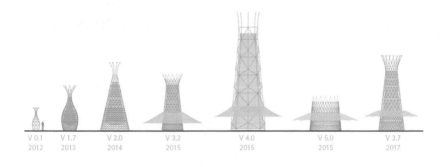

V 0.1
2012

V 1.7
2013

V 2.0
2014

V 3.2
2015

V 4.0
2015

V 5.0
2015

V 3.7
2017

WATER HARVESTING & STORAGE   STORAGE & FILTERATION   DISTRIBUTION

כולנו, אבל הם מחולקים באופן בלתי שוויוני
וכמויות גדולות מדי של מים הולכות לאיבוד,
מזדהמות ומנוהלות באופן בלתי מקיים. בקהילות
כפריות באפריקה, מיליוני בני אדם סובלים
מהעדר גישה למי שתייה נקיים. כדי להתקיים,
נשים וילדים הולכים מרחקים עצומים מדי יום
אל מקווי מים רדודים וחשופים, שהמים בהם
מזוהמים לא פעם בהפרשות של אדם וחיה
ובפרוזיטים מסוגים שונים. כל תשעים שניות מת
באפריקה ילד ממחלה שקשורה בזיהומי מים.
מגדל וארקה הוא מקור מים חלופי
לאוכלוסיות כפריות המתמודדות עם קשיי
גישה למי שתייה. זהו בראש ובראשונה
פרויקט אדריכלי: מבנה אנכי ש"קוצר" מים

מהאטמוספירה, אוגר מי גשמים ומעבה ערפל
וטל כדי לספק כמאה ליטרים מי שתייה מדי
יום. בהיותו מערכת עצמונית המצוידת בכלים
פשוטים, מגדל וארקה מעוצב באופן המאפשר
את הפעלתו על-ידי הכפריים עצמם. לקהילות
כפריות, הבעלות על מגדל כזה עשויה להתגלות
כמשנה חיים, ויש לה ערך משמעותי בתחומי
החינוך, החברה, הכלכלה, החקלאות, הסביבה
וההיגיינה.

מגדל וארקה: כל טיפה חשובה

תכנון ופיתוח: וארקה מים בע"מ, בומרצו, איטליה
2012 ואילך

אחת ההשפעות הראשונות של שינוי האקלים היא הפרעה למחזור המים על כדור הארץ. היחסים המורכבים בין מים, אנרגיה, חקלאות ואקלים השפיעו לאורך אלפי שנים על התפתחות של ציוויליזציות, שהותאמו לאקלים מקומי ופיתחו אסטרטגיות שונות להבטחת מקורות המים, המזון והאנרגיה. שינוי האקלים וההתחממות הגלובלית, כתוצאה מהפעילות האנושית שהביאה להצטברות קיצונית של גזי חממה, ישפיעו באופן הרסני על הזמינות של מי שתייה, מזון ואנרגיה ועל רמת הסניטציה שלהם.

המים חיוניים לחיים. גישה למים נקיים ובטוחים נחשבת זכות אדם בסיסית, אבל מחסור במים וסכסוכים סביב שליטה במקורות המים ממשיכים לפגוע בחיים של מיליונים ברחבי העולם. יש בעולם די מים מתוקים לצרכים של

Eco Wave Power: Waves as a Source of Energy

Design and Development:
Eco Wave Power, Tel Aviv
2011

Our oceans and seas are a vast and previously untapped resource for renewable energy, with the potential to produce twice the amount of electricity that is currently produced in the world. In order to harness this abundant resource, Eco Wave Power has developed an innovative technology to produce clean electricity from waves. The award-winning technology is comprised of specially designed floaters, which are installed on existing marine structures such as piers and jetties. The up-and-down movement of the waves moves the floaters, which compress and decompress hydraulic pistons that pressurize biodegradable oil (hydraulic fluid). An accumulator then collects the pressurized oil, stores it until sufficient pressure is reached, and then discharges the oil, which rotates a hydraulic motor. A generator converts the mechanical rotation into electricity, which transmits to the electrical grid. The oil, after compression, flows back into a Hydraulic Fluid Tank where it is

then reused by the pistons, creating a closed circular system. The operation of the system is controlled and monitored by a smart automation system that ensures continuous peak performance. Part of the system's unique innovation accommodates for storm weather. When the waves become too high for the system to handle, the floaters automatically rise above the water level and stay in the upright position until the storm passes. The floaters are then automatically lowered back into the water, resuming their operation.

Eco Wave Power is a pioneering company in the wave-energy field, operating the only grid-connected wave-energy power station in the world. The station, which is located in Gibraltar, has been generating clean electricity for use by residents since 2016. The project is the first part of a 5MW Power Purchase Agreement (PPA) that was signed directly between Eco Wave Power and the government of Gibraltar, and it is expected to supply 15% of local electricity needs.

In Israel, Eco Wave Power operates a wave-energy power station in the Jaffa Port, one of the oldest ports in the world. The station was recognized as a "Pioneering Technology" project by the Chief Scientist of the Israel Energy Ministry, Dr. Bracha Halaf, and was awarded funding by the ministry for its commercial expansion. In November 2019, it will likely be connected to the electricity network of Tel Aviv. Eco Wave Power's innovative technology is currently marketed to additional countries worldwide, and is in advanced stages of implementation in Britain, Mexico, Australia, China and Vietnam.

Eco Wave Power היא חברה חלוצה בתחום
זה של אנרגיית גלי ים, בהיותה היחידה בעולם
שמפעילה תחנת כוח המונעת באנרגיית גלים
ומחוברת לרשת חשמל קיימת. התחנה, הממוקמת
בגיברלטר, מייצרת חשמל נקי לשימוש התושבים
מאז 2016 במסגרת הסכם לרכישת אנרגיה עם
ממשלת גיברלטר, והיא אמורה לספק 15 אחוזים
מתצרוכת החשמל של תושבי גיברלטר.

בישראל Eco Wave Power מפעילה
תחנת כוח המונעת באנרגיית גלי ים בנמל
יפו, אחד הנמלים העתיקים בעולם. התחנה
הוכרה כ״מתקן חלוץ״ על-ידי ד״ר ברכה חלף,
המדענית הראשית במשרד האנרגיה, קיבלה את
מימון המשרד להרחבה מסחרית של פעילותה,
ובנובמבר 2019 תחובר ככל הנראה לרשת
החשמל של תל-אביב. הטכנולוגיה החדשנית
של Eco Wave Power משווקת כיום לארצות
נוספות ברחבי העולם, והיא מצויה בשלבי
התקנה מתקדמים בבריטניה, מקסיקו, אוסטרליה,
סין ווייטנאם.

הדי גלים: טעינת אנרגיה בכוח הגל

תכנון ופיתוח: Eco Wave Power, תל־אביב
2011

האוקיינוסים והימים הם מקור אנרגיה עצום שמעולם לא נוצל, עם פוטנציאל להפקת כפליים מכמות האנרגיה המיוצרת היום בעולם כולו. חברת Eco Wave Power מנצלת את המשאב השופע הזה באמצעות טכנולוגיה חדשנית שפיתחה לייצור אנרגיה נקייה מגלים.

הטכנולוגיה זוכת הפרסים מורכבת ממצופים ייחודיים, המותקנים במבני חוף קיימים כמו רציפים ומזחים. תנועת הגלים מנדנדת את המצופים, שמגבירים ומפחיתים את הלחץ בבוכנות הידראוליות שדוחסות שמן (נוזל הידראולי). השמן הדחוס נאגר במצבר, שם הוא מאוחסן עד להשגת די לחץ ואז הוא נפרק להנעת מנוע הידראולי. גנרטור ממיר את הרוטציה המכנית הזאת לחשמל, שמוזרם לרשת החשמל הקיימת. לאחר דחיסתו, השמן מוזרם בחזרה למיכל הנוזל ההידראולי ומושם לשימוש מחודש על־ידי הבוכנות, ליצירת מערכת מעגלית סגורה. הפעולה כולה מפוקחת ומנוטרת על־ידי מערכת אוטומציה חכמה.

במצבי מזג אוויר קיצוני ובמקרי סערה, כאשר הגלים גבוהים מדי ליכולותיה של המערכת, המצופים מתרוממים באופן אוטומטי מעל למפלס המים ונשארות במנח אנכי עד שהסערה חולפת. בחלוף הסערה, המצופים מורדים בחזרה אל המים וממשיכים בפעולתם.

עיר ספוג

כתוצאה ממשבר האקלים ועליית מפלס פני הים, אירועי גשם
קיצוניים נעשים תכופים יותר ויותר במקומות רבים בעולם. האמצעים
הקונוונציונליים להגנה מפני שיטפונות והצפות חדלו לתפקד, וערים
רבות מאמצות במקומם פתרונות "טבעיים" יותר, שמוותרים על עקרון
הסכירה וההרחקה לטובת הכלת המים הנאגרים בעיר. הכותרת "עיר
ספוג" מאגדת תחתיה מגוון שיטות מתקדמות ומקיימות לניהול מים,
תוך ניתובם לפיתוח וטיפוח עירוני ולאספקת מי שתייה במקומות
צחיחים הסובלים ממחסור. הניצול המקיים של מי הגשמים מפחית
את סכנת ההצפות, משפר את הניקוז בעיר ומגביר את החוסן העירוני
בהתמודדות עם אסונות טבע.

ANTI-SMOG

Smog, fog that contains particles of smoke, is created through the burning of fossil fuels in heavy industry, power stations, or cars. Cities worldwide suffer from the heaviest smog during the summer, resulting in breathing difficulties and damage to the lungs. The title "Anti-Smog" refers to a series of strategies designed to reduce, or even eliminate, the emission of polluting gasses that contribute to the creation of smog, or at the very least to alert us to their presence in the air we breathe.

Percent
reduction of
MMTCO₂e

0%

32.3 MMT
Emissions level
starting point

1990

34.7 MMTCO₂e

2000

36.2 MMTCO₂e

2005

2008

24.2 M
Reduce
emissions
level by 2

202

The Sustainable Policy of the Department of Planning and Development, City of Chicago

2004 onwards

The Chicago Department of Planning and Development (DPD) promotes the comprehensive growth and sustainability of the city and its neighborhoods in the spirit of the Chicago Sustainable Development Policy (2017), which has been continually implemented since June 2004. The goal of the policy is to enhance the sustainable performance of projects, by requiring development projects that are receiving financial assistance or special approvals from the city to include sustainable elements.

This program has been a driving force in making Chicago a global leader in the "green roof movement," as well as the city with the largest number of LEED (Leadership in Energy and Environmental Design) certified projects. As of 2013, Chicago had more than 500 green roofs, totaling nearly 120 acres. More than 500 development projects have been LEED certified.

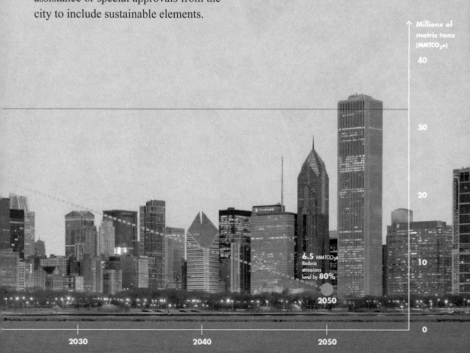

Millions of metric tons ($MMTCO_2e$)

40

30

20

6.5 $MMTCO_2e$
Reduce emissions level by 80%

2050

10

0

2030   2040   2050

The Chicago Sustainable Development Policy was updated in 2019 with the assistance of an advisory committee comprising experts in a variety of sustainability fields, as well as extensive public input. The new policy allows development teams to choose from a menu of strategies that can be tailored to fit the project's characteristics. Each strategy is assigned a point value. New construction projects are required to reach 100 points, and renovations of existing buildings are required to reach 25 or 50 points, depending on the scale of the renovation.

The updated policy provides two compliance paths. The first path does not require the building to be certified through a listed building certification program. Projects choosing this path must meet the points required through the strategies listed on the menu. The second path is for projects that choose to achieve building certification. In this case, additional points are required, with the exception of projects that are being certified under the Living Building Challenge program.

CHICAGO DATA PORTAL
Browse
Tutorial
Feedback
Airport
Harwood Heights
Norridge
Montrose Beach
Bensenville
Schiller Park
Wrigley Field
Franklin Park
River Grove
Elmwood Park
North Avenue Beach
Stone Park
Elmhurst
Melrose Park
Navy Pier
River Forest
Garfield Park Conservatory
Millennium Park
Berkeley
Oak Park
Chicago
Bellwood
Hillside
Maywood
Forest Park
Broadview
Oakbrook Terrace
Westchester
Berwyn
Cicero
North Riverside
Oak Brook
La Grange Park
Riverside
Burnham Park
Brookfield
Stickney
Western Springs
Lyons
Forest View
La Grange
Hinsdale
McCook

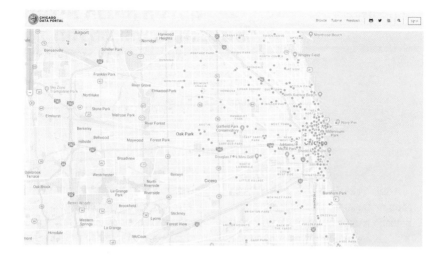

תוכנית הבנייה הירוקה של מחלקת התכנון והפיתוח, עיריית שיקגו

2004 ואילך

מחלקת התכנון והפיתוח של שיקגו מקדמת צמיחה כוללת וקיימוּת של העיר ושכונותיה, ברוח תוכנית הפיתוח המקיימת המונהגת בעיר מיוני 2004. יעדי התוכנית הם תגבור ביצועי הקיימוּת של פרויקטים הזוכים בתמיכת הרשויות העירוניות. היא דורשת ממיזמי פיתוח שמקבלים תמיכה פיננסית או אישורים מיוחדים מהעירייה, לכלול אלמנטים מקיימים.

התוכנית היתה כוח מניע בהפיכתה של שיקגו למובילה עולמית של "תנועת הגגות הירוקים" ולעיר המתגאה במספר הגדול ביותר של פרויקטים שזכו בתו התקן של LEED (Leadership in Energy and Environmental Design). מאז 2013 נספרו בשיקגו יותר מ־500 גגות ירוקים, המשתרעים על שטח של 520 אלף מ"ר, ויותר מ־500 מיזמי פיתוח קיבלו תו תקן של LEED.

תוכנית הפיתוח המקיימת של שיקגו עודכנה ב־2019 בסיוע ועדה מייעצת, המורכבת ממומחים במגוון שדות קיימוּת ונציגי ציבור. התוכנית החדשה מאפשרת לצוותי פיתוח לבחור מתפריט אסטרטגיות, בהתאמה מידתית לכל פרויקט ופרויקט. לכל אסטרטגיה ניקוד משלה, כאשר מיזמי בנייה חדשים נדרשים למאה נקודות ומיזמי שיקום ושיפוץ נדרשים ל־25 עד 50 נקודות, בהתאם להיקף.

התוכנית המעודכנת מאפשרת בחירה בין שני מסלולים. המסלול האחד אינו מחייב קבלת אישור מוועדת התקנים הירוקים. פרויקטים הבוחרים במסלול זה נדרשים למספר הנקודות שמקנות האסטרטגיות המוצעות בתפריט.

המסלול השני מיועד לפרויקטים המבקשים לעצמם תו תקן של בנייה ירוקה. נקודות נוספות נצברות בפרויקטים הפונים למסגרת המחמירה יותר של Living Building Challenge.

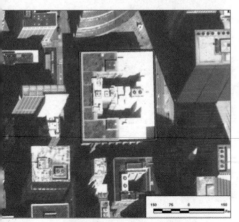

Vertical Fields and Green Walls

Design and Development:
Vertical Field, Israel
2006 onwards

Vertical Field (VF) is an Israeli urban-tech company that develops and markets environmental health solutions by means of "vertical agriculture" for indoor and outdoor spaces.

In the past, human beings lived in harmony with nature, which provided most of their needs. Nowadays, most of the population is concentrated in metropolitan areas. Urban buildings and facilities have a substantial impact on the health and wellbeing of residents and the planet. Buildings use resources, generate waste and are costly to maintain and operate. Green building is the practice of designing, constructing and operating buildings to maximize occupant health and productivity, use fewer resources, reduce waste and negative environmental impacts, and decrease living costs.

LEED (Leadership in Energy and Environmental Design) is the world's most widely used rating system for green building. It is relevant to virtually all buildings, communities and housing initiatives, and provides a framework for creating healthy, highly efficient and cost-saving green buildings. LEED certification is a globally recognized symbol of sustainability.

Established in 2006, VF has developed different solutions to improve air quality. These include control of toxins and allergens, reducing and filtering noise, decreasing energy consumption, reducing radiation, and increasing human productivity and life quality by means of indoor and outdoor facilities. These solutions all meet the standards of LEED.

In a world whose population growth is accelerating and whose natural resources are becoming increasingly precious and limited, agriculture is being forced to provide new and innovative solutions to feed the world in a safe and healthy manner. Vertical Agriculture is one of the hottest topics on the agtech scene. It allows for the cultivation of quality produce where land and resources are scarce (an environment without soil that makes use of 90% less water, uses no pesticides, and costs little to maintain). It is thus one of the future solutions for feeding the world's growing population. Bringing food closer to the market provides diversified benefits to the end consumer such as fresh produce and lower costs (due to closer destinations and longer shelf life), while providing healthy produce with zero toxins and pesticides.

The Vertical Field system makes it possible to grow dozens of types of vegetables on vertical platforms. In contrast to most agtech companies involved in vertical gardening, which use hydroponic technologies, Vertical Field has developed a unique cultivation method in "soil" beds composed of a mix of minerals and nutrients. This

unique platform can be integrated into a container or into any indoor space, and is equipped with its own sensors, irrigation system and unique monitoring software. These features automatically manage all growing phases with extreme precision, significantly reducing manual maintenance. The outcome is healthy crops (greens, herbs, tomatoes and more) that can be grown anywhere and by anyone.

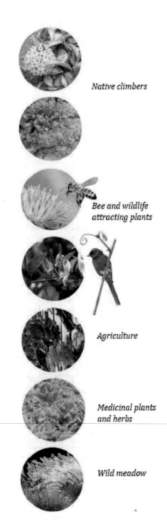

Native climbers

Bee and wildlife attracting plants

Agriculture

Medicinal plants and herbs

Wild meadow

נוכח ההתרבות המואצת של אוכלוסיית העולם ודלדול משאבי הטבע המזינים אותה, החקלאות נדרשת להמציא את עצמה מחדש ולספק פתרונות חדשניים להאכלת העולם, שיענו על הדרישה למזון בריא ובטוח. גינון אנכי הוא לפיכך אחד הנושאים החמים בזירת האגרי־טק. גידול אנכי של מזון איכותי במקומות שבהם האדמה אינה בנמצא והמשאבים מצומצמים (חקלאות בלי אדמה, שעושה שימוש ב־90 אחוז פחות מים, בלי חומרי הדברה ובעלות נמוכה), הוא אחד הפתרונות המהפכניים להאכלת האוכלוסייה המִתרבה. קירוב מקור המזון לנקודת הקצה של השוק מיטיבה עם הצרכן, מוזילה את התוצרת (כתוצאה מהפחתת עלויות תובלה ותיווך והארכת חיי המדף) ומספקת תוצרת טרייה ונקיים מרעלים וחומרי הדברה.

המערכת של Vertical Field מאפשרת גידול של עשרות סוגי ירקות על מצעים אנכיים. בניגוד לרוב חברות האגרי־טק, העוסקות בגינון אנכי בטכנולוגיות הידרופוניות – Vertical Field פיתחה שיטת גידול ייחודית בערוגות "אדמה" המורכבות ממינרלים ושאר חומרים מזינים. המצע המיוחד משתלב בחללי פנים ומותאם לקירות חיצוניים, והוא מגיע עם מערכת השקיה ותוכנית ניטור, שמפקחת על כל שלבי הגידול ומפחיתה באורח משמעותי את הצורך בתחזוקה ידנית. התוצאה היא יבולים בריאים (ירקות ירוקים, עשבי תיבול עגבניות ועוד), הניתנים לגידול בכל מקום ועל־ידי כל אחד.

קנפו-כלימור אדריכלים, "שדה אנכי": התצוגה הישראלית לתערוכה "שדות המחר", אקספו 2015, מילאנו

Knafo-Klimor Architects, "Vertical Field": the Israeli display for the exhibition "Fields of Tomorrow," Expo 2015, Milan

שדות אנכיים וקירות ירוקים

תכנון ופיתוח: Vertical Field, ישראל
2006 ואילך

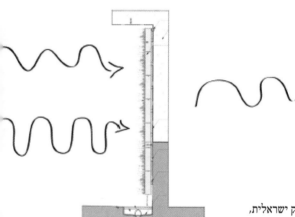

Vertical Field היא חברת אורבן־טק ישראלית, המפתחת ומשווקת פתרונות לשיפור תנאי הבריאות הסביבתיים באמצעות "גינון אנכי" למרחבי פנים וחוץ. הטכנולוגיה של Vertical Field משלבת מצעים משוכללים עם מערכות ניטור מתוחכמות ("האינטרנט של הדברים") וצמחייה מיוחדת, המאפשרים תחזוקה חכמה וחסכונית לאורך זמן. המחקר נערך בשיתוף עם אוניברסיטאות יוקרתיות ומשלב ערכים של טבע וחיי אנוש.

בעבר חי האדם בהרמוניה עם הטבע, שסיפק את רוב צורכי האנושות. אלא שכיום, עם השתנות הזמנים והסביבה, מרבית האוכלוסייה מרוכזת באזורים מטרופוליניים. לבניינים ומִתקנים עירוניים יש השפעה ניכרת על הבריאות והרווחה של התושבים ושל הסביבה. בניינים צורכים משאבים, מייצרים פסולת ויקרים לתחזוקה ולתפעול. פרקטיקות הבנייה הירוקה מאפשרות להקים ולתחזק בניינים תוך מיטוב הבריאות ופריון העבודה של התושבים. הן ממזערות את צריכת המשאבים, מצמצמות את כמויות הפסולת וההשפעות הסביבתיות השליליות ומוזילות את עלויות החיים.

LEED (Leadership in Energy and Environmental Design) היא מערכת תקינה לדירוג של בנייה ירוקה הנהוגה כיום בעולם. היא רלוונטית לכל סוגי הבניינים, הקהילות ומיזמי הדיור, ומספקת הנחיות להקמת בניינים ירוקים בריאים, יעילים וחסכוניים. תו תקן של LEED הוא סמל בינלאומי מוכר של קיימוּת. הפיתוחים של Vertical Field מאז היווסדה ב־2006 – פתרונות לשיפור איכות האוויר, לבקרת רעלנים ואלרגנים, לסינון רעשים, לצמצום צריכת האנרגיה והקרינה, להעלאת פריון העבודה ואיכות החיים במִתקני פנים וחוץ ולתכנון העתיד העירוני – זכו לתו תקן של LEED.

BreezoMeter:
Air-Quality Data

Design and Development:
BreezoMeter, Haifa, Israel
2012 onwards

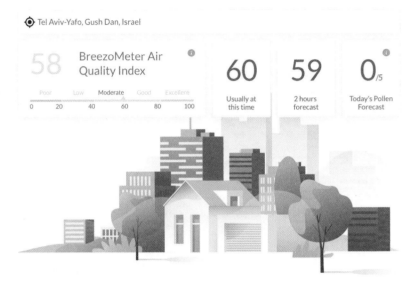

BreezoMeter is a big-data-driven company that offers real-time, location-based, outdoor air-quality data via API (Application Programming Interface) for businesses and municipalities. Using multiple data layers including governmental monitoring stations, air-dispersion models, satellite data, weather data and traffic conditions, combined with computational models, machine learning and proprietary spatial interpolation algorithms, BreezoMeter shows with high accuracy what is in the air you breathe. Armed with this information, businesses can help their customers reduce exposure to harmful air pollutants and improve their health. The air-quality data includes dominant pollutants, pollutant concentrations, air-pollution forecasts, pollen counts and more. The easy-to-integrate API increases user engagement, product usage, product upsells and customer loyalty.

There is a very high correlation between indoor and outdoor air quality. Since we spend large amounts of time indoors, it is important to accurately know outdoor air-pollution levels in order to make the best decisions for our health. The first way is to reduce the amount of emissions, the actual pollution. This takes time and dedication, as well as great motivation from lawmakers and businesses. The second way, which we can pursue simultaneously, is to understand that each of us can make better choices for our health if we are aware of what is in the air around us.

Air pollution is extremely dynamic, changing throughout the day and from street to street. By democratizing air-quality data and raising awareness, we can choose a different time or place to exercise or take our kids out to play, or a different route to get to work or school.

A series of small decisions can influence our health over time. Everyone, everywhere in the world, has the right to breathe in healthy air.

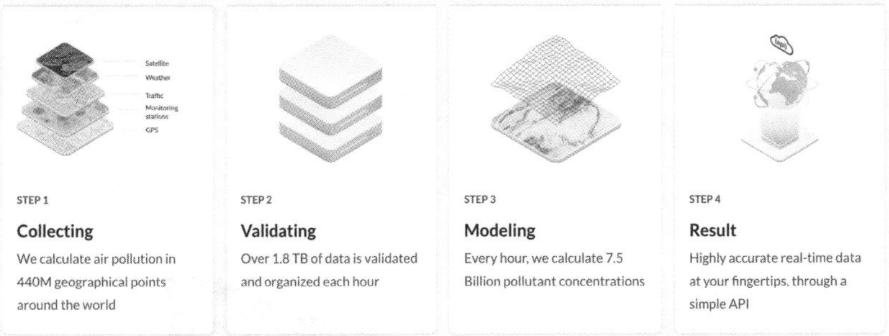

STEP 1

Collecting

We calculate air pollution in 440M geographical points around the world

STEP 2

Validating

Over 1.8 TB of data is validated and organized each hour

STEP 3

Modeling

Every hour, we calculate 7.5 Billion pollutant concentrations

STEP 4

Result

Highly accurate real-time data at your fingertips, through a simple API

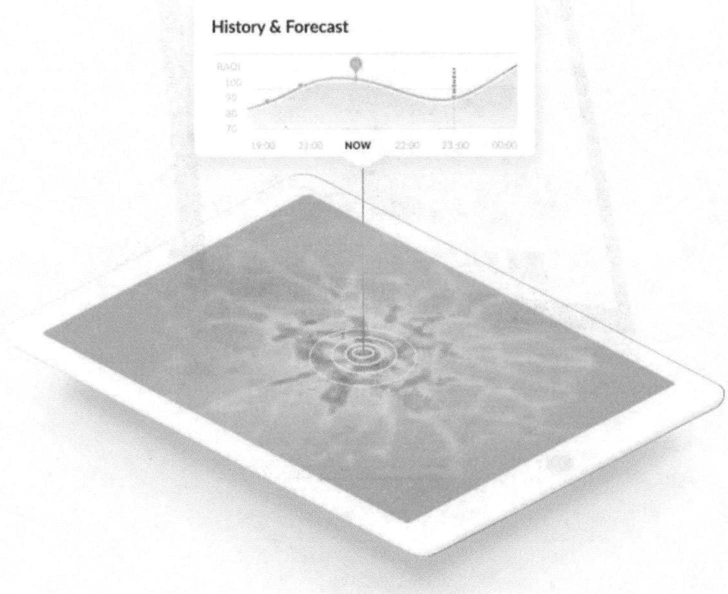

History & Forecast

יש שתי דרכים עיקריות לטיפול בבעיית זיהום האוויר, שרק הולכת ומחמירה בערים הגדולות של ימינו. הראשונה היא כמובן צמצום הזיהום הממשי, הנגרם מפליטות פחמן דו-חמצני – אלא שערוץ זה מחייב התגייסות לטווח ארוך ושיתוף פעולה מתמשך בין הממשלות והמגזר העסקי. במקביל, כל אחד מאתנו יכול לדאוג לבחירות בריאותיות טובות יותר, ולשם כך נדרשת מודעות לנעשה סביבנו ולמצב האוויר בקרבתנו.

זיהום האוויר משתנה באופן דינמי לאורך היום ובין רחוב לרחוב. דמוקרטיזציה של נתוני איכות האוויר והעלאת המודעות למצב יאפשרו לנו, למשל, לבחור זמן או מקום שונה לאימוני כושר, להחליט אם לצאת עם הילדים לשחק בחוץ, או לבחור מסלול שונה בדרך לעבודה או לבית הספר. סדרה של החלטות קטנות יכולות להשפיע על בריאותנו. הזכות לנשום אוויר נקי ובריא נתונה לכל אחת ואחד, בכל מקום בעולם.

בריזומטר: נתונים לאוויר נקי

תכנון ופיתוח: בריזומטר, חיפה
2012 ואילך

בריזומטר היא חברת נתוני עתק (big-data) שמציעה נתונים בזמן אמת, מבוססי מקום, על איכות האוויר במרחבי חוץ, באמצעות ממשק תכנות יישומים לעסקים ולרשויות מקומיות. בעזרת ריבוי של שכבות נתונים – דוגמת אלה המתקבלים מתחנות ניטור ממשלתיות, מודלים של תכסית אוויר, נתוני לוויין, מזג האוויר ומצב התנועה בכבישים, בשילוב עם מודלים ממוחשבים ואלגוריתמים של אינטרפולציה מרחבית – בריזומטר מראה בדיוק רב מה נישא באוויר שאנחנו נושמים. עסקים שייעזרו במידע זה, יסייעו ללקוחותיהם לצמצם את החשיפה למזהמי אוויר מזיקים ויתרמו לבריאות האוכלוסייה.

מפות ומפתחות של אזורי זיהום בזמן־אמת מפרטות את סוגי המזהמים, את ריכוזיהם ותערובותיהם, את ריכוזי האלרגנים באוויר ועוד. הממשק הידידותי מעודד את מעורבות המשתמשים, את השימוש במוצר ואת נתוני המכירות שלו. איכות האוויר בחללי פְּנים, שבהם אנחנו מעבירים את מרבית זמננו, מושפעת ישירות מהנעשה בחוץ, ולכן חשוב להתעדכן ברמות זיהום האוויר בחוץ כדי לפעול באופן הנכון לבריאותנו.

Smog-Free Project: Solutions for a Clean City

Design and Development:
Studio Roosegaarde, Rotterdam
2007 onwards

The Smog-Free Project, led by Daan Roosegaarde, is a long-term campaign for clean air aimed at reducing air pollution and providing cleaner air in the future through a series of urban innovations and facilities such as the Smog-Free Tower, which provide local solutions for clean air in public spaces. In addition to designing smog-free accessories, the project includes workshops that are intended to raise public awareness in collaboration with municipalities, student associations, and the cleantech industry, which work together to make our cities smog free. Recent campaigns in this spirit were launched in China, the Netherlands and Poland.

The Smog-Free Tower is equipped with environmentally-friendly technology, and provides a local solution for clean air. In order to create tangible reminders for the need to combat air pollution, Roosegaarde has also designed a tangible souvenir in the form of Smog-Free Jewelry. In 2017, he also presented a Smog-Free Bicycle, which "inhales" polluted air, cleans it, and "exhales" it back out to surround the cyclist.

Smog-Free Tower

The 23-foot-tall tower uses a patented positive-ionization technology to produce smog-free air in public spaces, allowing people to breathe clean air for free. The tower cleans close to 8 million gallons per hour, and uses no more electricity than a water boiler. The tower has been tested in China, and will soon be tested in additional countries including Mexico and India. The tower's most recent model is open to the public in Rotterdam, the Netherlands.

Smog-Free Jewelry

Smog-free rings and cufflinks are handmade in the studio from the compressed smog particles collected from the tower. By purchasing smog-free jewelry, you donate over 264,172 gallons of clean air to the city. The smog-free ring is not only part of the collection of the Stedelijk Museum in Amsterdam, but is also used as a wedding ring by couples worldwide, who seek to provide themselves and their loved ones with the ultimate gift: clean air.

Smog-Free Bicycle

This project is developed in collaboration with a leading Chinese bike-sharing company, and was launched at the World Economic Forum in Dalian, China. The design of the prototype was inspired by the manta ray, a fish which filters water in order to procure plankton for food. The bicycle works in a similar way, with a plug-in device on the steering wheel that filters the air. The innovative bicycle "inhales" polluted air, filters it, and surrounds the cyclist with clean air. Thousands of such bicycles will significantly impact the creation of smog-free cities.

תכשיטים נוגדי־ערפיח

טבעות וחפתים נוגדי־ערפיח מיוצרים בסטודיו, במלאכת יד, מחלקיקי ערפיח דחוס שנאספו מהמגדל – ומי שרוכש טבעת נוגדת־ערפיח או חפתים נוגדי־ערפיח תורם אלף ממ״ק של אוויר נקי לעיר. טבעת נוגדת־ערפיח אינה רק פריט אספנות שאחדים מסוגו שמורים במוזיאון סטדליק באמסטרדם; היא משמשת כטבעת נישואין החביבה על זוגות ברחבי העולם, המבקשים לעצמם ולאהוביהם מתנה של יופי אמיתי: אוויר נקי.

אופניים נוגדי־ערפיח

הפרויקט מפותח בשיתוף עם חברה סינית מובילה לאופניים שיתופיים והושק בפורום הכלכלה העולמי בדליאן (Dalian), סין. עיצוב הפרוטוטיפ נעשה בהשראת מנטהריי (חתול ים), דג הניזון מפלנקטון ובתוך כך פועל כמסנן מים. האופניים פועלים באופן דומה, באמצעות מִתקן סינון אוויר הנצמד לכידון. האופניים החדשניים ״שואפים״ פנימה אוויר מזוהם, מטהרים אותו ואופפים את הרוכב באוויר נקי. אלפים כדוגמתם ישפיעו בקנה־מידה גדול על טיהור ערינו מערפיח.

חופש מערפיח:
פתרונות לעיר נקייה

תכנון ופיתוח: סטודיו רוזנגארד, רוטרדם
2007 ואילך

פרוייקט "אנטי־ערפיח", בהובלת דן רוזנגארד,
מבקש לסייע להפחתת זיהום האוויר ולתרום
לאוויר נקי יותר בעתיד בעזרת סדרה של
אביזרים ומתקנים עירוניים, כמו מגדל נוגד־
ערפיח, שיעמידו פתרונות מקומיים לאוויר נקי
במרחבים ציבוריים. לצד תכנון אביזרים נוגדי־
ערפיח נערכות סדנאות מודעות, בשיתוף עיריות,
אגודות סטודנטים ומגזר תעשיות הקלין־טק,
שפועלים יחד במטרה לנקות את עירנו מסכנת
הערפיח. פרוייקטים ברוח זו הושקו לאחרונה
בסין, בהולנד ובפולין.

מגדל נוגד־ערפיח, למשל, הוא מעין "שואב
ערפיח" עירוני, המצוייד בטכנולוגיה ידידותית
לסביבה. כדי ליצור תזכורות מוחשיות לצורך
בפתרון בעיית זיהום האוויר, עיצב רוזנגארד גם

חידושים כמו תכשיטים נוגדי־ערפיח. ב־2017
הציג רוזנגארד גם אופניים נוגדי־ערפיח,
ה"שואפים" אוויר מזוהם, מטהרים אותו,
ו"נושפים" בחזרה אוויר נקי האופף את הרוכב.

מגדל נוגד־ערפיח

המגדל, בגובה שבעה מטרים, עושה שימוש
בטכנולוגיית יוניזציה חיובית (פטנט רשום)
לייצור אוויר נטול ערפיח במרחב הציבורי,
ומאפשר לאנשים לנשום אוויר נקי בחינם. המגדל
מטהר 30 אלף ממ"ק לשעה וצריכת החשמל שלו
לא עולה על זו של מחמם מים. המגדל כבר נוסה
בסין, ובעתיד הקרוב ייבחן בארצות נוספות כמו
מקסיקו והודו. הדגם העדכני ביותר של המגדל
פתוח כיום למבקרים ברוטרדם, הולנד.

ElectReon: Wireless Charging on the Road

Design and Development:
ElectReon Wireless, Israel
2013 onwards

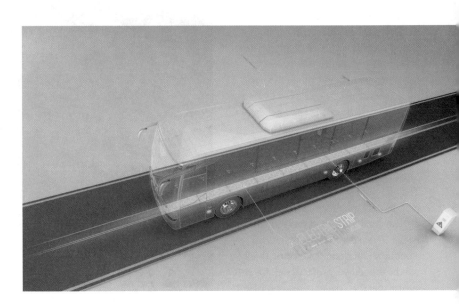

Imagine never having to stop at a gas station or wait for hours while your electric car battery is being charged. Instead, you will simply drive your electric vehicle while your battery maintains its charge. The solution involves a dynamic wireless electrification system for electric transportation. This revolutionary technology reduces the need for a large battery in the vehicle, and powers it wirelessly via a minimal infrastructure located under the driving lane.

The potential of electric roads is enormous. The project's initial focus is public transportation and heavy intercity trucks. It aims to continue with car-sharing vehicles, taxis, and distribution trucks. Ultimately, the project intends to penetrate the entire transportation market.

ElectReon Wireless is a publicly traded Israeli company that is developing a Dynamic Wireless Power Transfer (DWPT) technology. The technology is installed under the road and enables a shared infrastructure that significantly reduces the need to charge the vehicle's battery during the day or overnight, thus decreasing the size of the battery. It can support any type of EV – buses, trucks, and passenger cars, and is especially suitable for autonomous EVs. ElectReon's new technology is efficient and durable, thanks to its excellent cost-use value.

On April 14, 2019, the Swedish transport administration announced that the Smart road Gotland consortium, led by ElectReon AB, a wholly owned subsidiary of ElectReon Wireless, won a tender to demonstrate the implementation of electric road technology in Sweden. The road, based on ElectReon's dynamic wireless-charging technology, will be the first in the world to charge both an electric truck and an electric bus while traveling. The one-mile electric road is the first part of a 2.5-mile road between the town of Visby and the airport on Gotland Island. The electric bus will be used as a public shuttle, and the electric truck will be tested by a professional driver to ensure that the system is ready for large-scale projects on highways. The total budget of the project is $12.5 million, of which $9.8 million will be financed by the Swedish government.

ElectReon Wireless has recently also started a pilot project in Tel Aviv. This project will initially focus on charging city buses, followed by other types of EVs, with a future focus on enabling the optimal operation of autonomous public transportation. The pilot is overseen by Israel's Ministry of Transportation and Energy, in collaboration with the Tel Aviv municipality, which aims to transform the city – known as a global innovation hub – into the first wireless E-road city in the world.

ב־14 באפריל 2019 הודיעה רשות התחבורה השוודית על ביצוע פיילוט כבישים חכמים באי גוטלנד, ובמכרז זכתה חברה־בת של אלקטריאון. הכביש החכם יתבסס על הטכנולוגיה של אלקטריאון, ויהיה הראשון בעולם שיטעין משאיות חשמליות ואוטובוסים תוך כדי נסיעה. הכביש החשמלי שיותקן הוא קטע באורך 1.6 ק"מ מהדרך (באורך 4.1 ק"מ) שבין העיירה ויסבי (Visby) לשדה התעופה של גוטלנד. האוטובוס החשמלי יתפקד כ"שאטל" ציבורי, והמשאית החשמלית תיבחן על־ידי נהג מקצועי כדי לוודא שהמערכת מוכנה להפעלה בפרויקטים בקנה־מידה גדול ובדרכים מהירות. התקציב הכולל של הפרויקט הוא 12.5 מיליון דולר, שמתוכם ימומנו 9.8 מיליון על־ידי ממשלת שוודיה.

לאחרונה הושק הפרויקט גם בתל־אביב, שם יודגם יישום הטכנולוגיה של אלקטריאון בסביבה עירונית. הניסוי יתמקד תחילה בהטענת אוטובוסים עירוניים ולאחר מכן בסוגים אחרים של רכבים חשמליים, תוך התמקדות עתידית על הפעלה מיטבית של רכבי תחבורה ציבורית אוטונומיים. הפיילוט מבוצע בפיקוח משרד התחבורה ומשרד האנרגיה הישראליים בשיתוף עם עיריית תל־אביב, המבקשת להפוך את העיר – הידועה כמעוז חדשנות גלובלי – לראשונה בעולם שעושה שימוש בכבישים לטעינה אלחוטית.

אלקטריאון: כבישים לטעינה אלחוטית

תכנון ופיתוח: אלקטריאון וויירלס, ישראל
2013 ואילך

דמיינו שלעולם לא תצטרכו לעצור בתחנת דלק או לחכות שעות להטענת הסוללה במכונית החשמלית שלכם. במקום זאת פשוט תנהגו ברכב החשמלי בזמן שהסוללה נטענת מעצמה. הפתרון הוא מערכת דינמו־אלחוטית לתחבורה חשמלית – טכנולוגיה מהפכנית לצמצום הצורך בהטענת סוללת הרכב, שנטענת באופן אלחוטי באמצעות תשתית מינימלית המותקנת מתחת לכביש.

ל"כבישים חשמליים" כאלה יש פוטנציאל עצום. השימוש הראשון במערכת מיועד לתחבורה ציבורית ולמשאיות כבדות בדרכים בין-עירוניות. בהמשך יטופלו רכבים שיתופיים, מוניות ומשאיות קלות במשימות הפצה עירוניות. היעד השאפתני הוא לשרת את כל תחומי התחבורה.

אלקטריאון וויירלס היא חברה ישראלית הנסחרת בבורסה, המפתחת טכנולוגיה דינמו־אלחוטית המותקנת מתחת לכביש כתשתית שיתופית. הטעינה הדינמו־אלחוטית מצמצמת באופן משמעותי את הצורך להטעין סוללות רכבים חשמליים במהלך היום או הלילה ותורמת להקטנת גודלה של הסוללה. היא תומכת בכל סוגי הרכב – אוטובוסים, משאיות, מכוניות פרטיות, ובעיקר רכבים אוטונומיים. בזכות יחסי עלות-תועלת טובים, הטכנולוגיה החדשנית של אלקטריאון היא יעילה ועמידה לאורך זמן.

Kaleidoscopic Metropolis

Stefano Boeri Architetti, Milan

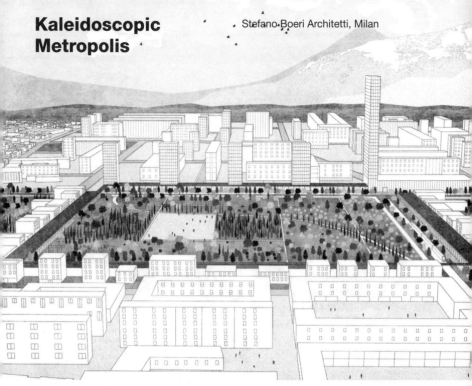

Tirana 2030 Urban System: Embassy Square / © Stefano Boeri Architetti

The vision of a Kaleidoscopic Metropolis aims to replace the anthropocentric conception of the city with a holistic approach. This new vision of the urban sphere supports the coexistence of humankind and nature, while giving rise to a heterogeneous landscape. Such a vision involves an equal distribution of resources in support of social mobility, in order to allow for the rehabilitation of the relations between human beings, nature and the animal world and for inclusive urban policies that consider the entire eco-sphere.

A Kaleidoscopic Metropolis is a "green" metropolis accessible to everyone. It supports multiple functions and a mixture of diverse activities, with the aim of constituting a polycentric city rather than a traditional urban structure, in which a center is surrounded by suburbs on its periphery. One of the main targets of the Kaleidoscopic Metropolis is to block the growth of the city and preserve its current boundaries by planting "orbital woods" that multiply the number of green surfaces, and thus enhancing biodiversity and freeing space for public parks and new public spaces.

The main goals of this urban vision are reducing the congestion charge in central areas by encouraging car sharing and public transportation, while creating pedestrian and bicycle paths within the same area. This approach is key to creating a network of new urban squares capable of providing city residents with activities and public services.

Tirana 2030 Urban System: New Main Axis / © Stefano Boeri Architetti

This emphasis on polycentrism, accessibility and light mobility provides the ground for a comprehensive educational program based on diffuse knowledge. New public schools open 24 hours a day, seven days a week, would serve both younger and older students during the week, and would function as civic centers for the different neighborhoods in the evening and at night – providing the right "infrastructure" for strong communities. The Kaleidoscopic Metropolis is a reconceptualization of the city, as well as a plan for landscape recovery.

מטרופולין קליידוסקופית

סטפנו בוארי אדריכלים, מילאנו

"מטרופולין קליידוסקופית" מבקשת להחליף את התפיסה האנתרופוצנטרית של העיר בתפיסה הוליסטית. זהו חזון חדש של מרחב אורבני, התומך בדו־קיום של אדם וטבע ויוצר בתוך כך נוף הטרוגני חדש. לשם כך נחוצה חלוקת משאבים שוויונית, שתאפשר ניידות תוך שיקום היחסים עם הטבע ועולם החי, ומדיניות עירונית שתרחיב את תחולתה אל תחומי המערכת האקולוגית השלמה.

"מטרופולין קליידוסקופית" היא כרך ירוק הנגיש לכל אחת ואחד. היא תומכת בריבוי שימושים ובעירוב פעילויות בשאיפה למודל של עיר פוליצנטרית, במקום המבנה המסורתי של מרכז אחד עם שוליים ופרברים. אחת ממטרותיה העיקריות היא חסימת הגדילה של העיר וביצור גבולותיה העכשוויים בנטיעת "יערות היקפיים", שישלשו את מדדי הצמחייה בעיר, יחזקו את המגוון הביולוגי ויִפנו שטחים לפארקים ולמרחבים ציבוריים חדשים.

החזון העירוני הזה – שמטרותיו העיקריות הן הפחתת הצפיפות במרכזי העיר באמצעות הטלה של מס גודש, תיעדוף של מערכות שיתוף רכבים, ומתן קדימות לנתיבי תחבורה ציבורית לצד שבילים להולכי רגל ורוכבי אופניים – יאפשר פריחה של רשת כיכרות עירוניות, שישובו לשקוק פעילות חברתית ואזרחית.

על רקע זה של פוליצנטריות, נגישות וניידות, תיבחן גם תוכנית חינוכית מקיפה שתציע ידע לַכֹּל. בתי הספר החדשים יהיו פתוחים לציבור 24 שעות ביממה ושבעה ימים בשבוע. הם יתפקדו כמוסדות לימוד לצעירים ולמבוגרים בימי השבוע וכמרכזי תרבות שכונתיים בערבים ובלילות, ויהוו "תשתית" לבניית קהילות חסונות.

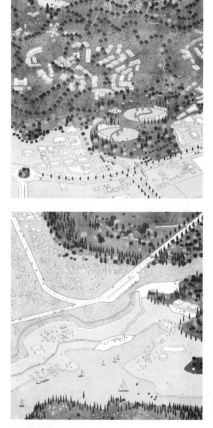

"מטרופולין קליידוסקופית" היא המְשגה חדשה של העיר, והיא בה־בעת גם תוכנית של שיקום סביבתי ונופי.

Tirana 2030 Urban System; top: Olive Trees; bottom: Natural Park
© Stefano Boeri Architetti

Vertical Forest: An Alternative to the Urban Sprawl

Stefano Boeri Architetti, Milan
2009-2014

Vertical Forests support environmental sustainability in contemporary cities, forming a new generation of high-rises that are entirely covered by vegetation and trees. Such buildings promote the coexistence of architecture and nature, creating new and complex urban ecosystems. Their main goal is to multiply the number of trees in cities in order to reduce air pollution. The vegetation in such Vertical Forests serves as a green filter between internal and external spaces – a filter capable of absorbing the fine particles emitted by urban traffic, producing oxygen, absorbing carbon dioxide and shielding balconies and interiors from noise pollution. These benefits do not merely enhance the lives of building residents, but also contribute to improving air quality throughout the city.

This typology of buildings also works as an anti-sprawl strategy. By introducing vegetation into urban centers, it enables city residents to experience nature and greenery within the city, rather than ensconcing themselves in suburban houses surrounded by gardens – a development model that consumes agricultural soil, energy, and financial resources, while distancing residents from communal services found in compact cities.

By creating a denser urban fabric, Vertical Forests forge innovative relationships between nature and the built environment, giving rise to new landscapes and skylines. The urban

surfaces freed in this manner can thus be allocated to high-density forestation projects in order to increase green spaces in the city and reduce the effect of heat islands, which are created in part by the sunlight reflected from the glass facades of many buildings. Together with Green Roofs, vegetable gardens and Vertical Gardens, Vertical Forests belong to a new generation of environmental regeneration projects aimed at improving and enhancing the quality of everyday life in contemporary cities.

קרני השמש המוחזרות מחזיתות הזכוכית של בניינים רבים. לצד הגגות הירוקים, גינות הירק והגנים האנכיים, "יערות אנכיים" הם דור חדש של מיזמי התחדשות עירונית, שמטרתם לשפר את האיכות והרבגוניות של חיי היומיום בערי ההווה.

יער אנכי: בלימת הזיחול האורבני

סטפנו בוארי אדריכלים, מילאנו
2014–2009

"יערות אנכיים" הם פרויקטים של קיימות סביבתית בערים עכשוויות: רבי־קומות עירוניים מהדור החדש, המכוסים כליל בצמחייה ועצים. בניינים אלה הם למעשה כלים לקידום דו־קיום של אדריכלות וטבע באזורים אורבניים, וליצירת מערכות מורכבות של אקולוגיה עירונית מורכבת. מטרתם העיקרית היא הפחתת זיהום האוויר באמצעות הכפלה של מספר העצים בעיר. צמחיית ה"יערות האנכיים" מתפקדת כמסננת ירוקה בין מרחבי הפְּנים והחוץ העירוניים. הצמחייה סופגת חלקיקים זעירים הנפלטים מכלי הרכב, מייצרת חמצן, סופחת פחמן דו־חמצני ומגינה על מרפסות הבתים וחללי הפְּנים מזיהום רעש. יתרונות אלה מיטיבים לא רק עם דיירי הבניינים: הם משפרים את איכות האוויר בעיר כולה.

טיפולוגיה בניינית זו משמשת גם לבלימת הזיחול העירוני. בהכנסת הצמחייה לתוככי המרכזים האורבניים, היא מאפשרת לתושבי העיר לחוות את הטבע הירוק בעיר עצמה ולא להזדקק לשם כך לבתים פרבריים המוקפים גינות, שהוכחו כמודל פיתוח בזבזני שמְכלה אדמה חקלאית, מעצים את צריכת האנרגיה, מעלה את יוקר המחיה ומרחיק את הדיירים מהשירותים הקהילתיים והסביבה התומכת שמספקת העיר הקומפקטית.

באמצעות ציפוף הרִקמה העירונית, ה"יערות האנכיים" יוצרים יחסי קִרבה חדשניים בין הטבע והסביבה הבנויה ומולידים נופים וקווי־רקיע חדשים. את השטחים המתפנים בתוך כך יש להקצות למיזמי ייעור, שיעבו את הריאות הירוקות של העיר ויצננו את איי החום שגורמות

אנטי־ערפיח ←

ערפיח (smog), ערפל הנושא חלקיקי עשן, נוצר כתוצאה משריפת
דלקי מאובנים בתעשייה הכבדה, בתחנות כוח או בכלי רכב. בעונת
הקיץ סובלות ערי העולם ממדדי שיא של ערפיח, המקשה על הנשימה
ומזיק לריאות. הכותרת "אנטי־ערפיח" מתייחסת לשורת מהלכים,
שמטרתם לצמצם ואף להעלים את פליטות הגזים המזהמים התורמים
להיווצרות הערפיח, או לחלופין להתריע על הימצאותם באוויר שאנו
נושמים.

→ SUNROOF

The use of clean solar energy, which is renewable and available to all as a substitute for fossil fuels, reduces the emission of greenhouse gasses and contributes to stabilizing the climate. In recent years, numerous countries have begun exploiting solar energy as an efficient substitute for burning oil or coal – including, among others, Germany, Japan, Italy, Spain, and the United States. Many cities throughout the world feature a growing number of solar panels on rooftops, and solar power enables benches and "energy trees" to charge cellular phones.

Energize MIT

Design and Development: Office
of Sustainability, MIT, Cambridge,
Massachusetts
Interdisciplinary collaboration led
by Derek Wietsma
2015 onwards

The Massachusetts Institute of Technology is working to bring knowledge to bear on humanity's most urgent global challenges in order to build a better world. As the work of the Institute's research community has helped reveal, climate change ranks among the most serious of these challenges. Solving for climate change and its attendant problems requires collaboration across many fields – from science and engineering to cultural studies and urban design. It also demands hands-on problem solving, the power to convene leaders from many disciplines and sectors, a commitment to engage with communities to design the

future, and a strong grasp of our moral responsibility to the Earth and to all living things.

In October 2015, MIT published its *Plan for Action on Climate Change* and affirmed its commitment to advance climate research and innovation, and to accelerate progress toward low- and zero-carbon energy technologies. MIT pledged to reduce campus greenhouse gas emissions by at least 32% by 2030, using 2014 as a baseline, and to strive for carbon neutrality. By leveraging the campus as a test bed, the Institute aspires to generate new and proven ways of mitigating the escalating disruptions of climate change.

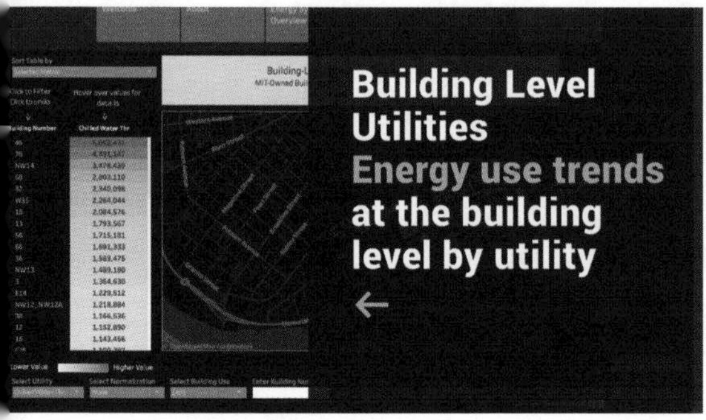

**Building Level
Utilities
Energy use trends
at the building
level by utility**

←

Energize MIT is one example of how the Institute is using the campus as a test bed. The goal of Energize MIT is to provide a campus energy data resource that supports research, innovation, and decision making. The tool offers two types of information: 1. Interactive data visualizations showing utility usage and greenhouse gas emissions at the campus and building scales; 2. Data that can be downloaded by the MIT community and used for research.

Energize MIT was launched to advance the commitment called for in the 2015 program, and centers on establishing an energy data resource that supports research, innovation, and informed decision-making. The project provides two kinds of information: 1. A set of interactive visualizations depicting information such as campus-wide and building-by-building details about the use of electricity, natural gas, fuel oil, steam, and chilled water, as well as the greenhouse gas emissions associated with energy use. 2. Datasets can be downloaded by the MIT community and used to examine the details of energy use, in some cases providing a level of granularity as fine as energy-use measurements in 15-minute increments.

The data that is currently presented by this resource are imperfect and subject to certain quality limitations. Recognizing the value of accurate energy data, MIT is making significant investments to expand the building metering capabilities of the campus. More precise information will improve how the Institute assesses building performance and identifies energy reduction opportunities. Energize MIT is embedded in the MIT Sustainability Data Pool website, which is MIT's central portal to campus sustainability data.

Energize MIT is the product of an MIT interdepartmental collaboration led by Derek Wietsma, Senior Data Analyst at the Office of Sustainability, in partnership with colleagues in the Department of Information, Systems & Technology and the Department of Facilities. Wietsma focuses on building a dynamic analytics practice that tracks operational performance and enhances institutional decision-making. Within this framework, he develops interactive and user-friendly dashboards to visualize analysis results. Wietsma has experience working with a variety of statistical software to process, transform, and make sense of complex datasets.

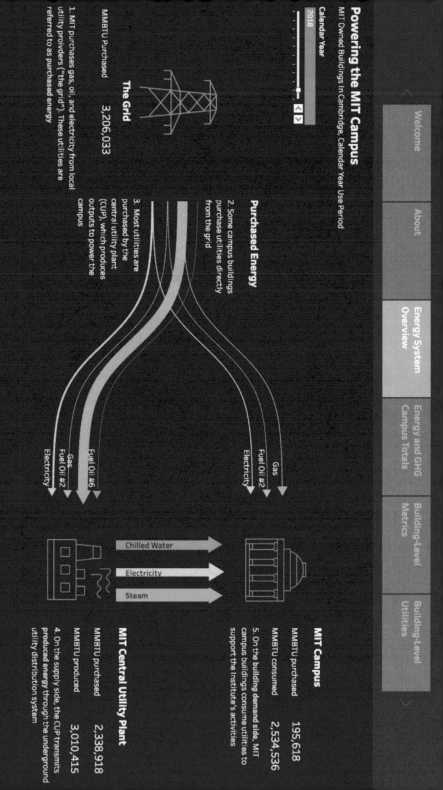

Powering the MIT Campus

MIT Owned Buildings in Cambridge, Calendar Year Use Period

Calendar Year

2018

The Grid

MMBTU Purchased   3,206,033

Purchased Energy

2. Some campus buildings purchase utilities directly from the grid

3. Most utilities are purchased by the central utility plant (CUP), which produces outputs to power the campus

1. MIT purchases gas, oil, and electricity from local utility providers ("the grid"). These utilities are referred to as purchased energy

Electricity — Fuel Oil #2 — Gas — Fuel Oil #6

Electricity — Fuel Oil #2 — Gas

Chilled Water — Electricity — Steam

MIT Campus

MMBTU purchased   195,618
MMBTU consumed   2,534,536

5. On the building demand side, MIT campus buildings consume utilities to support the Institute's activities

MIT Central Utility Plant

MMBTU purchased   2,338,918
MMBTU produced   3,010,415

4. On the supply side, the CUP transmits produced energy through the underground utility distribution system

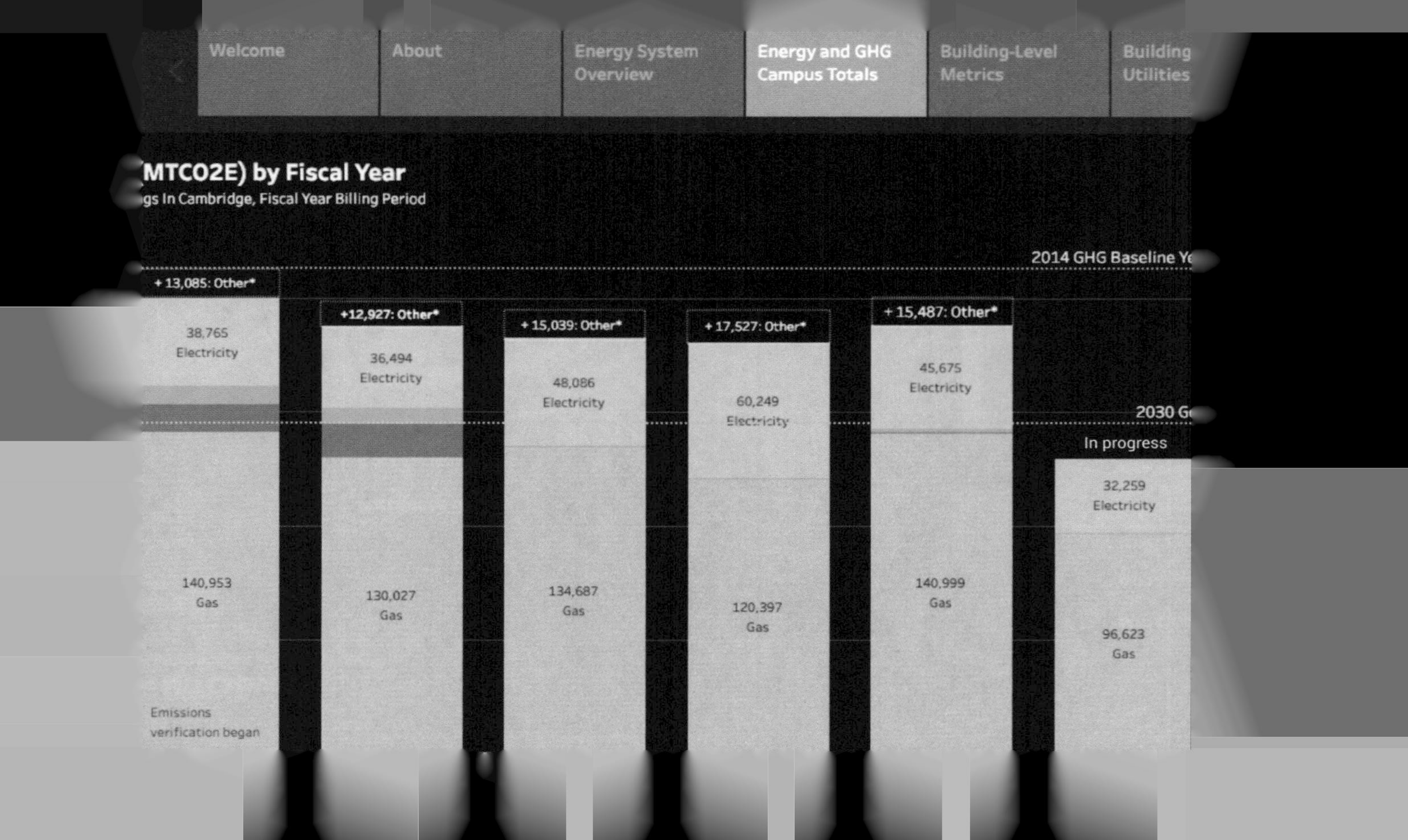

MTCO2E) by Fiscal Year

...gs in Cambridge, Fiscal Year Billing Period

2014 GHG Baseline Ye...

2030 G...

| Welcome | About | Energy System Overview | **Energy and GHG Campus Totals** | Building-Level Metrics | Building Utilities |

+ 13,085: Other*

38,765 Electricity

140,953 Gas

Emissions verification began

+12,927: Other*

36,494 Electricity

130,027 Gas

+15,039: Other*

48,086 Electricity

134,687 Gas

+17,527: Other*

60,249 Electricity

120,397 Gas

+15,487: Other*

45,675 Electricity

140,999 Gas

In progress

32,259 Electricity

96,623 Gas

Building-Level Metrics: Total MMBTU

MIT-Owned Buildings in Cambridge, Calendar Year

MMBtu View Total
2,382,665

About

Energy System Overview

Energy and GHG Campus Totals

Building-Level Metrics

Building-Level Utilities

PI Metering Data

Data Access

Data Source Details

Hover over values for details

Total MMBTU
190,029
140,370
117,854
78,249
78,086
77,387
77,038
54,661
52,075
51,721
49,092
45,598
41,012
40,312
38,691
36,272
34,190
31,309
29,324
28,824

Higher Value

(All)   Select Building Use

Source: Energy Distribution Dataset

Enter Building Number

Select Chart Type   Building Shape

(All)   Metering Status

Select Year   2016

Hover For Limitations   Select Month   (All)

מאקלמים את MIT

תכנון ופיתוח: משרד הקיימות, MIT,
קיימברידג׳, מסצ׳וסטס
שיתוף פעולה בין־מחלקתי (מחלקות המידע,
המערכות והטכנולוגיה) בהובלת דרק ווייטסמה
2015 ואילך

MIT (Massachusetts Institute of Technology) פועל לקידום הידע האנושי ולבחינה מעשית של הידע נוכח האתגרים הגדולים ביותר הניצבים כיום בפני האנושות, בחתירה לעולם טוב יותר. הקהילה המחקרית מסכימה כיום ששינוי האקלים הוא הגדול באתגרים אלה. התקדמות במאבק בשינוי האקלים ובבעיות הנגזרות ממנו דורשת שיתוף פעולה החוצֶה תחומים רבים – הָחֵל במדע והנדסה וכלה בלימודי תרבות ותכנון ערים. היא דורשת גם מיומנות בפתרון מעשי של בעיות בשטח, יכולת לגייס לפעולה משותפת מנהיגים מתחומים ומגזרים רבים, מחויבות לשיתוף פעולה עם קהילות בעיצוב עתידנו, והקפדה נחושה על האחריות המוסרית שלנו לכדור הארץ וליצורים החיים בו.

באוקטובר 2015 פרסם MIT "תוכנית פעולה למאבק בשינוי האקלים", ובכך אישרר את מחויבותו לקידום המחקר והחדשנות ולהאצת הפיתוח של טכנולוגיות אנרגיה השואפות לנייטרליות פחמנית. MIT התחייב להפחית את פליטות גזי החממה בקמפוס המכון ב־32 אחוז לפחות מתחת לרמות שנמדדו ב־2014, ולהגיע להישג זה עד שנת 2030. בהפיכת הקמפוס של MIT למעבדה, המכון מבקש למצוא דרכים חדשות לבלום את ההאצה בשינוי האקלים.

הפרויקט "מאקלמים את MIT" הוא אחת הדוגמאות לשימוש שנעשה במכון כמעבדת מחקר. הוא מבקש לפתוח ככל האפשר את הגישה למשאבי הנתונים והמידע של המכון לשם תמיכה במחקר, בחדשנות ובקבלת החלטות מושכלת. הפרויקט מציע שני סוגים של מידע:

1. המחשות חזותיות אינטראקטיביות, המוסרות מידע כללי לגבי השימוש באנרגיה ועל הפליטות הפחמניות במרחב הקמפוס ובכל בניין ובניין;
2. מערכי נתונים לשימושה של קהילת MIT והמחקר ככלל.

Energize MIT helps track
towards the Institute's 2030
climate goal to reduce carbon
emissions at least 32% below

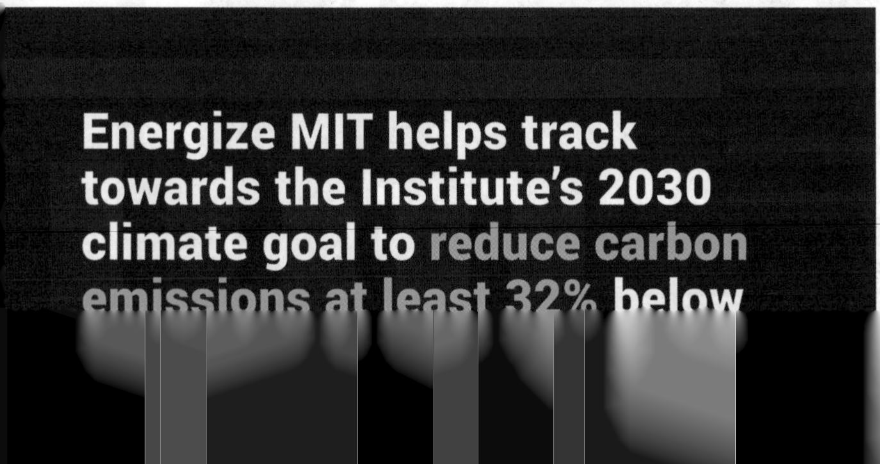

SolarEdge: Powering the Future

Design and Development: SolarEdge Technologies, Herzliya, Israel
2006 onwards

Every hour, the sun produces more energy than all of humanity could use in an entire year – offering a clean, green, unlimited, and largely untapped energy source. SolarEdge is a global company specializing in smart solar energy, which focuses on developing technological innovations that can improve the ways we produce and consume energy and lead to a better future. The company's technology captures and harvests the sun's raw energy, turning it into energy that can be used to reduce our dependence on pollutive fossil fuels.

In 2006, SolarEdge developed the optimized inverter solution, which has transformed the way power is harvested and managed in photovoltaic (PV) systems. Designed to accelerate the pace of PV proliferation, the SolarEdge optimized inverter maximizes power generation while lowering the cost of energy produced by the PV system.

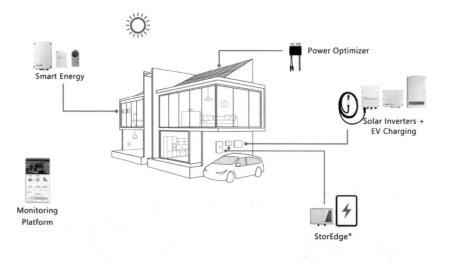

Smart Energy

Power Optimizer

Solar Inverters + EV Charging

Monitoring Platform

StorEdge®

Overcoming the limitations of traditional PV inverters, SolarEdge's PV system offers increased energy production, design flexibility, enhanced safety, and module-level, remote monitoring.

A solar system consists of modules made up of PV cells. When the sun's rays hit the modules, the PV cells transform the sunlight into clean direct current (DC) electricity. This DC energy is then converted into alternating current (AC) energy, which powers our homes by a solar inverter. Solar energy does not contribute to water, air, waste, or noise pollution, and consumes virtually none of our precious finite energy resources – the epitome of an environmentally-friendly energy resource.

Sustainable development requires the vision and ability to improve the present generation's quality of life, while protecting the quality of life of future generations. Continuous improvement in the ways we manage, produce, and consume energy will lead to a better, more sustainable future for us all. Innovative technologies help the world reduce dependence on polluting and depleting fossil fuels by bringing solar energy to everyone. Addressing a broad range of energy market segments through PV, storage, home automation, EV charging, and grid-services solutions, smart-energy solutions are designed to accelerate the energy transition from large, centralized and polluting power stations to an interconnected network of distributed energy based on smart solar energy systems.

Achieving global sustainability involves multiple challenges that will require considerable effort on multiple fronts. Creating sustainable solutions to address environmental endangerment is paramount in the 21st century.

מערכת סולארית מורכבת ממודולים העשויים מתאים פוטו־וולטאיים. כאשר קרני השמש פוגעות במודול, התאים הפוטו־וולטאיים ממירים את אור השמש לזרם חשמלי ישר (DC). אנרגיה זו מומרת בהמשך לזרם חילופין (AC), המוליך חשמל לבתים שלנו באמצעות ממיר סולארי. אנרגיה סולארית אינה גורמת לזיהום מים ואוויר, אינה יוצרת פסולת או רעש ואינה מכלה את משאבי האנרגיה הסופיים והיקרים שלנו. אין משאב אנרגיה ידידותי לסביבה ממנה.

פיתוח מקיים ניזון תמיד מחזון של איכות חיים משופרת, לא רק בדור ההווה אלא גם למען הדורות הבאים. שיפורים מתקדמים באופני ייצור האנרגיה, ניהולה וצריכתה יקדמו אותנו לקראת עתיד טוב ומקיים יותר לכל. חידושי הטכנולוגיה הסולארית תורמים להפחתת התלות בדלקי מאובנים מזהמים ומִתכלים, ולהנגשת האנרגיה הסולארית לכל אחת ואחד באמצעות מחוללי אנרגיה מקיימים. פתרונות האנרגיה הפוטו־וולטאיים פונים לטווח רחב של מגזרי שוק – שירותים של אחסון אנרגיה, בית חכם והטענה מרחוק – ובכוחם להאיץ את המעבר מתחנות כוח מרכזיות, גדולות ומזהמות, אל רשת מבוזרת של תחנות הפצה קטנות המבוססות על מערכות אנרגיה סולארית חכמות.

בדרך להשגת קיימות גלובלית, אנחנו נדרשים להתמודד עם אינספור אתגרים באינספור חזיתות. פיתוח משאבי אנרגיה מקיימים לתמיכה בהתמודדות עם הסכנות הסביבתיות, הוא האתגר הראשון במעלה של המאה ה־21.

SolarEdge:
הנעת העתיד

תכנון ופיתוח: SolarEdge
טכנולוגיות, הרצליה, ישראל
2006 ואילך

השמש מייצרת מדי שעה יותר אנרגיה מהכמות הנחוצה לשימושה של האנושות כולה בשנה שלמה. זהו מקור אנרגיה נקי, ירוק ובלתי מוגבל, שכמעט אינו מנוצל. SolarEdge היא חברת בינלאומית לאנרגיה סולארית חכמה, המתמקדת בפיתוח חידושים טכנולוגיים שעשויים לשפר את אופני הפקת האנרגיה וצריכתה ולתרום בכך לעתיד טוב יותר. הטכנולוגיה של SolarEdge לוכדת וצוברת את האנרגיה הגולמית של השמש והופכת אותה לאנרגיה זמינה, המאפשרת את צמצום התלות שלנו בדלקי מאובנים מזהמים.

ב־2006 פיתחה SolarEdge ממיר מתח חדשני, שִׁיֵּעַל את אופני הצבירה, השינוע והניהול של כוח במערכות פוטו־וולטאיות (PV). ממיר המתח של SolarEdge מכפיל את כמות התאים הפוטו־וולטאיים, ממקסם את ייצור הכוח ותוך כדי כך מוריד את עלויות האנרגיה המיוצרת על־ידי המערכת. המערכת של SolarEdge מאפשרת לכן ייצור אנרגיה מוגבר, גמישות עיצובית, בטיחות משופרת, וניטור מרחוק של התת־מערכות (המודולים).

Solatube: Natural Daylighting Systems for Buildings

Design and Development: Solatube by B-Tech Technologies, Gaash, Israel 1991 onwards

The use of natural lighting has grown significantly in recent years, especially thanks to the awareness of natural light's contribution to reducing energy consumption and carbon emissions, increasing sustainability, and more. Sunlight has a positive effect on alertness, memory, intelligence and mood. Studies reveal that exposure to natural light improves performance in a range of areas and contributes to satisfaction, motivation and concentration.

Solatube is a pioneering company in the development of natural daylighting solutions based on tubular devices. Its smart technology involves a system of lenses and special reflectors, which enable users to enjoy the benefits of natural daylight even in places where it is not directly accessible, while neutralizing the disadvantages that usually accompany natural lighting.

Solatube uses breakthrough optical technologies to pipe pure, natural light indoors. The result greatly resembles natural light (most of the light spectrum), while blocking the transmission of heat into the illuminated room; it leads to a significant reduction

in the use of energy, thus increasing sustainability and providing green buildings with LEED points.

The system is composed of three parts, which are all vital to maximizing light quality in the room: 1. A transparent dome (located on the roof) composed of lenses and a reflector, which enable sunrays to be harnessed from any angle, morning and afternoon, in winter, fall and spring; 2. A special reflective tube that transmits the light. The device has a coating with the highest specular reflectance (99.7%), and is at least three times more powerful than other systems,

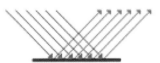

**Specular Reflection
(smooth surfaces)**

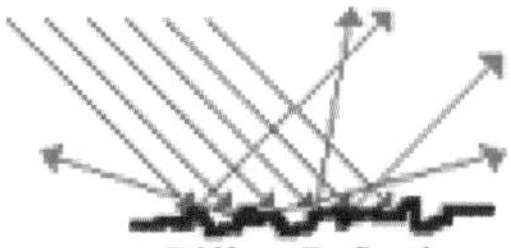

**Diffuse Reflection
(rough surfaces)**

while also providing the highest quality of clean light. 3. A diffuser – a system of lenses that ensure the uniform diffusion of light in the room, over an area that is almost double that covered by artificial lighting. The intensity of the light can be directed to specific areas.

The system blocks and reduces heat transmission thanks to a special material integrated into the dome, which blocks 100% of all ultra-violet rays. The patented Cold Tube blocks part of the spectrum of infra-red rays, thus significantly reducing the use of energy required to air-condition the illuminated spaces.

Solatube is represented in Israel by B-Tech Technologies, which develops systems and solutions for integrating natural lighting into a wide range of buildings: residential buildings, offices, educational institutions, commercial centers, industrial plants, storage facilities, sports facilities, and more. The system's optical technology allows for the transmission of natural light over a distance and at different angles, without losing light. The lighting units are modular, and can accommodate the needs and limitations of different buildings. The units do not require maintenance, and are defined as systems "for life."

האינפרה־אדום. בכך נחסכת באופן משמעותי האנרגיה הנדרשת למיזוג החללים המוארים.

סולהטיוב מיוצגת בישראל על־ידי חברת ביתק טכנולוגיות, המפתחת מערכות ופתרונות לשילוב תאורה טבעית במגוון רחב של מבנים: בתי מגורים, משרדים, מוסדות חינוך, מרכזים מסחריים, מפעלים ותעשייה, מחסנים, מִתקני ספורט ועוד. הטכנולוגיה האופטית של המערכת מאפשרת את הַעֲברת האור הטבעי לאורך מטרים רבים ובזוויות שונות תוך מניעת הפסד אור. יחידות התאורה הן מודולריות וניתנות להתאמה בהתאם לצרכים ולמגבלות של כל מבנה. היחידות אינן זקוקות לתחזוקה ומוגדרות כמערכות "לכל החיים".

Capture
Raybender® 3000 Technology
A patented daylight capturing dome lens that:
Redirects low-angle sunlight for maximum light capture
Provides consistent daylighting throughout the day
Rejects overpowering summer midday sunlight
LightTracker™ Reflector
An innovative in-dome reflector that:
Redirects low-angle winter sunlight for maximum light capture
Increases light input for greater light output
Delivers unsurpassed year-round performance
Transfer
Spectralight® Infinity Tubing
Tubing made of the world's most reflective material that:
Delivers 99.7%* specular reflectivity for maximum sunlight transfer
Provides the purest color rendition possible so colors are truer, brighter
Allows for run lengths over 30 feet to deliver sunlight to lower floors
Generate
Integrated Solar Electric Module
Photovoltaic panel collects solar energy
Stored energy powers smart NightLight which automatically comes on at night
Deliver
Stylish daylight delivery

סולהטיוב: מערכת תאורה טבעית למבנים

תכנון ופיתוח: סולהטיוב על־ידי ביתק טכנולוגיות, געש, ישראל
1991 ואילך

המודעות לשימוש בתאורה טבעית התפתחה מאוד בשנים האחרונות, בעיקר הודות ליתרונותיו בחיסכון אנרגטי, קיימות, הפחתה של פליטות פחמן דו־חמצני ועוד. אור השמש משפיע באופן חיובי על הערנות, הזיכרון, האינטליגנציה ומצב הרוח. מחקרים מראים שחשיפה לאור טבעי משפרת את הביצועים בתחומים שונים ותורמת לשביעות הרצון, למוטיבציה ולריכוז.

חברת סולהטיוב היא חלוצה בפיתוח טכנולוגיית תאורה טבעית (אור יום) על בסיס שרוולי תאורה. הטכנולוגיה החכמה שלה מבוססת על מערכת עדשות ורפלקטורים מיוחדים, המאפשרים ליהנות משלל סגולותיו של האור הטבעי גם במקומות שבהם אינו נגיש באופן ישיר, תוך נטרול החסרונות הנלווים לשימוש המקובל בתאורה טבעית.

הטכנולוגיה של סולהטיוב מאפשרת: הֲעברה של עוצמת אור מְרבית לחלל החדר; נקיון אור בקרבה גדולה ככל האפשר לאור הטבעי (מרבית ספקטרום האור); מניעה של הֲעברת חום לחלל המואר; חיסכון אנרגטי משמעותי התורם לדרגת הקיימות ומזכה בניינים ירוקים בנקודות תקן של LEED.

המערכת מורכבת משלושה חלקים, שכל אחד מהם חיוני למיטוב האור בחלל החדר: 1. כיפה שקופה (הממוקמת בגג) ללכידת קרני האור. הכיפה מורכבת מעדשות ורפלקטור המאפשרים לכידה של קרני אור גם בזוויות נמוכות, בשעות הבוקר ואחר הצהריים ובעונות החורף, הסתיו והאביב; 2. שרוול רפלקטיבי מיוחד להעברת האור. השרוול, בציפוי מיוחד בעל מקדם החזרת אור (specular reflectance) הגבוה ביותר בתחום (99.7%), מאפשר העברה של עוצמת אור עד פי שלושה ויותר ממערכות אחרות, וכן נקיון אור באיכות הגבוהה ביותר; 3. מפזר אור (דיפיוזר) – מערכת המורכבת מעדשות להבטחת פיזור אחיד של עוצמת האור בחדר, ועל פני שטח כפול כמעט מזה שמספקת תאורה מלאכותית. אפשר לבצע כיוונון של עוצמת ההארה לשטחים נבחרים.

המערכת חוסמת ומפחיתה העברת חום בקרני האור בזכות חומר מיוחד המשולב בכיפה, החוסם מאה אחוז מקרני האולטרה־סגול, ופטנט הקרוי Cold Tube, החוסם חלק מהספקטרום של קרני

Sense: Domestic Energy Monitor

Design and Development: Sense, Cambridge, Massachusetts
2016 onwards

Sense was born of the simple idea that people should know what is happening in their homes. Various apps track calories, footsteps, miles per gallon, budgets, and rewards points – yet it is astonishing how little we know about the place where we spend so much time. We would never leave the house with a faucet running water, yet we come and go from our homes with electrical "faucets" on every day.

Sense answers the questions "What's using energy in my home?" and "How can I reduce my utility bill?" The Sense smart energy monitor and mobile app give consumers a new understanding of their home's activity and help them identify ways to reduce energy expenses. The Sense monitor is installed in the home's electrical panel, using two sensors that monitor power usage. Sense continuously tracks how much energy the home is using and can detect energy variations as devices turn on and off – giving the homeowner immediate feedback about potential energy drains in their home.

Over time, by monitoring the unique energy "orchestra" in each home, Sense goes a step further, using a combination of high-resolution power monitoring and advanced machine learning to identify individual devices by their energy signatures. Once individual devices are found, users can name and track them in the Sense app.

Customers rely on Sense for a wide range of uses including monitoring their home appliances, determining whether they left something running and identifying how to reduce their energy costs. Sense is headquartered in Cambridge, Massachusetts, and is currently available in North America.

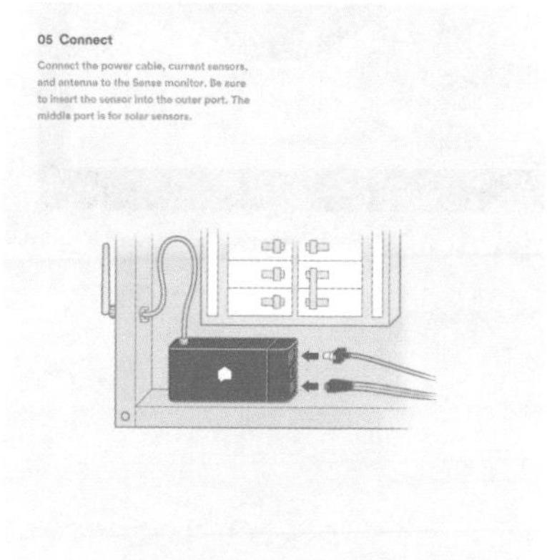

05 Connect

Connect the power cable, current sensors, and antenna to the Sense monitor. Be sure to insert the sensor into the outer port. The middle port is for solar sensors.

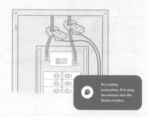

06 Connect the current sensors

Clamp the sensors around the service mains so that both labels are facing the power source. If your service mains have loops, follow the wires to determine the appropriate direction.

As a safety precaution, first plug the sensors into the Sense monitor.

07 Connect the power

Connect the **black wire** and the **red wire** to an empty 240V breaker and the white wire to the neutral bus bar. Sense draws less than 0.1A, so you should use the smallest 240V breaker available for your panel.

Don't have an empty breaker?

Connect to an existing or add a new 240V breaker. Learn more at help.sense.com.

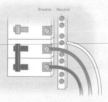

10 Connect to the Sense app

Go to sense.com/app on your phone to download the app. The app will guide you to create your account.

sense
sense
sense
sense

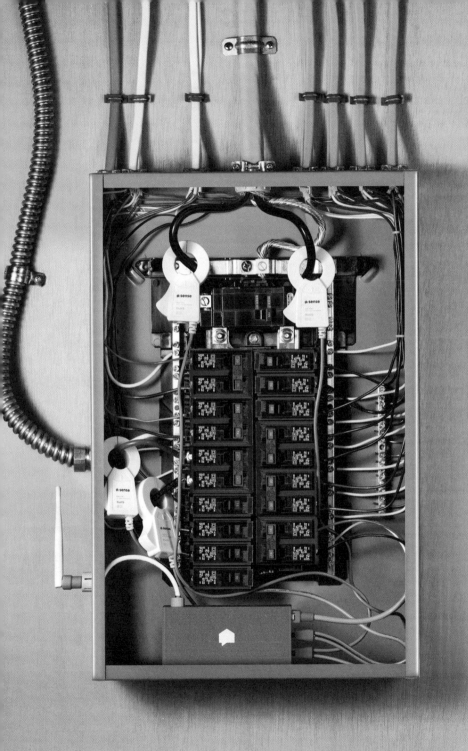

Sense: מוניטור אנרגיה ביתי

תכנון ופיתוח: Sense, קיימברידג', מסצ'וסטס
2016 ואילך

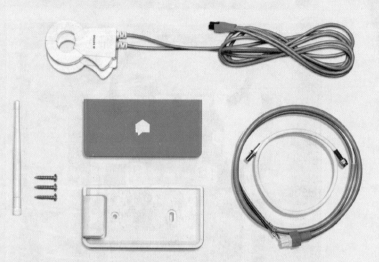

Sense נולד מהצורך של אנשים לשלוט
במתרחש בבתים שלהם. בשימוש מצויות כיום
אפליקציות המונות קלוריות, צעדים ותפוקת
קילומטרים לגלון, עורכות תקציבים ומזכות
בנקודות – אבל מעט כל כך ידוע לנו על המקום
שבו אנחנו מעבירים את מרבית הזמן שלנו. לא
נעזוב את הבית שלנו ונשאיר את הברז פתוח
והמים זורמים – ועם זאת אנחנו יוצאים ובאים
ומשאירים מאחור "ברזים" חשמליים פועלים
מדי יום ביומו.

Sense מברר מה מבזבז אנרגיה בבית וכיצד
נוכל להפחית את עלויות התחזוקה והחשבונות.
מוניטור האנרגיה החכם והאפליקציה של Sense
חושפים לעיני הלקוח את הפעילות הרוחשת
בבית שלהם ומתווים דרכים לצמצום הוצאות
האנרגיה.

המוניטור של Sense, ובו שני חיישנים
המנטרים את צריכת החשמל, מותקן בלוח
החשמל של הבית ועוקב בלי הפסקה אחר כמויות
האנרגיה הנצרכות. הוא מאבחן שינויים בשימוש
באנרגיה כאשר מכשירים שונים נדלקים וכבים,
ונותן לדייר היזון חוזר מיידי לגבי דליפות
אנרגיה פוטנציאליות.

עם הזמן, Sense מתקדם צעד נוסף קדימה
ועושה שימוש בידע שצבר, באמצעים של
"למידת מכונה" ברזולוציה גבוהה, כדי לזהות
מכשירים מסוימים על פי החתימה האנרגטית
שלהם. ברגע שהמכשיר המסוים זוהה,
המשתמשים יכולים לתת לו שם ולעקוב אחר
פעילותו באמצעות האפליקציה.

לקוחות מסתמכים על Sense למגוון רחב
של שימושים: ניטור מכשירי החשמל הביתיים,
זיהוי מכשירים שנשארו פועלים עם עזיבת
הבית, ותכנון של הפחתת הוצאות האנרגיה.
המטה של Sense יושב בקיימברידג', מסצ'וסטס,
והאפליקציה זמינה בינתיים רק ללקוחות
בצפון-אמריקה.

eTree: Environment, Sustainability, Community

Design and Development: Sologic Systems, Binyamina, Israel
2014 onwards

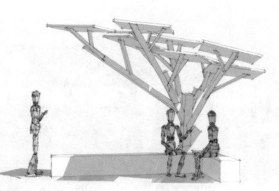

eTree is an environmental enterprise aimed at promoting awareness of sustainability within the community. It is a sculpture in the form of a life-size tree, which is powered by solar panels located at its top. The panels are protected by glass, and can withstand extreme weather conditions. This smart, independent unit is a self-sufficient station for generating solar energy, providing an average of around 7KW per day. It creates energy for the following community services: a water cooler, nighttime lighting, free WiFi, docking stations for smart phones and iPads, a water trough for pets, and more. Additionally, the eTree offers a shaded rest area for passersby.

An LCD screen connected to WiFi is an ideal platform for interactive communication. The screen is integrated into the tree and features information (in different languages) and interactive services such as reserving seats and tickets. At the same time, the energy produced by the tree activates sensors that collect environmental data.

eTree is the first facility of its kind to combine art, environmental concerns, sustainability and community. It was invented and developed by the solar energy expert Michael Lasry, the CEO of Sologic Systems, and was designed in collaboration with the artist Yoav Ben-Dov.

eTree: סביבה, קיימות, קהילה

תכנון ופיתוח: Sologic Systems,
בנימינה, ישראל
2014 ואילך

eTree – מיזם סביבתי לקידום מודעות לקיימות בקהילה – הוא פסל בצורת עץ בגודל טבעי, שבראשו מותקנים לוחות סולאריים. הלוחות הסולאריים מוגנים על־ידי גוף זכוכית ועמידים גם במצבי מזג־אוויר קיצוניים. למעשה זוהי תחנת אנרגיה סולארית עצמאית, המספקת שבעה קילוואט חשמל ביום בממוצע. באמצעות אנרגיה סולארית זו, eTree מספק מגוון שירותים קהילתיים, ביניהם: תחנות טעינה לטלפונים סלולריים, מסכי LCD אינטראקטיביים, שירותי וויי־פיי חינמיים, מִתקן לקירור מים, תאורת לילה, ושוקת שתייה לבעלי חיים. בנוסף, eTree מציע אזור מנוחה מוצל ורגוע לעוברים ושבים.

מסך ה־LCD המחובר לוויי־פיי הוא מצע אידיאלי לתקשורת ומידע בזרימה אינטראקטיבית. המסך משולב בעץ ומשמש להצגת מידע (בשפות שונות) ולשירותים אינטראקטיביים כמו הזמנת מקום ורכישת כרטיסים. בה־בעת, האנרגיה המיוצרת על־ידי העץ מזינה גם חיישנים לאיסוף נתונים סביבתיים.

eTree – מִתקן ראשון מסוגו המשלב אמנות, סביבה, קיימות וקהילה – הומצא ופותח על־ידי מומחה האנרגיה הסולארית מיכאל לסרי, מנכ״ל Sologic Systems, בשיתוף עם האמן יואב בן־דב.

גג שמש

←

השימוש באנרגיית השמש הנקייה, המתחדשת והזמינה לכל במקום
בדלקי מאובנים, מפחית את פליטות גזי החממה ותורם לייצוב
האקלים. בשנים האחרונות החלו מדינות רבות לנצל אנרגיה סולארית
כתחליף יעיל לשריפת נפט או פחם, ביניהן גרמניה, יפן, איטליה, ספרד,
ארצות־הברית ועוד. בערים רבות ברחבי העולם נצפים יותר ויותר
לוחות סולאריים על גגות ומבנים, ואנרגיית השמש מזינה ספסלים
ו"עצי חשמל" להטענת מכשירים סלולריים.

→

PASSIVE HOUSE

Passive House is a rigorous and voluntary standard for energy efficiency in a building, neighborhood, district or entire city, which significantly reduces its ecological footprint. Planning and construction in accordance with this standard include sealing that prevents air from seeping in or out, the insulation of doors and windows, consideration of the building and roof's adaptability to the changing seasons, and more. These considerations promote long-term savings in electricity, greater energy efficiency, and building that is compatible with the local climate. The passive house creates an independent heating or cooling system that does not require the consumption of external energy, and its principles serve as guidelines for architects and designers in planning buildings that are compatible with a specific climate and environment. The development of this building standard is attributed to Wolfgang Feist, who in 1996 founded the Passive House Institute to promote this ideology worldwide.

Masdar City, Abu Dhabi

Design and Development:
Foster + Partners, London
2007

Masdar City represents the approach of the architectural design and engineering firm Foster + Partners to sustainable design in desert environments, offering a blueprint for the sustainable cities of the future. The project, located to the east of Abu Dhabi's city center, in an area measuring 1,580 acres, combines state-of-the-art technologies with traditional Arab planning principles to create a desert community that aims to be carbon neutral and to produce zero waste. This project is a key component of the Masdar Initiative, established by the government of Abu Dhabi in order to advance the development of renewable energy and clean technology solutions, and to plan for a future free from dependence on oil.

Strategically located in terms of Abu Dhabi's transport infrastructure, Masdar is linked to the international airport and is designed as a compact, mixed-use, urban quarter. The short distances to rapid transport links and amenities encourage walking, with narrow shaded streets and courtyards offering an attractive pedestrian environment, sheltered from climatic extremes. This is also the world's first modern city to operate without fossil-fueled vehicles. Those commuting to Masdar by private transport leave vehicles at parking areas on the city's perimeter, and continue their journey into the city on foot or via a fleet of autonomous, driverless vehicles that ferry people right to their doorstep. This autonomous transport network is located under the main deck level of Masdar, leaving the dense network of cool, shaded, narrow streets above free for pedestrians.

The city's masterplan is highly flexible, allowing it to benefit over time from emerging research findings and technologies, while responding to lessons learnt during the implementation of the initial phases. Expansion has been anticipated from the outset, allowing for growth while avoiding the sprawl that besets so many cities. While Masdar's design represents a specific response to its location and climate, the underlying principles are applicable anywhere in the world.

Foster + Partners considered the impact of orientation, form and materiality in improving energy performance, along with striking a balance between active controls and more passive controls, such as responsive shading, the use of daylight and capitalizing on the direction of the prevailing winds. The firm carried out in-depth research to determine whether the "felt temperature" could be affected by design. Narrow streets, for example, provide a shaded environment, and vegetation and water features provide additional shading and cooling, while also creating neighborhood centers. Post-occupancy environmental studies

have demonstrated the efficacy of the Foster + Partners street designs in reducing felt temperatures on the ground and prolonging the moderate season in the city.

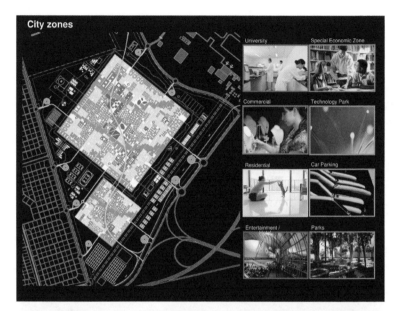

City zones

University · Special Economic Zone · Commercial · Technology Park · Residential · Car Parking · Entertainment / Hotel · Parks

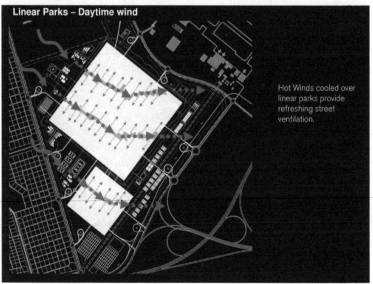

Linear Parks – Daytime wind

Hot Winds cooled over linear parks provide refreshing street ventilation.

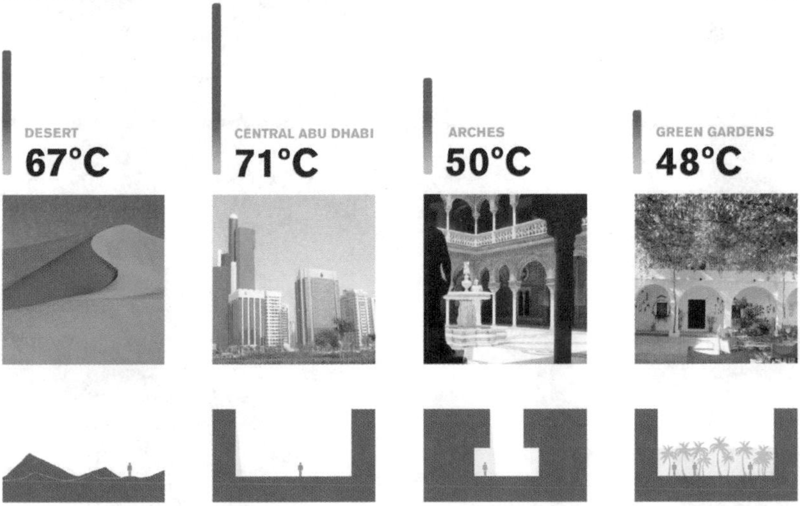

DESERT
67°C
CENTRAL ABU DHABI
71°C
ARCHES
50°C
GREEN GARDENS
48°C

מַסְדָר־סיטי היא מימוש של רעיונות תכנון בר־קיימא לסביבות מדבריות שגובשו במשרד האדריכלים פוסטר ושות׳, ומהווה דגם לערים המקיימות של העתיד. הפרויקט, הממוקם ממזרח למרכז העירוני של אבו־דאבי בשטח 6.4 קמ"ר, משלב טכנולוגיות מתקדמות עם תכנון ערבי מסורתי, ליצירת עיר מדברית החותרת לאפס פליטה של פחמן דו-חמצני ושל פסולת. זהו פרויקט הדגל של יוזמה ממשלתי לקידום פתרונות של אנרגיה מתחדשת וטכנולוגיה נקייה, שיובילו בעתיד לשחרור של כלכלת האזור מתלות בנפט.

מסדר, הממוקמת בנקודה אסטרטגית ברשת התחבורה של אבו־דאבי בדרך לנמל התעופה הבינלאומי, מתוכננת כרובע אורבני קומפקטי במתכונת עירוב שימושים. הודות למרחקים הקצרים לשירותים של תחבורה ציבורית מהירה, המקום מעודד הליכה ברגל ברחובות הצרים והמוצלים ובין החצרות הנעימות, המגוננות על התושבים מתנאי האקלים הקיצוניים. זוהי גם העיר המודרנית הראשונה בעולם שאין בה דריסת רגל לכלי רכב המונעים בדלק מאובנים. מי שמגיע למסדר ברכב פרטי, נאלץ להשאירו במגרשי חניה בגבולות העיר ולהמשיך למרכז העיר ברגל או באמצעות צי של רכבים אוטונומיים ללא נהג, המסיעים את הבאים עד פתח הבית או המשרד. רשת התחבורה האוטונומית פועלת מתחת למפלס הראשי של העיר, שברחובותיו הקרירים נעים הולכי רגל בלבד.

תוכנית־האב הגמישה של העיר מאפשרת שילוב עתידי של מחקרים מתקדמים וטכנולוגיות מתחדשות והפנמת לקחים שנלמדו תוך יישום השלבים הראשונים. ההתרחבות החזויה של העיר תוכננה מראש למניעת זיחול אורבני, שכבר הוכיח את הרסנותו בערים רבות כל כך. התכנון של מסדר מותאם אמנם למיקום ולאקלים הייחודי לה, אך עיקרי התכנון ניתנים ליישום בכל מקום בעולם.

פוסטר ושות׳ אדריכלים הביאו בחשבון את השפעת כיווני האוויר, הצורה והחומרים על שיפור הביצועים האנרגטיים, בשאיפה לאיזון בין אמצעי ניטור פעילים וסבילים יותר, אמצעי הצללה מותאמים ומתכווננים, החדרת אור יום וניצול משטר הרוחות האזורי. מחקר יסודי נערך כדי לקבוע את מידת ההשפעה של העיצוב על הטמפרטורה המורגשת. רחובות צרים, למשל, מספקים סביבה מוצלת, והוספת צמחייה ומים תורמת תרומה נוספת לצל ולקרירות ובה־בעת תומכת ביצירת פינות מפגש שכונתיות. מחקרים סביבתיים שנערכו במקום לאחר אכלוס, הוכיחו את יעילות התכנון בהורדת הטמפרטורה המורגשת על פני הקרקע ובהארכת העונה הממוזגת בעיר.

מַסְדָּר־סיטי, אבו־דאבי

תכנון ופיתוח: נורמן פוסטר ושות' אדריכלים, לונדון
2014–2007

Masdar Institute of Science and Technology

Design and Development:
Foster + Partners, London
2007

The Masdar Institute of Science and Technology is located at the heart of the Masdar City masterplan. The Institute – now merged with the Khalifa University of Science, Technology and Research – is a center for the advancement of new ideas on energy and sustainable technology.

The Masdar Institute building embodies the principles and goals of a prototypical building in a sustainable city, and is the first building of its kind

to be powered entirely by renewable solar energy. The residences and laboratories are oriented to shade both the adjacent buildings and the pedestrian streets below, and the facades are self-shading. The deep double facades of the residences feature GRC (Glass-Fiber Reinforced Concrete) mashrabiya screens whose color is that of the desert sand, thus requiring minimal maintenance and cleaning. The building employs the basic principles

of traditional wind towers, while introducing several high-tech elements to improve their efficiency. Cooling air currents are directed through the public spaces, and green landscaping and water provide evaporative cooling.

Phase I of the Masdar Institute features roof-top photovoltaic installations that provide 30% of the building's energy requirements. Together with the 10-megawatt solar field within the masterplan site, the development (Phases I and II) generates

more than the energy it requires, with the remainder being fed back into the Abu Dhabi city grid.

The result is a safe, sustainable campus environment that encourages knowledge, discovery and personal growth. The cleantech research facilities are housed in sustainable buildings, which themselves function as a living laboratory, generating continuous data that will help shape the eco-cities of the future.

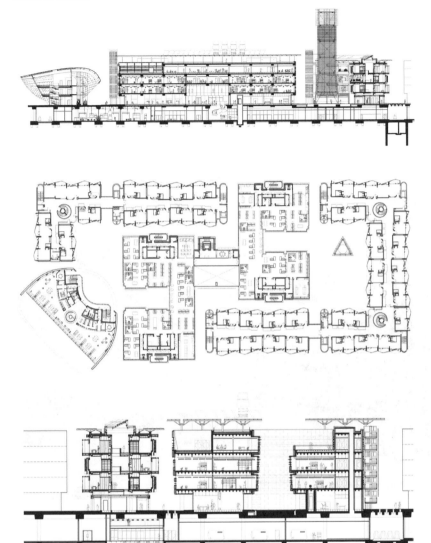

על גג הבניין (שלב I) מותקנים לוחות
סולאריים, שמספקים שלושים אחוז מצריכת
האנרגיה שלו. יחד עם שדה סולארי (של עשרה
מגוואט) בקרבת מקום, ייצור האנרגיה של
הפרוייקט (שלב I ו-II) עולה על הכמות הדרושה לו,
והעודפים מוזנים לרשת החשמל של אבו-דאבי.

התוצאה היא סביבת קמפוס בטוחה ובת־
קיימא, שתומכת במחקר ובקידום האישי. מתקני
המחקר בתחום הקלין־טק משוכנים בבניינים
בני־קיימא, המתפקדים בעצמם כמעבדות חיות
שתורמות לעיצוב הערים האקולוגיות של המחר.

מכון מַסְדָּר למדע וטכנולוגיה, אבו־דאבי

תכנון ופיתוח: נורמן פוסטר ושות׳
אדריכלים, לונדון
2015–2007

במוקד תוכנית־האב המורחבת של מַסְדָּר־סיטי שוכן מכון מסדר למדע וטכנולוגיה. המכון, שהתמזג עם אוניברסיטת ח׳ליפה של איחוד האמירויות, הוא מרכז לקידום מחקרים חדשניים בתחומי האנרגיה והטכנולוגיות המקיימות.

הבניין של המכון מסדר הוא אבטיפוס בנייני לערים בנות־קיימא, הראשון מסוגו שעושה שימוש מלא באנרגיה סולארית מתחדשת. בזכות העֲמדתם החכמה בשטח, בנייני המעונות והמעבדות מצֵלים על הבניינים הסמוכים ועל הרחובות שמתחתם, בעוד החזיתות מצֵלות על עצמן. המעטפות הכפולות והעמוקות של החזיתות מציגות מסכי משרבייה העשויים GRC (בטון בזיון פיברגלס) בצבעי המדבר, שתחזוקתם מינימלית. בבניין נעשה שימוש במגדלי רוח מסורתיים, בשילוב כמה עזרי היי־טק לשיפור יעילותם. זרמי האוויר המצננים מנותבים דרך המרחבים הציבוריים, ואדריכלות נוף ירוקה בשילוב מים זורמים תורמת לקירור נוסף.

Personal Rapid Transit for Masdar City

Design and Development:
Foster + Partners, London
Operation: 2getthere, Utrecht, Holland,
and the United Emirates
2010

Phase 1A of the Masdar Personal Rapid Transit (PRT) system is almost one mile long, and features two stations: the North Car Park and the Masdar Institute for Science and Technology. The system opened to the general public on November 28, 2010, and is operational 18 hours a day, from 6:00 am until midnight. The 10 autonomous vehicles operate on demand, featuring angled berth stations that allow for the independent entry and exit of vehicles. The system serves five times the anticipated number of passengers, averaging 85% occupancy during the weekends (by May 22, 2014, the system had carried one million passengers). The vehicles are entirely powered by lithium-phosphate batteries, allowing a range of 37 miles on a 1.5-hour charge. The vehicles are recharged at the berths.

With Masdar City hosting numerous VIP visitors, including many heads-of-state, the PRT system has probably carried more notable passengers than any other transit system in the world, ranging from the heir to the throne, Shaikh Mohammed, to the Dutch King Willem-Alexander, Ban Ki-Moon, Angela Merkel and Narendra Modi, as well as actors and sports stars.

תחבורה ציבורית־פרטית מהירה למַסְדָר־סיטי, אבו־דאבי

תכנון ופיתוח: נורמן פוסטר ושות׳ אדריכלים, לונדון
הפעלה: 2getthere, אוטרכט, הולנד, ואיחוד האמירויות
2010

בשלב 1A של מערכת התחבורה במַסְדָר־סיטי – במתכונת תחבורה ציבורית־פרטית מהירה (PRT, Personal Rapid Transit) – שאורכו כ־1.4 ק״מ, שתי תחנות: חניון המכוניות הצפוני – ומכון מסדר למדע וטכנולוגיה. המערכת נפתחה לציבור ב־28 בנובמבר 2010 והיא פועלת 18 שעות ביממה, משש בבוקר עד חצות. עשר המכוניות האוטונומיות פועלות לפי דרישה מתחנות עגינה לשימוש עצמאי, וכיום הן משרתות פי חמישה ממספר הנוסעים הצפוי, עם תפוסה ממוצעת של 85 אחוז בסופי שבוע (ב־22 במאי 2014 השתמש במערכת הנוסע המיליון).

המכוניות מונעות בסוללות פוספט־ליתיום, המספקות טווח של שישים ק״מ לטעינה של שעה וחצי בתחנות העגינה.

מאחר שבמסדר־סיטי מתארחים אורחים רמי־דרג רבים וביניהם גם ראשי ממשלות, המערכת כבר הצליחה להשיג כל מערכת תחבורה אחרת ברחבי העולם במספר הנכבדים שהשתמשו בה, ביניהם יורש העצר שייח׳ מוחמד, מלך הולנד וילם אלכסנדר, באן קי־מון, אנגלה מרקל, נרנדרה מודי, וגם שחקנים וספורטאים מפורסמים.

BedZED, Wellington, UK

Planning: ZEDfactory, Wellington, UK
Development: Peabody Housing
Association in collaboration with
Bioregional, Wellington, UK
1997–2002

BedZED – Beddington Zero Energy Development – is Britain's first large-scale, mixed-use sustainable community. It includes 100 homes, office spaces, a college and community facilities. It is also home to Bioregional's main office.

BedZED was designed to achieve big reductions in climate-changing greenhouse gas emissions and water use, and to encourage a greener, lower-impact lifestyle, relying less on private cars and producing less waste. Just over half of the construction materials were local materials sourced within a 35-mile radius; of these materials, 3,400 tons (15% of the total used) were reclaimed or recycled products; nearly all the steel in the building is reused; even the land on which the eco-village stands is recycled, having long been used for spreading sludge from the nearby sewage works.

Most of BedZED's homes are heated by the warmth of the sun and are highly insulated, and its distinctive wind cowls help fresh air circulate. The original wood-powered boiler had to be turned off in 2005 due to technical difficulties. In 2017, a new biomass boiler was installed. Alongside a green electricity tariff, this means BedZED remains true to its zero-carbon vision. Extensive solar panels provide some of BedZED's electricity, while efficient appliances reduce energy bills.

Homes range from one-bedroom apartments to four-bedroom houses. Half were sold on the open market, one quarter were reserved for social (low-cost) rent by Peabody, and the remaining quarter were designated for shared ownership, a lower-cost way of owning a home. Even though BedZED is a high-density development, most homes have private outdoor space. The whole development shares a large playing field. The use of Dual-flush toilets, aerated flow taps and shower heads and water-efficient washing machines means that the average home uses almost 40% less water than average metered homes in the region.

One of BedZED's biggest successes is the creation of a community, with car-free streets where children can play and people can chat. For a three-person BedZED household using an on-site car club instead of its own vehicle, Bioregional estimated total annual savings in transport, water and energy bills at £1,391, compared to an average London household with its own car.

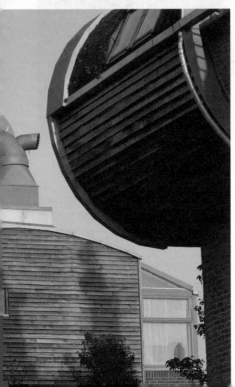

שכובעיהם מבצבצים על גגות הבניינים, מסייעים בהזרמת אוויר פנימה. דודי החימום המקוריים, שהוסקו בבעירת עצים, הושבתו ב־2005 עקב קשיים טכניים, וב־2017 הותקנו במקומם דודי ביומאסה חדשים. בדרכים אלה, פרויקט BedZED משיג אפס פליטות פחמן דו־חמצני תוך צמצום חשבונות החשמל. לוחות סולאריים נרחבים מספקים חלק נכבד מצריכת החשמל, בסיוע מכשירים ביתיים בדירוג אנרגטי גבוה.

במקום יחידות דיור בגדלים שונים, בין דירות חדר לדירות של ארבעה חדרי שינה. מחצית מהן נמכרו בשוק החופשי, רבע מהן נשמר לתוכנית שכירות מוזלת בניהול קרן פיבודי, והרבע הנותר נשמר לבעלות משותפת במתכונת "דמי מפתח", המאפשרת בעלות על דירה בעלות נמוכה יחסית. BedZED הוא אמנם מתחם בצפיפות גבוהה, אבל רוב הדירות בו נהנות מגינות פרטיות וממתקני פנאי משותפים. בבתי השימוש במתחם מותקנים מיכלי הדחה חסכוניים, בברזים ובמקלחות הותקנו חסכמים, וגם תוכניות הכביסה מאפשרות חיסכון במים, כך שצריכת המים של משק הבית הממוצע בפרויקט נמוכה בארבעים אחוז מזו של ממוצע הצריכה במחוז.

אחת ההצלחות המוכחות של BedZED היא יצירת קהילה של ממש, עם רחובות להולכי רגל שבהם ילדים משחקים ומבוגרים נפגשים ומשוחחים. במרכז פועל גם "מועדון מכוניות" משותף, שהשימוש בו מאפשר לוותר על החזקת מכונית פרטית. החיסכון השנתי בהוצאות השימוש בתחבורה וחשבונות המים והאנרגיה נאמד ב־1,391 לירות שטרלינג, בהשוואה לצריכה הממוצעת של משק בית לונדוני המחזיק מכונית פרטית.

מרכז BedZED, וולינגטון, בריטניה

תכנון: ZEDfactory, וולינגטון, בריטניה
פיתוח: קרן פיבודי (Peabody) בשיתוף עם Bioregional, וולינגטון, בריטניה
2002–1997

מרכז BedZED – ראשי־תיבות של Beddington Zero-Energy Development – הוא המיזם המקיים הראשון בבריטניה בקנה־מידה גדול, הכולל מאה יחידות דיור, חללי משרדים, קולג׳ ושירותים קהילתיים. במקום שוכן גם המשרד הראשי של עמותת Bioregional. מטרת הפרויקט: הפחתה ניכרת בשימוש במים ובפליטות גזי חממה התורמים לשינוי האקלים, ועידוד הבחירה באורח חיים חסכני וירוק יותר, שעיקרו צמצום השימוש במכוניות פרטיות וייצור הפסולת.

הבנייה הירוקה של השכונה עושה שימוש בחומרים מקומיים: יותר ממחצית חומרי הבניין – מקורם ברדיוס של כחמישים ק״מ; 3,400 טונות מתוכם (15 אחוז מהמכלול) הם חומרים ממוחזרים או מושבים; כמעט כל הפלדה בבניין הושמה לשימוש מחדש; ואפילו הקרקע שעליה ניצב הכפר האקולוגי הזה עברה טיפול מאחזר, לאחר ששימשה לאורך שנים להטמנת בוצה ממִתקני הביוב של הסביבה.

רוב הדירות ב־BedZED מוסקות בחום השמש ומבודדות לעילא, ופירי מַעֲשֵׁנה ייחודיים,

Northwest District (3700): The First Sustainable District in Tel Aviv-Jaffa

Design and Development: Tel Aviv North Planning Department and Engineering Administration (architects Francine Davidi, Meir Ellweil, Eran Wexler, Yoav David, and Uriel Babczyk), Kolker-Kolker-Epstein Architects, Gutman-Assif Architects, Eliakim Architects, Moshe Zur Architects, Aviram Architects. Landscape Architecture: Studio Urbanof, Moria-Sekely, Braudo-Maoz, TeMA, Greenstein-Har-Gil
Sustainability: Architect Tami Hirsch
2002 Onwards

The vision of establishing a new district in northwest Tel Aviv has required a special planning process, from the consolidation of a general concept to the details of the construction process. The development of the city's largest land reserve (measuring 494 acres) has two goals: The first goal is preserving and caring for the natural coastal environment. The second goal is creating a heterogeneous and sustainable urban environment in accordance with international green standards, with mixed land use for residential purposes, commerce, employment, public services, tourism, leisure and more.

During the planning stage, the district was divided into five areas that were assigned to five teams of architecture and landscape architecture firms, while benefitting from the input of a dozen professional consultants for traffic and transportation, electricity and energy, the environment, geology and sustainability. The planners were asked to create a unified design language that could be identified with the district, while promoting heterogeneity and maintaining their unique signature styles. This approach led to the development of various building typologies for the city blocks and for the private and public sphere. The common denominator underlying these typologies is an optimal urban grid that privileges pedestrian traffic and a sense of community; commercial frontage along selected axes (especially on the boulevards and on the continuation of Ibn Gabirol Street,

Photo: Aviram Architects

which is distinguished by continuous commercial frontage and arcades); and climatic optimization (shaded streets, parks, and public institutions whose planning considers wind directions). The proximity to the sea and the natural park on the sandstone cliffs are the most significant natural values in this urban district: they provide a focal point at the end of the boulevards, at which the natural landscape and urban environment come together.

Much effort was invested in order to preserve these singular values in a dense urban environment: a detailed ecological survey was undertaken in the area of the park, plant bulbs were collected in areas designated for construction in order to preserve and later replant them, and a range of engineering strategies (such as a treatment to prevent erosion) were employed in order to preserve the cliffs.

In addition to preserving the site's existing resources, an overall program has been formulated in order to manage 100-year-rain events and reduce flooding in the district. Designated squares and courtyards, pools and reservoirs in the public gardens, the linear park, and the existing winter pond can serve as water runoff areas in the event of flooding.

The energy conservation policy is intended to diversify the sources of energy and create a high-efficiency system, taking advantage of the natural gas pipeline at the nearby Reading Power Station. The district will include a tri-generation grid to provide high-efficiency energy (heating, cooling and electricity production). The installation of solar panels will be mandatory on the roofs of most buildings, thus providing a complementary source of renewable energy.

The construction phase will also involve environmental considerations, including the recycling of infrastructure contents, to be exploited throughout the area and in the park.

The planning will include a hierarchical traffic and transportation system based on the principle of an "inverse pyramid," which privileges a multi-modal transportation system with continuous pathways for pedestrians and bicycles, side streets with restricted traffic, a mass transit system and electric buses for optimal accessibility.

An area measuring 50 acres will be devoted to a higher-education compound (with student dorms and affordable housing), as well as to culture and leisure facilities situated on public squares in order to enhance the connection between the public institutions, city residents, and visitors.

The district plan details approximately 11,500 housing units, including 2,160 affordable-housing units (supervised by the state and the municipality), and an additional 1,500 units that can be divided into 3,000 smaller units in order to diversify the population. Thirty-six acres designated for employment, 17 acres designated for commerce, and 1,500 hotel rooms will complete this multi-modal plan, creating a vital and productive city district.

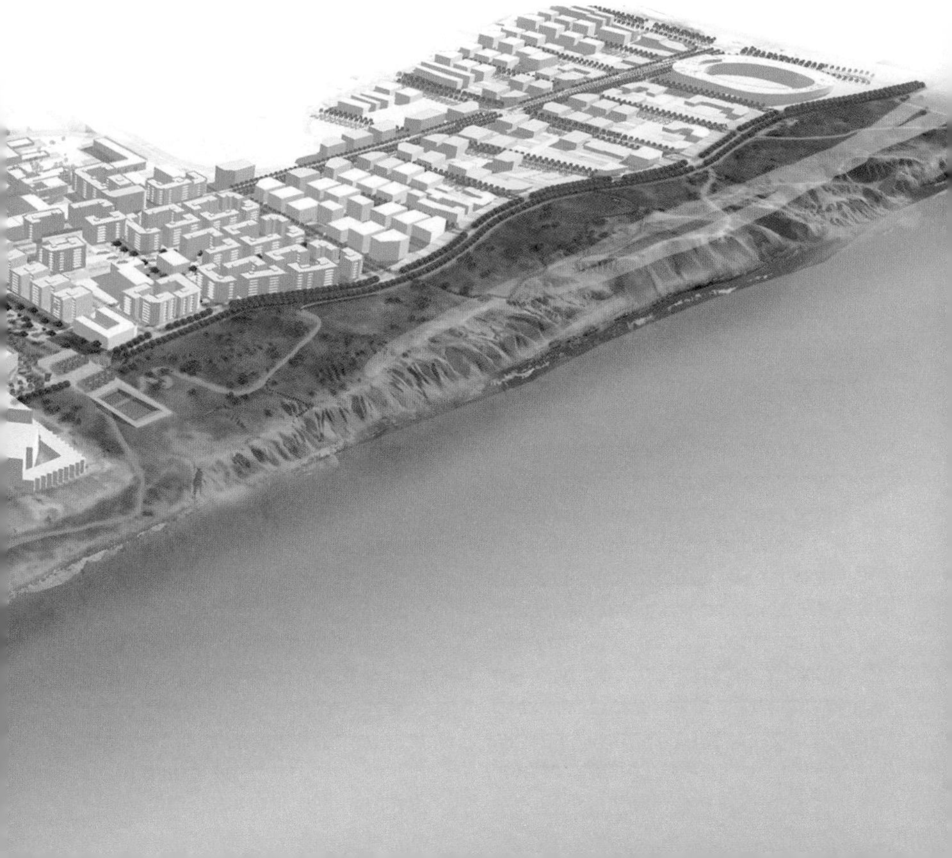

להספקת אנרגיה (חימום ואיקלום) ברמת נצילות גבוהה. כמקור אנרגיה מתחדש משלים, חויבה הקמת לוחות סולאריים על גגות מרבית הבניינים.

שלב הביצוע אינו פטור משיקולים מקיימים, ונזכיר לדוגמא רק אחד מהם: עריכת מודל של מאזן עודפי עפר בעת סלילת דרכים, לניצול מְרבי בתוכנית ובפארק החוף. התכנון מטמיע מערכת תנועה ותחבורה הירככית, שצפיפותה תואמת את אמות המידה החדשניות של מודל ה"פירמידה ההפוכה", הנותן עדיפות לתנועה רציפה ונוחה להולכי רגל ולרוכבי אופניים במפגש עם תנועה מוטורית. רחובות משניים ממותני תנועה, שדרות חוצות המזינות קו רכבת קלה ומערך של אוטובוסים חשמליים יאפשרו נגישות מיטבית, יעד ראוי לכל תכנון עירוני.

מאתיים דונם יוקצו למבני חינוך והשכלה גבוהה (כולל מעונות סטודנטים ודיור בר־השגה), תרבות ופנאי, שיפנו אל כיכרות עירוניות מתוך רצון לחזק את הקשר בין המוסדות, תושבי העיר והבאים בשעריה.

במקום מתוכננות כ־11,500 יחידות דיור, מתוכן 2,160 דיור בר־השגה (בניהול המדינה והעירייה) ואפשרות לפיצול של 1,500 יחידות דיור ל־3,000 יחידות קטנות יותר, במטרה לגוון את אוכלוסיית הסביבה. 147 אלף מ"ר של תעסוקה, 68 אלף מ"ר של מסחר ו־1,500 חדרי מלון ישלימו תמונת שימושים מגוונת, ליצירת רובע עיר חיוני ויצרני. הביצוע צפוי בעשור הקרוב, כאשר בשלב הראשון יפותחו פארק החוף, המשך רחוב אבן־גבירול, דרך הים והשדרות הראשיות.

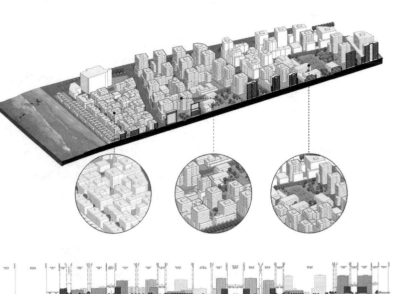

מסחרית לאורך צירים נבחרים (בייחוד בשדרות ובהמשך של רחוב אבן־גבירול, המתאפיין במסחר רצוף וארקדה), ונוחות אקלימית מְרבית (הצללה מיטבית של רחובות, גנים ומוסדות ציבור בהתאמה למשטר הרוחות). עם זאת, הקִרבה לים ופארק החוף הטבעי על מצוק הכורכר הם הנכסים המשמעותיים של רובע עירוני זה: הם מספקים "חגיגה" בקצה השדרות, נוף וטבע עירוני גם יחד.

על מנת לשמור על ערכים חד־פעמיים אלה בסביבה עירונית צפופה, רוכזו מאמצים רבים: בתחום הפארק בוּצע סקר אקולוגי מפורט, נאספו פקעות ובצלים בשטחים המיועדים לבנייה לשם הצלתם החזרתם, וגוּבש סל של כלים נופיים־הנדסיים (כגון טיפול למניעת ארוזיה) לשימור המצוק.

מעֵבר לשימור משאבים קיימים באתר, ניתן פתרון כולל לניהול אירועי גשם בהסתברות של אחת למאה שנה ולהפחתת סיכוני הצפה ברמת המתחם וברמת התוכנית כולה. תחילתה של שרשרת הפעולות בהשהיית מי גשם במגרש הפרטי והציבורי (כמה מהכיכרות העירוניות ומחצרות מבני הציבור יוכלו לתפקד כשטחי הצפה בשעת הצורך), וסופה באגירת המים בבריכות ומאגרים מקומיים, בגנים ציבוריים ובפארק הליניארי, ובבריכת החורף הקיימת שתישמר.

הוטמעה מדיניות של ניהול אנרגיה לגיוון מקורות אנרגטיים והתייעלות אנרגטית, ותוכנן סל אנרגטי המורכב מייצור אנרגיה מבוזרת על בסיס גז טבעי, המצוי ממילא בסביבת תחנת הכוח רדינג. ברובע מתוכננות תחנות טרי־גנרציה

רובע צפון־מערב (3700), עיר הפונה אל הים: רובע מקיים ראשון בתל־אביב-יפו

תכנון ופיתוח: מחלקת תכנון צפון ומנהל ההנדסה בעיריית תל־אביב-יפו (אדריכלים פרנסין דוידי, מאיר אלואיל, ערן וקסלר), אדריכל העיר יואב דוד, אדר׳ אוריאל בבציק; קולקר-קולקר-אפשטיין אדריכלים, גוטמן-אסיף אדריכלים, אליקים אדריכלים, משה צור אדריכלים, אבירם אדריכלים
אדריכלות נוף: סטודיו אורבנוף, מוריה-סקלי, ברוידא-מעוז, תמא, גרינשטיין-הר־גיל
קיימות: אדר׳ תמי הירש
2002 ואילך

החזון העירוני להקמת רובע חדש בצפון־מערב תל־אביב, דורש תכנון ייעודי מן המסד עד הטפחות, מגיבוש הקונספט ועד המימוש. לפיתוח של חטיבת הקרקע הפנויה האחרונה בעיר (ששטחה כאלפיים דונם), תפקיד כפול: מצד אחד – שמירה וטיפוח של הסביבה החופית הטבעית; ומצד שני – יצירת סביבה עירונית מגוונת ובת־קיימא, הנשמעת למדדים ירוקים בינלאומיים ומשלבת מגורים, מסחר, תעסוקה, מוסדות ציבור, נופש ופנאי ועוד.

בשלב התכנון המפורט חולק הרובע לחמישה מתחמי תכנון, שנמסרו לחמישה צוותים של אדריכלים ואדריכלי נוף ותריסר יועצים מקצועיים בתחומים כמו תנועה ותחבורה, חשמל ואנרגיה, אקולוגיה, גיאולוגיה וקיימות. המתכננים השונים התבקשו ליצור שפה אדריכלית שתזוהה עם המקום, בלי לוותר על גיוון וחתימה אישית. פותחו טיפולוגיות מגוונות ברמת הבלוק העירוני והמרחב המשותף, הפרטי והציבורי. מכנה משותף לטיפולוגיות אלה הוא רשת רחובות מיטבית להליכה וקהילתיות, הזית

Check Point Building, Tel Aviv

Planning: Nir-Kutz Architects, Tel Aviv;
Project Architect: Emanuel Goldberg
Planning of the original building: Yashar
Architects, Tel Aviv
Landscape Architects: Studio
Landscape Architecture, Tel Aviv
2014–2018

Check Point Software Technologies is a leading international cyber security corporation. Its headquarters and research and development center are located in Tel Aviv, in the renewed business district in the Bitzaron neighborhood.

The original building occupied only part of the site, and as the company grew, it rented offices throughout the city. When additional office space was needed, Nir-Kutz Architects was chosen to lead the project. The challenge was to design a contemporary building on an existing site, with an integral connectivity of both parts of the compound and its structural system, while maintaining the company's spirit of innovation.

This project, which covers a 3.7-acre area, consists of an 11-floor steel construction, including 45 meeting rooms, a large balcony, an auditorium, a new innovation center, and two eight-floor-high atriums at the points of connection between the old and new wings. As part of both the company's and the architecture firm's approach to sustainable buildings, the project included the incorporation of organic shading – "green walls" on the building's eastern and southern facades, which are those most exposed to the sun. The design of the green walls and their bearing structure was inspired by the adjacent Haskala Boulevard and its remarkable pine trees. The introduction of natural light, filtered through the green wall facade, accords with the building's sustainable character, as well as with the spirit of organizational transparency. The direct contact with the outside enables users to quickly orient themselves.

The old and new wings are both exposed to the landscape, while providing climatic comfort. The building interiors facing the internal corridors also maintain the principle of transparency, and each corridor offers a view of the outside, while introducing natural light into the corridors. The entrance lobby was moved to the new south atrium. The new ground floor houses a gym, an open auditorium and an innovation center that open onto the boulevard and create interest for pedestrians on the street and for those who work in the building.

A large two-level garden was designed on the roof of the new north atrium, providing a sense of open space in the crowded site, with planted areas, seating and an open wooden deck. The roof garden is enclosed by the L-shaped upper floors of the new building,

protecting it from eastern and southern sun and exposing it mainly to the north. It is bordered on the west by a green vegetation wall that separates it from the technical roof of the existing building.

The entire space is covered by a 59-foot-high steel pergola balcony designed to continue the east facade of the building. The large green wall facing east, which "spills down" from this pergola, is irrigated by a dripping system. The two large green walls measuring about 22,000 square feet, as well as the roof gardens, are irrigated using treated water from the building's HVAC systems, thus creating a closed, sustainable irrigation system. The green walls facing the adjacent boulevard enrich the environment, supporting urban wildlife and biological diversity. The employees enjoy climatic comfort, a "fun floor" which resembles the city's beach in spirit, and special vertical spaces that create an overall sense of orientation and belonging. Finally, roof gardens provide outdoor work and recreation spaces.

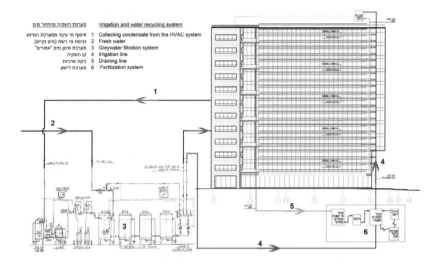

Irrigation and water recycling system
מערכת השקיה ומיחזור מים
1 Collecting condensate from the HVAC system
איסוף מי עיבוי ממערכת המיזוג
2 Fresh water
כניסת מי רשת (מים נקיים)
3 Greywater filtration system
מערכת סינון מים "אפורים"
4 Irrigation line
קו השקיה
5 Draining line
ניקוז אדניות
6 Fertilization system
מערכת דישון
1
2
3
4
5
6

החשופות יותר לשמש. תכנון הקירות הירוקים והקונסטרוקציה הנושאת אותם נעשה בהשראת עצי האורן לאורך שדרות ההשכלה הסמוכות. האור הטבעי המסונן דרך הקירות הירוקים, הולם חזון של שקיפות ארגונית, והקשר הישיר עם החוץ תורם להתמצאות בבניין.

האגף הישן והחדש כאחד נהנים מחשיפה לנוף הסביבה בשילוב עם נוחות אקלימית. חללי הפנים שומרים על שקיפות בחזיתות המשרדים הפונים למסדרונות הפנימיים, כאשר כל מסדרון נפתח בקצותיו אל הנוף החיצוני. שתי הגישות הללו מספקות אור טבעי למסדרונות. מבואת הכניסה מוקמה באטריום הדרומי החדש, ובקומת הקרקע החדשה הותקנו מכון כושר, אודיטוריום ומרכז חדשנות, הנפתחים אל השדרה ויוצרים עניין להולכי רגל ברחוב ולעובדים בתוך הבניין.

על גג האטריום הצפוני, מרפסת־גן בגובה שתי קומות נפתחת אל השמים ומרווחת תחושת מרחב באתר הצפוף, עם פינות ישיבה על סיפון עץ הטובל בצמחייה. גינת הגג נתחמת בצורת L על־ידי הקומות העליונות של הבניין החדש, שמגינות עליה משמש מזרחית ודרומית וחושפות אותה בעיקר לצפון. לצד מערב היא גובלת בקיר צמחייה ירוק, שמפריד בינה לבין הגג הטכני של הבניין הקיים. על הגינה כולה מגינה פרגולה בגובה 18 מ׳, הממשיכה את החזית המזרחית של הבניין.

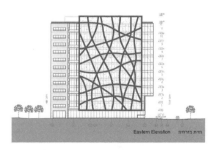

הקיר הירוק הגדול ממזרח, שכמו "נשפך" כלפי מטה מהפרגולה, מושקה על־ידי מערכת טפטפות. גינות הגג ושני הקירות הירוקים הגדולים, ששטחם מגיע לכאלפיים מ"ר, מושקים במים מושבים ממערכות המיזוג של הבניין, ליצירת מערכת השקיה סגורה ומקיימת. החזיתות הירוקות פונות אל השדרה הסמוכה, מספקות נופי פנים-חוץ אטרקטיביים ותורמות להעשרת המגוון הביולוגי של החי והצומח העירוני. העובדים בבניין נהנים כיום מנוחות אקלימית וממתקני פנאי באווירת חוף הים של תל־אביב, כאשר חללים אנכיים מסייעים לאוריינטציה ולתחושת השייכות וגינות הגג מתפקדות כמרחבי עבודה והתרעננות באוויר הפתוח.

חזית מזרחית

בניין צ'ק־פוינט, תל־אביב

תכנון: ניר־קוץ אדריכלים, תל־אביב;
אדריכל אחראי: עמנואל גולדברג
תכנון הבניין המקורי: ישר אדריכלים, תל־אביב
אדריכלי נוף: סטודיו אדריכלות נוף, תל־אביב
2018-2014

צ'ק־פוינט טכנולוגיות תוכנה היא חברה בינלאומית מובילה בתחום אבטחת מידע, מחשבים, רשתות וענן. מטה החברה ומרכז המחקר והפיתוח שלה ממוקמים בתל־אביב, באזור העסקים המתחדש של שכונת ביצרון. הבניין המקורי תפס רק חלק מהמגרש. עם התרחבותה נאלצה החברה לשכור משרדים נוספים ברחבי העיר, וכאשר התעורר צורך בחללי משרד נוספים – נבחר משרד ניר־קוץ אדריכלים להוביל את הפרויקט. האתגר היה לתכנן מתקן עכשווי סביב בניין קיים, עם הכנה

להתפשטות עתידית וקישוריות פנימית בין שני חלקי המתחם, שיתמוך ברוח החדשנות של החברה.

הפרויקט, בשטח 15 אלף מ"ר, מבוסס על קונסטרוקציית פלדה של 11 קומות, והוא כולל 45 חדרי ישיבות, מרפסת־גן גדולה, אודיטוריום ומרכז חדשנות, ושתי חצרות אטריום בגובה שמונה קומות בנקודות המפגש בין האגף החדש והישן. בשאיפה לתמוך בקיימות של הסביבה, משולבים במתחם אמצעי הצללה אורגניים – "קירות ירוקים" – בחזיתות הדרומית והמזרחית

Green Climate Adaptation for Copenhagen

Design and Development: Third Nature
in collaboration with 3PK, Copenhagen
2013–2015
Client: The City of Copenhagen

The strategic tools created for Copenhagen by Third Nature combine an investment in climate adaptation with a new planning approach for urban nature, which supports communal life in the city. This green climate-adaptation strategy defines some simple rules for addressing the many complex factors affecting life in the city.

The vision plan was initiated by the Technical and Environmental Administration as part of the City of Copenhagen's Climate Adaptation Plan, based on the municipal plan adopted in 2012 to offer solutions to cloudbursts. Subsequently, the city was divided into five geographical areas, and methods were developed to coordinate the implementation of aboveground and underground solutions. This process was paralleled by the development of the city's green and blue recreational areas, which play a vital role in storm-water management and in improving the city's microclimate.

The development of the cloudburst plan gave rise to seven geographical strategies, which together lay the foundations for the city's green climate-adaptation infrastructure. These include, among others, an underground drainage system, climactically adapted streets, and green roads. In addition,

the plan defines five rules for the future development of climate-adapted solutions: 1. Avoiding solutions that only address one problem at a time; 2. Avoiding attempts to solve everything at once; 3. Creating connections and networks; 4. Considering quality and added value; 5. Cherishing unique local characteristics.

The plan aims to create a potential connection and synergy effect between planning for cloudbursts, climate adaptation, green and blue areas, and UHIs (Urban Heat Islands) – areas that grow warmer due to the high heat absorption of buildings and pavements, in contrast to the cooling effect of areas containing vegetation. Such synergetic planning will have a positive effect on urban life, biodiversity, and the climate of Copenhagen.

Bio Barriers
Urban Heat Island (UHI) Effect
High Priority Area
Poluted Roads

Development Areas
Institutions and Campuses
City Centers
Low Income Neighborhoods
Paved Areas

Flood Road Maps
Low Terrains
High Tide Risk Areas
Flooding
Piped Streams

Green Areas
Biodiversity Intensities
Parks and Gardens
Green Path Cycle Routes

התוכנית כוללת סינרגיה פונטציאלית בין הפתרונות להתמודדות עם שברי־ענן, התאמה אקלימית, ריאות ירוקות וכחולות ואיי חום עירוניים – אזורים חמים יותר כתוצאה מספיגת חום על־ידי בניינים ומדרכות, בניגוד לאפקט המצנן של אזורי צמחייה. לניהול נכון של התכנון הסינרגטי תהיה השפעה חיובית על איכות החיים העירוניים, המגוון הביולוגי והאקלים בקופנהגן.

התאמה אקלימית ירוקה לקופנהגן

תכנון ופיתוח: Third Nature
בשיתוף עם PK3, קופנהגן
2015–2013
לקוח: עיריית קופנהגן

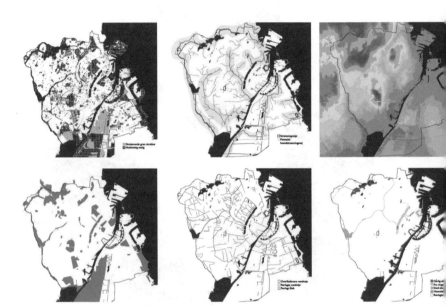

Third Nature יצרו כלי אסטרטגי לקופנהגן, המשלב השקעה בהתאמה אקלימית עם תכנון חדש של הטבע העירוני לתמיכה בחיים הקהילתיים בעיר. אסטרטגיית ההתאמה האקלימית הירוקה מגדירה כמה כללים פשוטים להתמודדות עם מורכבות הגורמים הרבים המשפיעים על החיים בעיר.

החזון הושק על־ידי מִנהל הסביבה בעירייה במסגרת תוכנית ההתאמה האקלימית של קופנהגן, בהתבסס על תוכנית להתמודדות עם שברי־ענן שאומצה ב־2012. בהמשך חולקה העיר לחמישה אזורים גיאוגרפיים, ופותחו שיטות לתיאום ביניהם ובין פתרונות תת־קרקעיים, על־קרקעיים והשקעה בריאות ירוקות וכחולות, הממלאות תפקיד חיוני בשיפור המיקרו־אקלים העירוני והטיפול במי שיטפונות.

פיתוח התוכנית להתמודדות עם שברי ענן יצר שבע אסטרטגיות גיאוגרפיות, שיחד מעמידות יסודות לתשתית אקלימית ירוקה בקופנהגן. הפתרונות כוללים, בין השאר, צנרת תת־קרקעית, שדרות ורחובות מעכבי גשם, דרכים ירוקות ועוד. במקביל נקבעו חמישה כללים לפיתוח עתידי של פתרונות אקלימיים: 1. להימנע מפתרונות נקודתיים; 2. לא לפתור הכל בבת־אחת; 3. לדאוג תמיד לקישוריות ורשתות; 4. לחשוב במונחי איכות וערך מוסף. 5. להוקיר איכות מקומית.

בית פסיבי ←

"בית פסיבי" הוא תקן וולונטרי קפדני ליעילות אנרגטית בבניין,
בשכונה, ברובע ובעיר, שמקטין באופן משמעותי את טביעת הרגל
האקולוגית שלו. התכנון והבנייה בשיטה זו – לרבות איטום המונע
זליגת אוויר פנימה והחוצה, בידוד פתחים וחלונות, התאמת הטיית
הבית ושטח הגג לעונות השנה ועוד – מאפשרים חיסכון ארוך טווח
בחשמל, צמצום תצרוכת האנרגיה והתאמה לנתונים האקלימיים של
האזור. הבית הפסיבי יוצר מערכת עצמאית של חימום או קירור בלי
לצרוך אנרגיה חיצונית, ועקרונותיו מנחים כיום אדריכלים ומעצבים
המבקשים לתכנן מבנים בהתאמה לסביבה אקלימית ספציפית. פיתוח
השיטה מיוחס לאוסטרי וולפגנג פייסט (Feist), שב־1996 יסד את מכון
הבית הפסיבי לקידום האידיאולוגיה ברחבי העולם.

קים סטנלי רובינסון, סופר מדע בדיוני אמריקאי, הוא כיום אחד המעוטרים והנחשבים בתחום. מבין כתביו, שתורגמו ל־25 שפות, ידועות במיוחד הטרילוגיות **שלוש קליפורניות** (1984–90) **ומאדים** (1992–96) – שאף תורגמה לעברית וראתה אור בהוצאת אופוס: **מאדים האדום** (1998) בתרגום בועז וייס, **מאדים הירוק** (1999) **ומאדים הכחול** (2000) בתרגום רוני שרי – והרומנים **אנטארקטיקה** (1997), **שאמאן** (2013) **ואורורה** (2015). ספרו **2312** (2012) הוא רומן המד״ב הראשון שהיה מועמד לכל שבעת פרסי המד״ב המרכזיים. ב־1995 וב־2016 יצא לאנטארקטיקה במשלחות מטעם הקרן הלאומית האמריקאית למדע, וב־2008 הוכתר כ״גיבור הסביבה״ של *Time Magazine*. זכה בעשרות פרסים, ביניהם פרס ארתור סי. קלארק ל״דמיון בשירות החברה״ (2017). האסטרואיד 72432 נקרא ״קימרובינסון״, על שמו.

עיצוב ספקולטיבי לפרק קים סטנלי רובינסון: **קובי ברחד** – מעצב, מרצה וחוקר עיצוב, שעבודותיו בוחנות את היחסים בין אנשים, תרבות, מדע וטכנולוגיה.

9)

עד כמה אתה, אישית, אופטימי באשר ליכולת של האנושות ושל דורנו להציל את העולם מהעתיד האפשרי שהצגת בניו־יורק 2140?

9. ⟵ אני חושב שאופטימיזם או פסימיזם אינם רלוונטיים כרגע. העתיד יכול להיות טוב מאוד או רע מאוד, פשוט, ככה זה. כרגע אנחנו חיים על הקצה, וזה יחזיק מעמד בעשרים השנים הבאות בערך; בשנים אלה ניטֶה לצד זה או אחר – אם לכיוון עתיד אסוני, ואם לכיוון עתיד של תקווה ושגשוג. זוהי אי־הוודאות הרדיקלית של זמננו, ההבדל הקיצוני הזה בין אפשרות של עתיד טוב ואפשרות של עתיד רע, ששניהם מתחילים עכשיו. טווח האפשרויות הקיצוני הזה הוא אחת הסיבות לכך שרגע ההווה שלנו מוזר כל כך. גובה ההימור מפעיל המון לחץ על חיי היומיום. תחת כובד משקלם של העתידים השונים האלה, הנבדלים זה מזה באופן רדיקלי, ונוכח האסון העצום כל כך שעלול ליפול עלינו אם לא נפעל עכשיו, אנחנו חייבים לקחת את עצמנו בידיים ולעשות את הדבר הנכון.

במציאות כזו, לא אופטימיזם ולא פסימיזם הם רגשות מתאימים כי כל אחד מהם מציע ודאות שאינה בנמצא. עדיף להרגיש פחד ותקווה בעת ובעונה אחת – יציר כלאיים כמו יִרְאָה, שהיא רגש אנושי עתיק מאוד. ועדיין, יהיו אשר יהיו הרגשות שלנו, אנחנו חייבים לפעול בנחישות לעשיית הדברים הנכונים. עלינו לעשות כמיטב יכולתנו, אם בנחרצות צורבת ואם ברוח של חדווה לקראת העתיד הטוב הצפוי לנו והעבודה הטובה שממתינה לנו בדרך.

כך או אחרת, בלי קשר לרגשות שלנו, אנחנו חייבים לעשות את זה. כלומר, אנחנו ניצבים מול פרויקט משותף לכולנו כציוויליזציה, שנותן משמעות לחיינו כיחידים. כל אחד זקוק למשמעות בחיים, זה חיוני לא פחות ממזון; אז אפשר לומר שההתמודדות עם שינוי האקלים והצורך החיוני בשמירה על ציוויליזציה בת־קיימא, הם ברכה במסווה: הם מעניקים לנו אתגר הרה־משמעות.

8)

מדי יום מתפרסמות בתקשורת אינספור ידיעות דרמטיות בנושא האקלים: לפעמים אלה תצפיות ומדידות של מצב הקרחונים, שיעורי עליית הטמפרטורה ומפלס פני הים; ולעתים אלה דיווחים על גופים פוליטיים וסביבתיים הקשורים להסכם פריז, שמטרתו לעצור ולהגביל את ההתחממות הגלובלית. אבל אזרחי העולם מושפעים בעיקר מתצלומים הממחישים את חדירת הטבע לסביבה הביתית, כמו במקרה של התיירים המפלסים את דרכם בערדלי גומי בכיכר סן־מרקו המוצפת בוונציה. פעולות קטנות בחיי היומיום, כמו תדלוק הרכב בדלק מאובנים, נסיעה לעבודה במכונית מעשנת או שימוש לא־מידתי במזגנים, לא מתחברות בתודעת האדם המְבצע אותם עם ההשפעה שלו־עצמו על הסביבה. ה"אחרים", כביכול – התעשיות, הממשלות – הם תמיד אלה שאחראים למצב. באילו דרכים נוכל להמחיש לציבור הרחב את הקשר בין הקצנת תופעות הטבע בשנים האחרונות (בצורת נמשכת, סופות טרופיות פראיות, הוריקנים קטלניים, טמפרטורות קיצוניות של חום או קור מקפיא) לבין ההשפעה המכרעת של הפעילות האנושית על הסביבה?

8. ⟵ נדמה לי שהקשר כבר ידוע לכל, אבל אין דין ידיעה כדין פעולה. קשה לשנות הרגלים, ויקר לשנות תשתיות. זה נכון לגבי יחידים וזה נכון לגבי החברה. אז אנחנו ממשיכים בדרך שבה הלכנו, והמצב רק הולך ונעשה מסוכן יותר ויותר. אבל למען האמת, שינויים חשובים נעשים. הסכם פריז ואִשרור סעיפיו בדצמבר האחרון בפולין הם צעדים משמעותיים, בעלי חשיבות היסטורית. שינויים כאלה נחוצים גם בתחומי הכלכלה הפוליטית – וההשפעה שלהם על הנעת מהלכים תהיה גדולה יותר מצעדים שוחרי טוב של יחידים. עשיית טוב של יחידים היא דבר חשוב מאין כמוהו, אבל הפעולה המוסרית ביותר שיחיד כלשהו יכול לעשות – היא לתמוך בפוליטיקה ירוקה נכונה, ואז להרוויח כפל־כפליים מההזדמנויות החדשות לשינוי מנהגים, שהשינויים הפוליטיים יאפשרו.

ואולי הם לא היו אלא מדענים־לשעבר? זו שאלה תקפה שיש לשאול כיום לגבי המכחישים של שינוי האקלים, חרף כובד משקלן המוחץ של העובדות. המתנגדים האלה עשויים להרוויח לא מעט כסף מההכחשות שלהם, והנזק שהם גורמים קטלני ממש.

לכל השאר, שעושים ככל יכולתם כדי להימנע מהחְרבת העולם שאנחנו משאירים אחרינו לדורות הבאים, חשובה ההכרה במצב וההתנגדות לפוליטיקאים ולארגונים שתומכים בשקרי ההכחשה. אם השקרים שלהם יאטו את התגובות שלנו, נגיע למצב של הכחדה המונית, ואין דרך חזרה מהכחדה. קיומם של יונקים רבים בעולמנו מצוי כבר היום בסכנה, והאנושות עצמה תסבול אנושות מקריסת הביוספֵירה, כך שזהו הימור גבוה מדי.

מסיבות אלה יש להלאים תאגידים המייצרים ועושים שימוש בדלק מאובנים, ולאכוף עליהם תקנות רגולציה מחמירות. אמנות בינלאומיות וממשלות לאום צריכות לחייב את התאגידים להשקיע את העושר העצום שלהם ואת היכולות הטכנולוגיות שלהם בבניית מערכות אנרגיה נקייה, ואולי אף לרתום אותם למשימה של הזרמת מי אוקיינוס לכיפת הקרח של אנטארקטיקה, למשל – פרויקט שיבוצע בטכנולוגיות דומות לאלה שמשמשות כיום בתעשיית הנפט.

זה מביא אותנו לקפיטליזם, כמערכת הגלובלית השלטת בפיקוח על ההון ובחלוקתו, ומכאן להחלטה מה עלינו לעשות כחברה. המצב כיום חמור עד כדי כך, שאסור לתת למערכת השוק הקיימת להשפיע על ההחלטות שלנו. השוק מחריג את הסביבה, ולפיכך את שאלת הקיום עצמו, אל מחוץ למערכת, וכל שיקוליו מכוונים לרווח קצר־מועד לרווחת מעטים. לקפיטליזם לא אכפת אם העולם ייחרב ברדיפת הרווח שלו; הקיום אינו תכליתו.

נוכח המציאות הזאת, כל המערכות הפוליטיות בסדר הבינלאומי של מדינות הלאום חייבות לשלב כוחות ולתפוס שליטה על המערכת הפיננסית הגלובלית, כדי לכוון את כלכלת העולם למאמצי ההישרדות של האנושות ושל הביוספֵירה. למען האמת, את כל המאמצים הכלכליים של האנושות חייבים לנתב לקיימוּת ולתחזוקת הביוספֵירה. מנגנון ההישרדות הזה חיוני לציוויליזציה שלנו, ולא משנה איזה "מחיר" נשלם על כך במונחים הכלכליים הרווחים כיום. לשם כך נחוצים פיתוח והפעלה של מערכת פוסט־קפיטליסטית והכנסת רפורמה בסדר הקיים, מהר ככל האפשר. פתרון הבעיה של שינוי האקלים הוא בראש ובראשונה תרגיל ברפורמות כלכליות.

הביטוי המהימן ביותר להאצה ההיסטורית המטורפת שאנחנו חווים כיום. העולם הפך לרומן מדע בדיוני שכולנו שותפים בכתיבתו. העשייה שלי היא רק חלק מאותה מציאות עכשווית.

7)

לצד מחלוקות ציבוריות והסירוב של חלק מהפוליטיקאים לקשור בין הכלכלה הקפיטליסטית לבין ההקצנה שחלה בשינוי האקלים – נשמעים גם קולות של אנשי מדע, המכירים אמנם בהתחממות הגלובלית אך מערערים על כך שמעשי האדם הם שגרמו לשינויים או האיצו אותם. מה יחסך לגישות אלה, שבעצם ההכחשה שבהן גורמות לרבים לא לפעול לטובת שינוי?

7. ⟵ קודם כל אדבר על הכחשה, ורק אחר כך על קפיטליזם. לדעתי לא נותרו היום מדענים שמאמינים ששינוי אקלים לא מתרחש. לכמה מאותם בודדים, שממומנים על־ידי תאגידי דלק ועמותות ימין וממשיכים להכחיש הן את שינוי האקלים והן את הגורמים האנושיים לו – יש אולי איזה רקע מדעי, לרוב בשדות מחקר לא רלוונטיים. אבל כאשר הם מכחישים את העובדות הוודאיות, האם אפשר להמשיך לראות בהם מדענים? אולי הם לא יותר משקרנים להשכיר? הספר סוחרי הספק (Merchants of Doubt), מאת נעמי אורסקס (Oreskes) ואריק קונוויי (Conway), מתחקה אחר מהלך ה"הוכחות" של תעשיית ההכחשה, ומראה בצורה משכנעת כיצד אותם יחידים וארגונים, שקודם לכן הכחישו שעישון טבק גורם לסרטן, וכיום מכחישים שפליטת פחמן דו־חמצני גורמת להתחממות גלובלית, מומנו בשני המקרים על־ידי תעשייה כלשהי שיש לה מה להרוויח מהבלבול ומהעיכוב שהם זרעו וזורעים.

תמיד יהיו כאלה שקרנים להשכיר, ותמיד יהיו כמה מאמינים תמים שייתפסו לטיעוני כזב תוך היאחזות בעיקרים של פרדיגמות עבר שהופרכו. למשל, אפשר להיזכר בשנים שבהן תיאוריית הלוחות הטקטוניים הפכה לפרדיגמה המקובלת בגיאולוגיה. בשנות ה־70 למאה הקודמת הפרדיגמה הזאת כבר היתה מקובלת על הקהילה המדעית, ועדיין נשארו כמה מדענים שהתעקשו להסתייג ממנה ולהכחיש את תוקפה מסיבה זו או אחרת. בסופו של דבר הלכו המסתייגים לעולמם או עזבו את התחום; אבל במהלך שלב ההכחשה שלהם, כשיצאו בפנאטיות נגד כל העובדות שנאספו על־ידי הרוב המוחלט של העוסקים בתחום – האם היה נכון להמשיך להגדירם כמדענים?

ומנסים לדמיין כיצד יוכלו לשלב כוחות ולהוביל חזונות חדשים ומלהיבים של צדק חברתי וקיימוּת אקולוגית, שנראים יותר ויותר כמו חלקים של שלם אחד גדול. האחד בלתי נפרד מהשני.

החזונות החדשים האלה אקולוגיים יותר מאי־פעם, "צמחוניים" יותר, בגלל ההכרה הגוברת בחשיבות הביוספֵירה שלנו כבסיס לחיים האנושיים ולחברה האנושית. לכן אנחנו עדים לתופעות כמו הסולארפאנק, האקו־סוציאליזם, התקווה־פאנק ושאר האוטופיות הירוקות החדשות האלה.

(6)

כסופר מדע בדיוני שמתכתב עם תפיסות אקולוגיות וסוציולוגיות, נדמה לא־פעם שהמציאות היומיומית הולכת ומתקרבת למתואר בספריך, לפחות מבחינה חזותית. ספרך ניו־יורק 2140, שעוסק בעיר המוצפת – נבחן מול ההווה של רבים ברחבי העולם, שהתמודדו לאחרונה עם מפלס המים העולה ועם סופות הוריקן אימתניות; הטרילוגיה מאדים, שעוסקת ביישוב הכוכב – נקראת מול התצלומים המדהימים ששידרה חללית מהפלנטה. מתבקש לשאול על מתודולוגיית העבודה שלך לקראת כתיבה. באיזה אופן משפיעות תחזיות המדע על ניסוח הפנטזיה?

6. ⟵ גם תחזיות מדעיות הן סיפורי מדע בדיוני. אני מנסה לחשוב באותו אופן: אני מתעדכן בחדשות ומחפש סיפורים תוך העלאה בדמיון של מה שעשוי לבוא בהמשך. זה כרוך בקריאת מקורות רבים, ויש לי גם חברים מדענים וחוקרים בתחומים כמו היסטוריה ופילוסופיה של המדעים, אקולוגיה וביקורת, ספרות, אנתרופולוגיה וכלכלה פוליטית, שלימדו אותי הרבה. אני מקפיד להיות מעודכן, ולדעתי כל מי שרוצה בכך יכול להיות מעודכן לא פחות. המידע זמין לכל.

הבעיה היא כיצד לכלול את כל זרימת האינפורמציה השופעת הזאת בסיפור על השלב הבא. וכאן נכנס למשחק הדמיון, בתמיכת ערכה של טכניקות ותחבולות ספרותיות. המטרה שלי היא לכתוב רומנים טובים, ואם המטרה הזאת תדרוש ממני לפרוש מן העולם – אני מוכן לעשות אפילו את זה, אבל במציאות דווקא ההיפך הוא הנכון; לדעתי, רומנים מתגלים כטובים יותר ככל שהם מעורבים יותר במציאות העכשווית. המעורבות הזאת יכולה להתבטא בכל ז׳אנר, כולל בדיון היסטורי, פנטזיה, מדע בדיוני ובדיון סתם, שהוא לא־פעם הז׳אנר המנותק מכולם. מבחינתי, מדע בדיוני הוא בבירור הז׳אנר המעורב ביותר של תקופתנו; זה הריאליזם הגדול שלנו, כי הוא

רואים את רגע ההווה באור שונה – ואז אולי מתנהגים אחרת, ומנסים ליצור עתיד טוב ולמנוע השתלטות של עתיד רע על עולמנו. במובן זה, מדע בדיוני הוא כלי רב־עוצמה של המחשבה האנושית; הוא אחד הכוחות הפועלים בתוך ההיסטוריה ומשפיעים על תהליכי ההחלטה שלנו, על ההחלטה כיצד לנהוג. ואפילו אנשים שלא קוראים מדע בדיוני נתונים להשפעתו מיד שנייה ושלישית – אם דרך סרטים, ואם דרך השיח הכללי, העיצוב העכשווי או ניסיונות לדמיין את העתיד.

(5

בהתפתחות שחלה בשנים האחרונות בסוגות השונות של המדע הבדיוני, אפשר לזהות חלוקה בין נבואות הזעם של מגמת הסטימפאנק, החוזה הרס וחורבן - לבין מגמת הסולארפאנק החדשה והאופטימית, שעוסקת בהצלה ובשיפור היחס לכדור הארץ. על רקע מגמות אלה של מדע בדיוני אקלימי (Sci-Cli) והאיורים הפוטוריסטיים עשירי הצמחייה של הסולארפאנק, מתחזק הדחף ללמוד כיצד להיטיב עם המקום שבו אנחנו חיים ולהיות מודעים לצורכי הסביבה ולהשפעת האדם עליה. מה דעתך על התפתחויות אלה ועל האפשרות להעתיק או לאמץ משהו מכל זה למציאות העכשווית?

5. ⟵ כל השמות האלה הם פשוט תת־גרסאות של שתי קטגוריות יסוד במדע הבדיוני: אוטופיה ודיסטופיה. לפעמים יש בהם ניסיון לתאר באופן נקודתי התפתחויות חדשות בטכנולוגיה או בחברה; פעמים אחרות אלה לא יותר מתכסיסים שיווקיים, שם חדש למוצר "חדש"; ולפעמים שתי המגמות מתלכדות לתיאור נקודתי־שיווקי.

כדאי לציין שהשימוש בסיומת "פאנק" בשמות האלה, בנוסח התקדים סייברפאנק משנות ה־80, הוא רעיון רע, מפני ש"פאנק" מצביע על גישה אנטי־חברתית – ואילו עשייה אפקטיבית להתמודדות עם שינוי אקלים מחייבת אזרחות פעילה ומעורבת. אי־אפשר להיפלט מהחברה, או להתנגד עקרונית לממשלה, ובה־בעת להילחם באופן אפקטיבי בשינוי האקלים. להיות פאנק בסיטואציה כזו פירושו כניעה לאסון, עמדה קטנונית של משיכת ידיים נרקיסיסטית.

דבר אחד טוב שלדעתי השמות החדשים האלה חושפים, הוא שאנשים התעייפו מדיסטופיות ואפוקליפסות. האזעקה כבר נשמעה, והיום כולם יודעים שהעתיד הרע שלנו יהיה רע באמת. בתגובה ל"פורנו האסונות" הזה, אנשים פונים לאפשרויות טכנולוגיות ופוליטיות חדשות

קטנות ואזורי כפר רבים הולכים ומתרוקנים. יש לעודד את מגמת העיור הטבעית הזאת, ובסופו של דבר, הציפוף של טביעת הרגל האקולוגית שלנו עשוי להיות אחד הגורמים שיאפשרו, בטווח הארוך, ציוויליזציה בת־קיימא. ערים ייעשו אמנם צפופות יותר, אבל ציפוף הפרברים ומרכזי הערים – תוך השארת שאר שטחי כדור הארץ ריקים פחות או יותר מבני אדם – רק יביא לשיפור המצב.

התשתית הבנויה תשתנה. ייתכן שנשאב פחמן דו־חמצני מהאטמוספירה, וזה יעובד וישמש תחליף לבטון ופלדה. שינוי של דפוסי השימוש בקרקע והנהגת חקלאות מתחדשת יהיו גם הם מרכזיים בכל פתרון. אין ספק שאנרגיה נקייה היא גורם מכריע: אנרגיה נקייה בכמות מספקת תתניע את מסע ההיחלצות שלנו מרוב הבעיות שיצרנו.

(4

אין אמנם הגדרה מקובלת, חובקת־כל, למדע בדיוני ולתתי־הז'אנרים הנכללים בו, אך כספרות ספקולטיבית הוא עוסק על פי רוב בעתיד בדיוני, ונעזר לשם כך בפיתוח מגמות קיימות בתחומי המדע, הטכנולוגיה, הכלכלה, הסוציולוגיה ועוד. הקצנת המצב המוכר לנו בהווה, תוך התבססות על ידע קיים, מאפשרת לבחון את ההשלכות של מעשינו על עתיד האנושות. הפער בין הישיבה הנוחה עם ספר ביד לבין הערך המוסף רב־העוצמה הטמון בו, מעלה שאלה עקרונית על יכולת האדם להתמודד עם מהלכיה הקיצוניים של ההיסטוריה. מהי, להבנתך, תפקידו של המדע הבדיוני בשיח העתיד?

4. ⟵ ההגדרה שנתת כאן למדע בדיוני מצוינת, וקרובה מאוד לזו שלי. העתיד הוא אכן בדיוני, ומבחינתי כל הדיונים שלנו בעתיד הם סיפורי מדע בדיוני, לרבות התוכניות שאנחנו מתכננים, הערכות דמוגרפיות, תחזיות כלכליות וכך הלאה. אלה כולם סיפורי מדע בדיוני, שמתיימרים להיות משהו אחר, בטוח יותר. השתמעות אחת של הגדרה זו היא שכולנו נעשים סופרי מדע בדיוני כשאנחנו מדמיינים את העתיד שלנו, ושל משפחתנו, ושל החברה שלנו. והנטייה הטבעית היא לדמיין עתיד טוב, כמו באוטופיה, או עתיד רע, כמו בדיסטופיה.

כסוגה ספרותית, מדע בדיוני מספק לאנושות המחשה חיה של עתידים בדויים, שאנחנו משתקעים בתוכם כבתוך עולמות ממשיים – ממשיים עד כדי כך, שכאשר חוזרים להווה מרגישים כאילו חזרנו ממציאות עתידית חיה. בהשפעת מה שלמדנו במכונת הזמן המנטלית הזאת, אנחנו

(2

אחד הפרקים בספרך, "האזרח", משנה לרגע את הטון, עוזב את העלילה הכאוטית בניו־יורק המוצפת ונקרא לרגעים כמניפסט אפוקליפטי. הפרק נחתם בקריאה ישירה וחד־משמעית של הדובר: "ההיסטוריה היא תולדות הניסיונות של המין האנושי לקחת את העניינים בידיים. [... אנחנו חייבים להקדיש] קצת יותר תשומת לב לפרטים מסוימים, למשל לכוכב הלכת שלנו. אבל די כבר עם ה'אמרתי לכמ' הזה". אין כאן פנייה לממשלות, לראשי ערים או לעסקנים, אלא לתושבי ניו־יורק בעתיד ואולי לקוראים בהווה. תוכל לפרט לאיזו תשומת לב או לאיזה אקטיביזם היית מצפה כיום מתושבי הערים?

.2 ⟵ תושבי ערים נהנים מתשתית טובה לצמצום שריפת הפחמן האישית שלהם, בהשוואה לאזורים פרבריים. אבל בלי קשר למקום המגורים, אנחנו חייבים לעשות יותר – בקידום אמצעים כמו מִחזור, קומפוסט, חקלאות עירונית, צמחונות, מעבר לתחבורה ציבורית וכך הלאה. ומובן שלשם כך צריך לתמוך במפלגות ובארגונים חוץ־ממשלתיים שפועלים לקידום המעבר לתשתיות בנות־קיימא. כפי שכבר ציינתי, אלה הם שני הערוצים של הפעולה האזרחית: הפוליטי והאישי.

(3

בהנחה שהיום כבר אין אפשרות להחזיר את הגלגל לאחור ולבטל את ההשלכות של התיעוש המואץ במאות האחרונות ושל פליטת גזי החממה – יש עדיין ביכולתנו, כחברה, לדאוג לפיתוח מותאם של ערים, שצפויות לקלוט מספרים דמיוניים של תושבים על כל צורכיהם, ולהתמודד עם תופעות טבע קיצוניות כמו שינוי עולמי בקווי החוף. כיצד נוכל להתאים את כל ההיבטים של תכנון הערים לאתגרי העתיד הללו?

.3 ⟵ החלפה של תשתיות קיימות בכאלה שיאפשרו צמצום של פליטות פחמן דו־חמצני, אכלוס יותר אנשים בפחות שטח ודאגה לחקלאות משופרת – אלה יהיו המהלכים המכריעים במאה ה־21. מאמר בגרדיאן עסק לאחרונה בתוכנית "מחצית הארץ" של אדוארד ווילסון (Wilson): ווילסון טוען שעם הזמן תעבור מרבית האנושות אל מחצית שטחו של כדור הארץ ותשאיר את המחצית השנייה למחייתם של יצורים אחרים בביוספֵירה, שישרדו בה ותוך כדי כך יחדשו ויְתַחזקו את מערכת התמיכה הביולוגית החיונית לקיומנו. רעיון זה של "מחצית הארץ" הוא דרך מעניינת למקד את המבט במטרה, דהיינו – איזון לטווח ארוך של יחסינו עם הביוספֵירה של כדור הארץ. אין זה רעיון מוזר או קשה כפי שהוא עשוי להיראות במבט ראשון: אנשים עוברים לערים ממילא, ועיירות

נצפים גם בתוך מדינות, בהתאם למִדרג הסוציו־אקונומי ולמנהגים. אם כל החשמל שמייצרת האנושות היה מחולק שווה בשווה בין כל אוכלוסיית כדור הארץ, כל אדם היה מקבל כאלפיים ואט בשנה. נתון זה עומד מאחורי שמו של הארגון השווייצי "אלפיים ואט", הקורא לערוך ניסוי כלל־עולמי שבו ישתמשו הנסיינים בכמות החשמל הממוצעת הזאת בשנה, כדי לבדוק את השפעת המהלך על מצב האקלים. כרגע, הצריכה האירופית לנפש היא סביב 5,000 עד 6,000 ואט לשנה. אמריקאים צורכים יותר, משהו כמו עשרת־אלפים או 12 אלף; הממוצע הסיני עומד על 1,500; ההודי – על אלף; והבנגלדשי – על 300. עד כמה שידוע לי, הממוצע הישראלי הוא סביב 2,500 ואט לשנה. מאחר שישראל היא מדינה תעשייתית מפותחת ומשגשגת, לא ברור לי איך ייתכן שתושביה צורכים אנרגיה מעטה כל כך, ובאמת יהיה מעניין לחקור את הנושא.

צריך להבין שצריכת אנרגיה היא עניין שחורג מבחירה אישית ותלוי גם במאפייני המפלגות שמחזיקות בשלטון. אם ממשלה מסוימת תטיל מס על שריפת פחמן וצריכה עודפת, ותפסיק לסבסד חברות שעושות שימוש בדלק מאובנים, ותעביר את הסובסידיות הללו למקורות אנרגיה נקיים ומתחדשים, ותעשה כל מה שאפשר כדי להיענות להנחיות של הסכם פריז (2015) – אזי שריפת הפחמן של אוכלוסיית המדינה תרד במהירות גדולה יותר מזו שתימדד במדינה הנשלטת על־ידי ממשלה ריאקציונית בתמיכת תעשיות המקדמות שימוש בדלק מאובנים. זה הקרב המכריע של זמננו, והוא צריך להיות שיקול ראשון במעלה בגיבוש של עמדה פוליטית. פעולה מהירה ואפקטיבית בנושא שינוי האקלים היא עניין מכריע, ולכן העמדה הפוליטית של כל אחד מאתנו, ואִתה אופן ההצבעה בבחירות וההחלטות הפיננסיות, חשובים אולי יותר משריפת הפחמן הפרטית של זה או אחר, כי רוב פוליטי משמעותי הוא מנוף שאין כדוגמתו לקידום מנהגים פוליטיים שפויים. יש טעם, כמובן, גם בהשקעת מאמץ בצמצום הצריכה האישית, אבל המאמץ הפוליטי חשוב אפילו יותר.

כל היבטי המציאות האלה דורשים ניטור והבהרה בדו"חות ובניתוחים, וכל אחד מאתנו צריך לחשב את צריכת האנרגיה, כפי שאנחנו משגיחים על המשקל שלנו משיקולים של בריאות, או מחשבים את ההכנסה שלנו לתשלום מס – ואולי גם צריך להעניק נקודות של ניכוי מס על שימוש מופחת באנרגיה. וכמובן, חייבים לספר יותר ויותר סיפורים על המצב ועל שינוי האקלים.

שיחה עם קים סטנלי רובינסון

מאיה ויניצקי

מ"ו

קס"ר

1)

ספרך ניו־יורק 2140* מתאר את המתרחש בעיר בעקבות עלייה דרמטית של מפלס פני הים, שמשנה את פני המקום ואת חיי התושבים. נציין שהסיפור מתמקד בתושבי כיכר מדיסון ובדיירי מגדל ה־MetLife בפרט. זהו ספר על עתיד הנכתב במבט לאחור, ולמעשה דן בהשלכות של כל הגורמים המוכּרים לנו כבר היום, הן בנוגע לתופעות אקלימיות והן בהקשרי המאבקים הפוליטיים־חברתיים והביקורת שמושמעת על גרירת הרגליים נוכח תהליכים אלה. אך מעל לכל נראה שהפכת את הבעיה העקרונית של שינוי האקלים, שנתפס כיום בעיני רבים כרחוק דיו – לעניין אישי של דורנו ושל הדור הבא אחרינו. באיזה מובן שינוי האקלים הוא עניין אישי הנוגע לכולנו?

---

* Kim Stanley Robinson, New York 2140 (Denton, TX: Orbit, 2017)

1. ⟵ **אנחנו חווים את שינוי האקלים כבר עכשיו. הטמפרטורה העולמית הממוצעת גבוהה היום במעלה אחת צלזיוס משהיתה בתחילת המהפכה התעשייתית, ומתברר שיקשה עלינו מאוד לעצור את המגמה ולהימנע מעלייה של שתי מעלות, שתהיה מסוכנת לבעלי חיים רבים על פני האדמה, לרבות בני האדם. זה המצב, והזמן קצר: דו"ח IPCC (הפאנל הבין־ממשלתי לשינוי אקלים) מהזמן האחרון מעריך שחלון ההזדמנויות שלנו לבלימת העלייה המסוכנת הזאת הוא 15 השנים הבאות. התוצאות הקשות של שינוי אקלים חמור כזה עשויות לגרור הכחדה המונית נוספת, שישית במספר, בתולדות כדור הארץ, שתחריב את הציוויליזציה האנושית. כל זה עלול להתרחש בימי חייהם של נכדינו; אז נראה לי ששינוי האקלים הוא כבר עכשיו עניין אישי שצריך לגעת לכל אחד מאתנו.**

גורם נוסף שעושה את שינוי האקלים לעניין אישי הוא צריכת האנרגיה של כל אחד ואחת בחיי היומיום. צריכת האנרגיה האישית משתנה ממדינה למדינה, בהתאם למצב התשתית ולדפוסי הצריכה; מדדים שונים

למעשה, ואולי אף מבחינה משפטית – לקרקעית הים, וייתכן שהחוקים המגדירים ומסדירים אותה אינם זהים לחוקים ששררו כאשר האזורים הנדונים היו קרקע של ממש. אבל כיוון שהכל היה הרוס ממילא, לאנשים בדנוור לא היה ממש אכפת. גם לא לאנשים בבייג׳ין, שיכלו להשקיף מרחוק אל הונג־קונג ולונדון, וושינגטון, סאו־פאולו וטוקיו וערים רבות אחרות בארבע כנפות תבל, ולומר אוי ואבוי! חבל עליכם נורא, הלוואי שתצליחו! נעזור כמיטב יכולתנו, בעיקר כאן בבית, בסין אבל גם בכל מקום אחר, ובשערי ריבית מופחתים, אם רק תחתמו פה.

ואולי הם הרגישו, בדומה לחבריהם במאיון בר־המזל, שהנהגת ניסויים חברתיים בשוליים המוצפים עשויה לתרום לשחרור לחץ בקרב קבוצות אוכלוסין מתוסכלות, ושהקיטור החברתי הזה אף עשוי להניב חידושים מועילים. למעשה הם צייתו להמלצת ברטולט ברכט לממשלה שייטב לה אילו "פיזרה את העם ובחרה באחר", והשאירו את עכברושי המים להסתדר כמיטב יכולתם. ניסוי בחיים על רטוב. נחכה ונראה מה המטורפים יעשו עם זה, ואם יֵצא טוב – נקנה. כמו תמיד, כן? אתם, אנשי האוונגרד הנועזים שהתברגנו מזמן – הדבר כבר מוּכר לכם, גם אם אתם קוראים את הדברים בשנת 2144, 2312, 3333 או 6666.

בבקשה. קשה להאמין, אבל דברים כאלה קורים. במילותיו המופתיות של מישהו, לא חשוב מי, "ההיסטוריה היא דבר ארור אחד אחרי השני". אלא אם כן הנרי פורד הוא שאמר, ואז נעזוב את זה. אבל הוא מי שאמר "ההיסטוריה היא פחות או יותר זבל". לא אותו דבר בכלל. בעצם עִזבו את שתי האמירות האוויליות והציניות האלה. ההיסטוריה היא תולדות הניסיונות של המין האנושי לקחת את העניינים בידיים. ברור שזה לא קל, אבל זה עשוי להשתפר קמעא אם תקדישו קצת יותר תשומת לב לפרטים מסוימים, למשל לכוכב הלכת שלנו.

אבל די כבר עם ה"אמרתי לכם" הזה. נחזור לגיבורים ולגיבורות האמיצים שלנו.

לפני הים במערב אנטארקטיקה, וכל הקרח הזה נמס במהירות כשהגיע למים, ואפילו כשעדיין היה קרח צף, פעמים רבות בצורת קרחונים שטוחים בגודל מדינה, כבר דחק והעלה את מי האוקיינוסים במידה שווה לזו שנרשמה עם התמוססותו המלאה. מדוע? את פתרון התרגיל הזה נשאיר לקוראים. אחר כך תוכלו לקפוץ עירומים מהאמבט בקריאות "אאוריקה!"

מן הראוי להוסיף ולציין שהשפעות הפעימה השנייה היו חמורות בהרבה מאלה של הראשונה, כי העלייה הכוללת במפלס פני הים הגיעה בסופו של דבר ליותר מ־15 מטרים. זה חירב לגמרי את כל קווי החוף בעולם, וגרם למשבר פליטים שנאמד בעשרת־אלפים "קתרינות". שמינית מאוכלוסיית העולם חיה לפני כן סמוך לקווי החוף, והיא ניזוקה באופן ישיר. כך גם הדיג והחקלאות הימית, שהיו שליש מאספקת המזון של המין האנושי, כמו גם חלק נכבד מהחקלאות שהתרכזה לאורך החופים (שכן אלה האזורים הגשומים), בנוסף על תנועת הספנות שכבר הזכרנו. ומרגע שהשתבשה ההובלה הימית, ועִמה גם הסחר העולמי – נחרב גם סיפור ההצלחה הניאו־ליברלי הגלובלי השוקק, שעשה הרבה כל כך עבור מעטים כל כך. מעולם לא עוללו מעטים כל כך הרבה כל כך לרבים כל כך!

הכל קרה מהר מאוד בשנים האחרונות של המאה ה־21. אפוקליפסה, אחרית הימים, בחרו כטוב בעיניכם. אסון מעשה אדם, למשל, או הכחדה. הכחדה המונית מעשה ידי אדם – זה המונח השכיח, סופו של עידן. מבחינה גיאולוגית זה בהחלט עשוי להיות סופו של עידן, תור או תקופה – אבל לא נוכל להחליט על המינוח עד שהתהליך יסתיים במלואו, ואז נוכל לשנותו בהתאם.

נו, טוב. סוף הוא התחלה! הרס יצירתי, נכון? תַקנו תקנות של מדינת משטרה ומדיניות צנע, הכבידו את אמצעי האכיפה, המשיכו כמקודם. הרי סילוק הבלגן יוצר הזדמנויות השקעה מעולות! קדימה, במלוא הקיטור!

נכון שקווי החוף המוצפים, שננטשו תחילה, התמלאו עד מהרה מחדש באנשים נואשים שבאו לחפש שאריות, להתנחל, לדוג וכך הלאה. קראו להם עכברושי מים, ועוד שלל שמות הומוריסטיים. הם היו רבים, ורבים מהם, אפשר לומר, ידעו הקצנה בעקבות מה שעבר עליהם. אמנם שירותים בסיסיים כמו חשמל, מים זורמים, ביוב ושיטור חדלו לתפקד, אבל חלק גדול מהתשתיות שרד עדיין מתחת לשכבת המים הרדודים, או הוצף ונִגלה לחלופין באזורים שבין הגאות והשפל. אינספור תביעות משפטיות הוגשו כחלק בלתי נפרד מהתגובה האנושית המתבקשת לאסון. רבות מהן נגעו למעמדה של האדמה המוצפת, שחייבים להודות כי הפכה – הלכה

הסיבה לכך שבמפת הטמפרטורה הממוצעת של כדור הארץ באותן שנים –
ואפילו עשורים קודם כן, כאשר העולם כולו כבר נצבע באדום לוהט –
נראתה עדיין נקודה כחולה קרירה מדרום-מזרח לגרינלנד. מה יכול היה
לגרום לאוקיינוס שם להתקרר, תהינו לאורך עשרות שנים; איזו תעלומה,
אמרנו, וחזרנו לשרוף פחמן.

אם כן, הפעימה הראשונה התרחשה בעיקר באזור של אגן ווילקס,
ובגרינלנד, וגם במערב אנטארקטיקה – תורמת נוספת, מאסיבית פחות
ועדיין משמעותית, כיוון שהאגנים שם היו ברובם מתחת לפני הים ומשום
כך פרצו במהירות את קירות התמך, ואז צפו על מי האוקיינוס ושטו הלאה
משם. כמויות אדירות של קרח נסדקו והתמוטטו לתוך הים. בשנות העלייה
הגדולה ביותר של מפלס פני הים, 2052-2061, מי האוקיינוס עלו בבת-אחת
בכשלושה מטרים. אוי, לא! איך זה יכול להיות?

יכול גם יכול, משום שקצב השינוי משתנה בעצמו: נאמר שמהירות
ההפשרה מוכפלת מדי עשור. כמה עשורים עוברים לפני שנדפקים? לא
הרבה. בדומה לריבית-דריבית. זכרו את הסיפור על הקיסר המוגולי שאיכר
הציל את חייו. הקיסר השתכנע לתת לו את גמולו בצורת גרגר אורז אחד,
ואחריו שניים, ולהכפיל הלאה את מספר הגרגרים בכל משבצת של לוח
השחמט. אולי הווזיר הגדול או האסטרונום הראשי המליצו על שיטת תשלום
זו, ואולי היה זה האיכר הערמומי, והקיסר אמר לעצמו בטח, יופי של
עסקה, גרגרי אורז, למי אכפת, והתחיל לתת את התשלום בהדרגה אחרי
שדרווישית סֶרְבִּית אחת, שחלפה בממלכתו, הכשירה אותו היטב בספירת
גרגרי אורז. כעבור כמה שורות בלוח השחמט הוא רואה שעבדו עליו
ומורה לכרות את ראשו של הווזיר, או האסטרונום, או האיכר. ואולי את
ראשי שלושתם, זה הולם את הסגנון הקיסרי. אנשי המאיון העליון נוהגים
ברשעות כשמאיימים על נכסיהם.

אז זה מה שקרה בפעימה הראשונה. איזו הפתעה. ומה עם הפעימה
השנייה, אתם שואלים? אל תשאלו. היא היתה פשוט המשך של אותו הדבר,
אבל פי שניים, כשהכל התרופף בחום הגובר ובאוקיינוסים המתגבהים.
קיר התמך של אגן אורורה נפרץ והקרח זרם במורד קרחון טוֹטֶן. אורורה
היה אגן גדול אף יותר מווילקס. אחר כך, כשפני הים עלו בחמישה מטרים
נוספים, ואז בשישה ובשבעה, איבדו כל תמכי-התמכים את אחיזתם סביב
יבשת אנטארקטיקה ונדחפו אל הים; כוח הכבידה עשה את שלו באגני
הקרח ברחבי מזרח אנטארקטיקה, ובקרח שהיה מונח על הקרקע מתחת

שהיו מעוגנים מתחת לפני המים מעט מעֵבר לחוף – צמודים לקרקע בכוח משקלם העצום ולכודים מתחת למים על מדפי סלע, שהתרוממו מול החוף כמו שוליים נמוכים של קערה, כתוצאה מפעילות עבר של הקרח בעידנים קודמים. לשוליים החיצוניים האלה של סכרי הקרח קראו המדענים "תמכי־התמכים". יופי של כינוי, לא?

אז כן, תמכי־התמכים היו שם במקומם, אבל כפי שאפשר אולי להבין מהכינוי, קירות התמך האלה לא היו ענקיים כמו מאסות הקרח שהם ריסנו, והם גם לא היו מעוגנים היטב במקומם; הם פשוט היו מונחים שם למרגלות אנטארקטיקה, אותה עוגת קרח בגודל יבשת, שעוביה כשלושה קילומטרים וקוטרה סביב 500 קילומטרים. עשו את החישוב, אנשי המספרים שביניכם, ולכל האחרים – התשובה כבר ניתנה לעיל כשדובר על עלייה של תשעים מטרים בגובה פני הים. עניין אחרון: זרמי האוקיינוס סביב הקטבים המתחממים, שכבר הזכרנו, נעים בעיקר בעומק קילומטר או שניים, כלומר, ודאי ניחשתם, בדיוק בעומק שבו נחו להם תמכי־התמכים. וקרח אמנם יושב על הקרקע (אפילו במים רדודים) כשהוא כבד דיו, אבל הוא צף על פני המים כשהם חודרים תחתיו. הדבר ידוע: הביטו בקוקטייל שלכם ותחזו בהמחשה מצוינת לתופעה.

אם כן, ראשון תמכי־התמכים שצף לדרכו היה בפתחו של קרחון קוק, שהחזיק במקומו את אגן ווילקס במזרח אנטארקטיקה. האגן הזה כשלעצמו הכיל קרח שדי היה בו כדי להעלות את פני הים בכארבעה מטרים; ואמנם לא כולו החליק ממקומו מיד, אבל במהלך שני העשורים הבאים הוא התקדם מהר מהמצופה, עד שיותר ממחציתו צפה ונמסה במהירות במעמקי הים.

גרינלנד, אגב – עוד שחקנית משמעותית בסיפור – הפשירה אף היא במהירות הולכת וגוברת. כיפת הקרח שלה היתה אנומליה, שריד לכיפת הקרח הענקית של הקוטב הצפוני בעידן הקרח הגדול הקודם, שמיקומה מדרום לכל הסבר מדעי אחר נומק בהיותה שריד מאובן. למעשה היא היתה אמורה להפשיר עשרת־אלפים שנים קודם כן, ורק מיקומה באמבט גדול של רכסי הרים שמר במידת־מה על יציבותה וקרירותה. ועדיין, הקרח בגרינלנד נמס על פני השטח וגלש במורד סדקים אל מרגלות קרחוניה, שם סיכך את גלישתם־שלהם במורד קניונים גדולים שפילחו את רכס הרי החוף כאמבט דולף, וכתוצאה מכך גם היא נמסה, בערך בזמן שאגן ווילקס התמוטט לו לתוך האוקיינוס הדרומי. ההפשרה של גרינלנד היא

אבל עִצרו לרגע־קט – ואלה מכם שלהוטים לחזור לעלילות ההבלים של הנפשות הפועלות, מוזמנים לדלג לפרק הבא בידיעה ששאר דברי המבוא המתלהמים וסרחי המידע המדכאים (הנוחתים כגללים על שטיח) מפי הניו־יורקר הזה, יודפסו באדום כדי להזהיר אתכם לדלג עליהם (לא ממש); עִצרו, קוראים רחבי אופקים וגמישי אינטלקט, וחִשבו מדוע התרחשה הפעימה הראשונה הזאת מלכתחילה. פחמן דו־חמצני גורם לכליאת חום באטמוספירה במה שקרוי אפקט החממה, המוכר לנו היטב; הוא מְמסך פתח בספקטרום שדרכו היתה קרינת השמש מוחזרת ונפלטת בחזרה לחלל, וזו, במקום שתיעלם, מומרת לחום. זה כמו לסגור את חלונות המכונית לגמרי ביום חם, בניגוד למצב שבו הם פתוחים חלקית. לא בדיוק, אבל זו המְחשה קרובה של המצב, למי שעדיין לא קלט. אז בסדר, החום הכלוא באטמוספירה מגיע גם לאוקיינוסים ומחמם אותם. בתנועת הזרמים של מי האוקיינוסים, המים החמים שעל פני השטח נדחפים לעומק רב יותר – לא לקרקעית, אפילו לא קרוב אליה, אבל נמוך יותר. כתוצאה מהחום גדל במקצת נפח האוקיינוסים ופני המים עולים מעט, אבל לא זה החלק החשוב. החלק החשוב הוא שהזרמים החמים יותר באוקיינוס נעים לכל עבר ומקיפים גם את אנטארקטיקה, שיושבת לה בתחתית העולם כמו עוגת קרח גדולה. אם נפשיר את כל הקרח הזה ונשפוך אותו לאוקיינוס (בעצם הוא נשפך מעצמו), יעלו פני הים לגובה תשעים מטרים יותר משהיו אי־אז בעידן ההולוֹקֶן.

נכון, המסת כל הקרח של אנטארקטיקה היא מבצע עצום שלא נשלם באחת, אפילו לא באנתרופוקן. אבל כל קרח מאנטארקטיקה שגולש לאוקיינוס צף ומתרחק, ומשאיר מקום לגלישה של קרח נוסף. ובמאה ה־21, כפי שהיה במשך שלושה או 15 מיליוני שנים לפניה, קרח רב באנטארקטיקה נערם במורדות של אגני ניקוז, כלומר עמקים ענקיים הנוטים בשיפוע לעֵבר האוקיינוס. קרח גולש במורד ממש כמו מים, רק לאט יותר; אבל אם הוא מחליק על שכבת מים נוזלית – זה קורה לא הרבה יותר לאט. אז כל הקרח התלוי על פי תהום, מעל האוקיינוס, המתין ולא החליק מטה, כי נוצרו שם קירות תֶּמֶךְ מקרח, לאורך קו החוף או מעט תחתיו, שהיו תקועים במקום. הקרח הזה, על קו החוף, היה מונח על הקרקע; משקלו העצום תקע אותו שם ויצר סכרים ארוכים, שהקיפו את אנטארקטיקה כולה והחזיקו במקומם את אגני הקרח הגדולים שמעליהם. אבל קירות התמך האלה סביב אגני הקרח הענקיים נשארו במקומם בעיקר בזכות קצותיהם,

וראו שרמות הפחמן הדו־חמצני זינקו בשצף־קצף מ־280 ל־450 חלקים למיליון תוך פחות מ־300 שנה, מהר יותר מעלייתם בכל חמישה מיליארד השנים הקודמות בתולדות כדור הארץ (אַנְתְרוֹפּוֹקֵן או לא אַנְתרוֹפּוֹקֵן?). הם חיפשו בתיעוד הגיאולוגי את המקבילות הקרובות ביותר לאירוע חסר תקדים שכזה, ואמרו וואו. הם אמרו, בחיינו. בני אדם! הם אמרו. עליית פני הים! הם ראו שבתקופה האמאית או הבין־קרחונית האחרונה, שהסתיימה לפני 115 אלף שנה, חווה העולם עליית טמפרטורות שהגיעה לכדי מחצית מזו שיצרנו עכשיו, ומיד אחריה נצפתה עלייה דרמטית במפלס פני הים. הם תמצתו את התובנה הזאת לסיסמאות בנוסח: פליטות חסרות תקדים של פחמן דו־חמצני מעשה ידי אדם, יביאו בוודאות לעלייה אדירה במפלס פני הים. הם פרסמו מאמרים ועשו המון רעש, וכמה סופרי מדע בדיוני שנונים ומעמיקים אף כתבו תיאורים מחרידים של מה שעלול לקרות בתרחיש כזה – בעוד שאר הציוויליזציה ממשיכה להבעיר את כדור הארץ כמו מיצג מפואר בפסטיבל ברנינג־מן. באמת. עד כדי כך היה לטמבלים האלה אכפת מהנכדים שלהם, ועד כדי כך האמינו למדענים שבקרבם – גם אם ברגע שהרגישו ולו רמז קטנטן לצינון, היו ממהרים למדען הקרוב (כלומר לרופא) בבקשת עזרה.

בסדר, הרי בני אדם לא מעלים על הדעת שאסון יפגע בהם עד שהוא פוגע. הם פשוט חסרים את היכולת המנטלית הזאת. שאם לא כן היו מתאבנים מפחד בכל רגע נוכח אסונות ודאיים שאין לחמוק מהם (ובראשם, מוות); כך שהאבולוציה העניקה לנו, ברוב חסדה, נקודת עיוורון מנטלית במיקום אסטרטגי, בדמות אי־יכולת לדמיין כראוי אסונות עתידיים, וזאת כדי שנוכל להמשיך לתפקד, גם אם באופן חסר טעם. זו אַפּוֹרְיָה, כפי שהיו היוונים או האינטלקטואלים בינינו אומרים, סתירה פנימית או כתם עיוור. יופי, כישור מועיל. אבל לא כשמדובר באסון.

בני הדור הזה, של שנות ה־60 למאה ה־21, כשלו אפוא הלאה לאורך המיתון הגדול שאחרי הפעימה הראשונה, ומובן שהיה בקרבם מגזר, אחוז אחד מהאוכלוסייה או המאיון העליון, ששיחק לו המזל והחזיק מעמד לא רע במצב החדש, וראה בו – כמו בשאר הדברים הרעים שלא נגעו לו – מהלך של הרס יצירתי, שכדי להתמודד אתו צריך רק לשנס מותניים ולתמוך במדיניות של צנע, שמשמעה עוני רב יותר לעניים, ולהנהיג מדינת משטרה עם המון חופש דיבור וסגנונות חיים מוטרפים שיהיו ככפפת משי סביב אגרוף הברזל, וראו זה פלא! ההצגה חייבת להימשך! בני האדם הרי עמידים כל כך!

אם כי, כדרכן של אגדות, יש בה מן האמת שמאז רק נופחה יתר על המידה. האמת היא שהפעימה הראשונה חוללה הלם עמוק; איך אפשר אחרת? הרי פני הים עלו בשלושה מטרים ויותר תוך עשור שנים. די היה בכך כדי לעוות את קווי החוף בכל מקום ולגרום שיבושים אדירים בנמלי הסחר המרכזיים ברחבי העולם, כי המסחר נסמך על הובלה ימית: מיליוני מכולות ששונעו ממקום למקום בספינות ובמשאיות מונעות בדיזל, והסיעו את כל המוצרים הנחשקים, שיוצרו ביבשת אחת ונצרכו באחרת, להשגת התשואה הגבוהה ביותר; זה היה החוק היחיד שאנשים צייתו לו בעת ההיא. כלומר, העלמת עין מההשלכות של שריפת הפחמן הביאה להמסת הקרחונים, שגרמה לעליית פני הים, שהרסה את מערכת ההפצה הגלובלית וחוללה מיתון; והמיתון הזה הזיק לבני הדור ההוא אף יותר ממשבר הפליטים שנלווה אליו, שלפי המדדים שרווחו בזמנו נאמד בחמישים "קתרינות". זה כבר היה חמור למדי, אבל השיבוש העמוק של המסחר העולמי היה חמור עוד יותר במונחים עסקיים. הפעימה הראשונה היתה, אם כן, קטסטרופה מסדר־גודל ראשון, ומובן שאנשים נתנו עליה את הדעת ושינויים נעשו: שריפת הפחמן צומצמה בשיעורים שלא היו אפשריים, לדעתם, לפני הפעימה הראשונה. אבל הם סגרו את דלתות האורווה ברגע שהסוסים ברחו. ארבעת פָּרָשֵׁי האפוקליפסה, ליתר דיוק.

מאוחר מדי, כמובן. ההתחממות הגלובלית, שהחלה לפני הפעימה הראשונה, כבר הִכְּתה שורש, ולא ניתנה לעצירה בשום אמצעי שעמד לרשות האנושות אחרי הפעימה. בני האדם שינו אמנם את דרכיהם ומיהרו לעצור את פליטות הפחמן הדו־חמצני, כפי שהיו צריכים לעשות חמישים שנה קודם לכן, ועדיין מצאו את עצמם נִצלים כחרקים על מחבת. אפילו פליטה מכֻוונת של כמה מיליארדי טונות גופרית דו־חמצנית לאטמוספירה כחיקוי של התפרצות געשית, במטרה להחזיר לחלל חלק מקרינת השמש ולהוריד בכך את הטמפרטורות לעשור אחד או שניים – צעד שננקט בשנות ה־60 למאה ה־21, לקול תרועה רמה ו/או חריקת שיניים – לא היה בה כדי לעצור את ההתחממות, שכן החום כבר נלכד במעמקי האוקיינוסים ולא חישב להתפוגג בזמן הקרוב. איתני הטבע הגיבו באדישות למשחקים של בני האדם בתרמוסטט הגלובלי, במחשבה שיש להם כוחות אלוהיים. לא היו להם.

החום הלכוד באוקיינוסים הוא שחולל את הפעימה הראשונה, ולאחריה את השנייה. אומרים פה ושם שאיש לא צפה אותה, אבל זה לא נכון: צפו גם צפו. חוקרי אקלים לאורך העידנים בחנו את המצב המודרני

הָאֱזֶרָח

ינואר 2140 קים סטנלי רובינסון

לא נוכל לומר שדור שלם של קטני מוח התעלם מהפעימה הראשונה, זו אגדה.

Kim Stanley Robinson, "The Citizen," *New York 2140*
(Denton, TX: Orbit, 2017)

סולאר גרילה

בתקופה שבה תופעות אקלים קיצוניות (סופות ציקלון, שריפות יער, עליית טמפרטורות) שוברות שיאים, וכאשר ריכוז הפחמן הדו־חמצני באטמוספירה חורג מהערכים שנמדדו אי־פעם – הולכת ומתחוורת לכל ההשפעה ההרסנית של התיעוש והקפיטליזם על הסביבה ועל האדם. ההסכמה המדעית קובעת שללא פעולה משמעותית ונמרצת לצמצום פליטות גזי החממה, אירועי אקלים קיצוניים רק יחריפו והעולם ייעשה פחות ופחות ידידותי לאדם ולשאר היצורים החיים בו.

רוב האנשים לא מקשרים בין הרגלי היומיום שלהם לבין שינויים החלים בסביבתם. החלטות כמו איך להגיע ממקום למקום, כמה ומה לצרוך, היכן לגור, מה לאכול וכיצד לבלות, משפיעות באופן ישיר על כילוי המשאבים ופליטת גזי החממה. חלק גדול מההחלטות הללו מותנה כמובן על־ידי הסביבה שבה אנו חיים – המרחב, התשתיות וההזדמנויות הגלומות בהם – ולכן יש לראות בערים סוכנות שינוי מובילות בדרך להבטחה של עתיד מקיים. העיר יכולה להיות מעבדה של התנסות בפתרונות, להפוך לקן רוחש של רעיונות וקרקע פורייה לשיתופי פעולה ויוזמות. פרויקט זה עוסק בעיר עצמה ככלי לשינוי סביבתי וחברתי וכיחידה האופטימלית להשפעה על תופעות מקומיות, ומציג אפיקי פעולה אפשריים (בגישת multi-solving) בהתאמה לסביבה הגיאוגרפית: כמה מהם מיושמים בימים אלה בערים שונות בעולם, אחדים ייושמו בעתיד, ואחרים יישארו בגדר אוטופיה.

הרשתות החברתיות מוצפות בשנים האחרונות בקריאות לפעולה מחתרתית בנושא, למשל בתחום צריכת חשמל. אם מאסת בהוצאות החשמל הגבוהות ובבירוקרטיה המעכבת התקנת לוחות סולאריים, כל שעליך לעשות – הציעו האקרים אלמונים – הוא לחבר בחשאי את האנרגיה הסולארית הנצברת לרשת החשמל הביתית. פעילות כזו – שהיא כמובן מסוכנת ומנוגדת לחוק – מעלה שאלות על ניצול משאבי הטבע, שהם נחלת הכלל. מהלכים כאלה, שראשיתם כתופעת גרילה ברחבי העולם, היו בחלוף הזמן ועם התפתחות הטכנולוגיות המקיימות ל"מוצרי מדף", שהולכים ונטמעים באופן חוקי בשימושי היומיום.

הפרויקטים המוצגים בספר מאורגנים בשישה פרקים תימטיים, שכותרותיהם שאולות משדות שיח עכשוויים הרווחים בקרב משרדי אדריכלות פעילים או אדריכלים אוטופיסטים, מתכנני ערים ונוף, אקטיביסטים ומפתחי אפליקציות, מחלקות סביבה של עיריות ברחבי העולם, חברות טכנולוגיה, מעצבי מוצר וסופרי מדע בדיוני. כל פרק מציג גישה מקצועית – חברתית, פוליטית, סביבתית, טכנולוגית – המקדמת מערכת יחסים שונה עם כדור הארץ שעליו אנחנו חיים.

מאיה ויניצקי